공학이 필요한 시간

공학이 필요한 시간

이인식 지식융합연구소장 기획
이인식 외 19인 지음

다산사이언스

　이 책은 미래기술에 늘 관심이 많은 여러분을 위해 기획된 공학도서 서평집이다.

　우리나라는 2017년 문재인 정부가 4차 산업혁명을 국정 목표로 설정함에 따라 온 국민이 첨단기술에 노출되어 있는 초연결 사회 또는 포스트디지털 시대에 접어들었다.

　그러나 특별한 전문지식이 없는 사람도 이러한 첨단 신흥기술의 본질을 쉽게 파악할 수 있는 사회적 환경이 제대로 조성되어 있지 않은 안타까운 실정이다.

　이런 상황에서 그동안 미래기술에 관한 글을 꾸준히 발표해온 나로서는 공학기술을 여러분에게 효과적으로 소개하는 한 가지 방법은 국내에 출간된 공학기술 도서를 엄선해서 그 내용을 간추려 소개하는 서평집을 펴내는 것이라는 결론을 얻게 되었다.

이 서평집의 출간을 기획한 또 다른 이유가 하나 더 있다. 공학자가 되기 위해 공과대학에 진학한 젊은이들에게 공학 전반에 대한 이해를 돕는 공학기술 필독서 목록을 일목요연하게 제공하여 학문적 성취와 진로 설정, 나아가서는 사회적 정체성 확립에 보탬이 되고 싶었기 때문이다.

이 책의 출간기획 취지에 한국공학한림원이 선뜻 동의하고 기꺼이 출판을 지원함에 따라 공학기술 도서 45권을 선정하게 되었다. 서평은 기획자로서 26권을 집필하고, 전문가 열아홉 분이 옥고를 보내주어 국내 출판사상 초유의 공학도서 서평집을 완성하게 되었다.

이 책은 3부 7장으로 구성되었다.

먼저 『교양있는 엔지니어』로 공학도서 서재의 문을 연다. 이 책만큼 공학에 대한 대중적 이해의 폭을 넓히려는 출간기획 취지에 딱 들어맞는 저서도 드물기 때문이다. 공학기술의 본질과 엔지니어의 자질에 대한 전문적 식견과 통찰이 돋보이는 역작으로 여겨진다.

1부 '공학기술, 어디로 가고 있는가'는 공학기술의 어제를 되돌아보면서 공학기술의 발전에 전환점이 될 만한 혁명적 발상을 제안한 문제작을 살펴본다.

1장 '공학기술의 역사'에는 『네번째 불연속』, 『중국의 과학과 문명』, 『포크는 왜 네 갈퀴를 달게 되었나』 등 6권의 명저가 소개된다. 2장 '공학기술의 대전환'은 획기적인 아이디어로 기술 발전의 방향을 제시한 기념비적인 역작들, 예컨대 『창조의 엔진』, 『냉동인간』, 『제2의 기계시대』 등 7권의 화제작을 해부한다.

2부 '기계와 인간의 공진화'에는 오늘날 한국사회의 화두가 되고 있는 인공지능 기술의 오늘과 내일을 다룬 저서들이 등장하고, 기계지능의 발전에 따라 사람과 기계가 형성하게 될 새로운 존재방식을 조망한 문제작들이 망라되어 있다.

3장 '기계지능, 어디까지 진화했는가'는 인지과학과 인공지능이 궁금한 독자들에게 『사람과 컴퓨터』, 『괴델, 에셔, 바흐』, 『생각하는 기계』 등 4권의 필독서를 추천한다. 4장 '인간과 기계의 경계를 허물다'에는 사람과 기계, 곧 생물과 무생물의 관계를 근본적으로 바꾸어놓을 가능성이 높은 기술이 소개된 『인공생명』, 『마음의 아이들』, 『트랜스휴머니즘』 등 4권의 서평이 실려 있다.

3부 '공학기술의 미래를 말하다'는 21세기 한국의 미래를 개척할 주인공들에게 일독을 권유하고 싶은 21권의 책들을 안내한다.

5장 '공학기술의 끝나지 않는 질문'은 『매트릭스로 철학하기』, 『미래는 누구의 것인가』, 『4차 산업혁명이라는 유령』처럼 첨단기술의 발전에 따라 인류사회에 영향을 미칠 수밖에 없는 다양한 문제에 접근한 6권의 저서를 분석한다. 6장 '미래 기술사회에 무엇이 필요한가'에는 한국사회의 발전을 위해 국가 차원에서 혁신성장 동력으로 관심을 가져야 할 핵심 공학기술이 대중의 눈높이에서 설명된 『자연은 위대한 스승이다』, 『블록체인 혁명』, 『메이커스』 등 8권의 서평이 게재되어 있다. 7장 '미래사회의 주인공을 위하여'는 공학기술의 산업화를 주도하는 엔지니어 출신 창업가들에게 필수적인 덕목, 예컨대 파괴적 혁신, 디자인 싱킹, 실패학에 관한 소양을 제공하는 『축적의 시간』, 『기업가 정신 2.0』, 『일론 머스크, 미래의 설계자』 등 7권의 화제작을 소개한다.

마지막으로 서평이 게재된 45번째의 책은 『2035 미래기술 미래사회』이다. 이 책으로 공학도서 서재의 문을 닫는 까닭은 2035년 대한민국이 도전해야 할 20대 첨단기술이 분석되어 있기 때문이다. 한국공학한림원이 선정한 20대 도전기술을 한 권의 책으로 해설할 기회를 갖게 된 것은 개인적으로 벼락같은 행운이었음을 덧붙이고 싶다.

국내 최초의 공학도서 서평집을 내면서 기획자로서 한 가지 소망이 있다. 공학은 과학과 엄연히 다른 학문임에도 불구하고 국내 출판시장에서 공학도서는 과학도서의 일부, 심지어는 하위 개념의 기술도서로 여겨져 대접을 제대로 받지 못하는 실정이다. 그러다보니 첨단기술시대에도 가령 리처드 도킨스의 저서는 잘 알면서도 헨리 페트로스키의 명저를 모르는 젊은이들이 너무 많은 것 같다. 이래서는 나라의 앞날이 밝을 수 없다. 진화생물학자의 『이기적 유전자』는 많이 읽히면서 공학칼럼니스트의 『포크는 왜 네 갈퀴를 달게 되었나』는 외면 당하는 사회에서 무슨 융합적 인재가 배출되고 기업가정신이 발현되겠는가. 부디 우리나라 젊은이들이 이 서평집을 통해 미래지향적인 실사구시 정신으로 무장해서 기술선진국과의 경쟁에서 패배하지 않길 바라는 마음 간절하다.

개인적으로 50번째 펴내는 이 공학도서 서평집은 여러분의 도움과 성원으로 세상에 태어났다. 먼저 이 책의 출간을 후원해준 한국공학한림원과 해동과학문화재단의 관계자 여러분, 특히 이유정 책임에게 감사의 말씀을 전하고 싶다.

또한 서평도서 45종에 기획자의 저서가 4종이 포함된 데 대해 한국공학한림원의 출판위원회가 흔연히 공감해주어 얼마나 고마운지 모르겠다.

바쁜 시간을 쪼개 좋은 서평 원고를 집필해주신 필자 여러분에게도 감사의 말씀을 드린다. 멋진 책을 만들어준 다산북스 김선식 대표와 이수정 에디터의 성원과 노고도 고맙기 그지없다.

끝으로 나의 글쓰기를 무한한 신뢰와 사랑으로 성원해준 아내 안젤라, 큰아들 원과 며느리 재희 그리고 선재, 둘째 아들 진에게도 고마움의 뜻을 전하고 싶다.

2018년 12월 17일

지식융합연구소에서

이인식 李仁植

차례

1

교양있는 엔지니어

이인식 지식융합연구소장

공학 교육에 인문학적 내용을 강화하여 엔지니어의 시야를 넓히고 문화 의식을 깊게 한다면, 우리 기술의 질, 그리하여 결과적으로 우리 삶의 질이 개선되리라고 확신한다.

새뮤얼 플러먼

교양있는 엔지니어
새뮤얼 플러먼 지음
문은실 옮김
글램북스

1

공학engineering이란 무엇인가? 전미 학술연구회의National Research Council는 다음과 같이 공학을 정의한다.

> 연구, 개발, 디자인, 제조, 시스템 공학, 또는 창조의 목적 및 / 또는 운송 체계가 있는 기술적 조작, 제품, 공정 그리고 / 또는 기술적 속성을 지닌 서비스와 콘텐츠 등에 수학 및 / 또는 자연과학적 지식을 이용하는 기업, 정부, 학계 또는 개인의 노력.

세계적 공학 저술가인 미국의 헨리 페트로스키Henry Petroski(1942~)는 1985년에 펴낸 첫 번째 저서인 『인간과 공학 이야기To Engineer Is Human』에서 "공학이 다루는 주대상은 원래부터 이 세상에 존재하던 것이 아니라 엔지니어 자신이 만드는 세상이다"면서 "공학이란 창조적이며 분석적인 인간의 노력이 들어가기 때문에 예술과 과학이 가진 특성 모두를 지니고 있다"고 주장한다.

토목공학 교수인 페트로스키는 1992년에 출간된 『포크는 왜 네 갈퀴를 달게 되었나The Evolution of Useful Things(쓸모 있는 물건의 진화)』에서 공학 설계에 대해, 2006년에 펴낸 『종이 한 장의 차이Success Through Failure(실패를 통한 성공)』에서 실패 분석failure analysis에 대해 탁견을 제시하여 공학의 대중화에 괄목할 만한 업적을 남긴 것으로 평가된다.

페트로스키처럼 토목공학 전문가이면서 공학의 대중화에 큰 성과를 낸 저술가는 미국의 새뮤얼 플러먼Samuel Florman(1925~)이다. 공학 학사 학위와 영문학 석사 학위를 취득한 플러먼은 공학 칼럼니스트로 활동하면서 1976년에 『공학의 실존적 즐거움The Existential Pleasures of Engineering』을, 1987년에 『교양있는 엔지니어The Civilized Engineer』를 펴냈다.

『공학의 실존적 즐거움』에서 플러먼은 "공학이야말로 인간의 마음 깊은 곳에서부터 진정으로 하고 싶어 하는 것이라고 생각한다. 공학만이 그렇다는 것이 아니라 가장 기본적이고 만족스러운 일들 가운데 하나가 바로 공학이라는 뜻이다. 공학은 '실존적으로' 자신을 충족시키는 활동이다"라고 주장한다.

플러먼에 따르면, 실존적 감정이란 '존재의 깊은 곳에서 솟아나는 정신적, 정서적 경험, 즉 직관, 기본적 충동, 마음이 느끼는 것, 뼛속 깊이 직감하거나 마음속에서 우러나오는 것'이다. 플러먼은 "공학의 심장부에는 실존적 즐거움이 자리하고 있다"고 강조한다.

『교양있는 엔지니어』에서 플러먼은 "공학적 충동은 수십만 년 전 아프리카와 아시아의 평원을 배회하던 유인원 조상에게서 발전했다"면서 "오늘날의 엔지니어는 자신들의 선조가 원시 부족 생활에서 풍요로운 문명의 제국으로 가는 돌파구를 어떻게 열었는지 자부심을 가지고 돌아다볼 수 있다"라고 역설한다.

플러먼은 "그런 식으로 창조적인 활동에 참여한 최초의 개인들이 바로 최초의 엔지니어들이었으며, 그들은 최초의 인류이기도 했다"고 주장하면서 『교양있는 엔지니어』의 상당 부분을 공학이 발전해온 과정을 설명하는 데 할애하고 있다. 가령 3장 〈엔지니어의 조상을 찾아서〉에서는 석기시대의 도구 제작 기술, 고대 이집트의 피라미드 건립, 그리스 도시국가의 산업 기술, 로마인들의 공학적 성과, 중세 시대의 공학에 대해 설명하고 4장 〈장인에서 엔지니어로〉에서는 17~20세기에 공학이 과학과 상호작용하면서 서구사회에서 엔지니어가 사회적 지위를 획득하는 과정을 살펴본다. 플러먼은 "오늘날의 미국에서 공학이라는 전문직은 여러모로 순풍에 돛을 단 분위기이다. 그러나 그 엄청난 숫자, 전문화의 증가, 얼굴을 분간할 수 없는 익명성, 기업 문화의 침투 등에 대해 생각하면, 지난 시절을 동경하게 되는 것도 무리는 아니다"라고 토로한다. 이 대목에서 우리나라 공학 분야는 어떤 상황인지 잠깐이라도 생각해보는 엔지니어가 많았으면 좋을 것 같다.

2

엔지니어란 누구인가? 『옥스퍼드 영어사전』에 나와 있듯이, 엔지니어란 연구, 설계, 발명하는 사람을 뜻하며 동시에 한 세기 전부터 엔진을 다루는 사람이라는 의미로도 쓰였다.

『교양있는 엔지니어』에서 플러먼은 "기술 제품을 만들기 위해서는 먼저 설계가 필요하고, 그 제작 과정도 감독해야 한다. 엔지니어가 하는 일이 바로 그것이다"면서 "사회의 모습을 형성하는 데 공학이 점점 중심적인 위치를 차지하게 됨에 따라 엔지니어의 자기 성찰이 더욱 중요해지고 있다. 기술의 성공을 그냥 즐기기만 할 것이 아니라 전문 기술인으로서 이 직업의 철학적 토대를 탐구하고 정의하고 개선시키려는 노력을 강화해야 하는 것이다"라고 역설한다. 이런 맥락에서 플러먼은 5장 〈공학적 관점에 관하여〉에서 엔지니어들이 세상에 다가가는 공통된 방식인 이른바 '공학적 관점'에 대해 의견을 개진한다.

플러먼이 공학적 관점의 주요 요소로 열거한 것들은 "과학과 과학이 요구하는 가치, 즉 독립성과 독창성, 통념에 대한 거부와 자유와 관용에 대한 헌신, 자연계에 만연한 힘들에 대한 친밀감, 고된 노동에 대한 신념, '밖에 내놓을 수 있는' 현실적이고 유용한 제품을 생산해야 한다는 인식 아래 완벽함에 대한 집착을 기꺼이 버리기, 실패할 위험을 감수하고 기꺼이 책임을 지겠다는 자세, 신뢰할 만한 사람이 되겠다는 결심, 민주주의에 대한 강한 확신과 더불어 사회 질서에 대한 헌신, 결코 침울하지 않은 진지함, 창조에 대한 열정, 땜장이가 되고픈 충동, 변화에 대한 열정 등"이다.

플러먼이 제시한 공학적 관점의 요소들은 이를테면 엔지니어가 갖추어야 할 덕목인 셈이다. 특히 엔지니어가 실패를 기꺼이 감수해야만 한다는 측면에서 여느 분야 전문가들과 다르다는 사실이 다음과 같이 강조되어 있다.

의사들은 실수를 감추고 건축가는 담쟁이덩굴을 심는다는 말이 있다. 대부분의 전문가는 자신의 아이디어를 제대로 시험해보지 못했다는 말로 비난을 회피한다. 경제학자들은 이런 책략으로 유명하다. 정치가들은 알다시피 결코 실수를 하지 않는다. 엔지니어에게는 그런 쉬운 변명거리가 없다. 사실이 그렇다. 해야 할 필요가 있는 일을 하기 위해 누군가는 앞으로 나아가야 한다. 모두가 빈둥거리며 비평가나 감독, 또는 일이 다 끝난 뒤에 비판하는 사람이 될 수 없다. 따라서 공학적 관점의 주요한 특징은 자진해서 책임을 받아들이려는 자세이다.

페트로스키 역시 『인간과 공학 이야기』에서 플러먼과 비슷한 논조를 펼친다.

다른 직업에 비해 엔지니어가 한 일은 모든 사람들이 볼 수 있기에 커다란 부담이 될 수 있다. 그의 행동 하나하나는 현실적일 수밖에 없다. 그는 의사가 하는 일과는 달리 자기 실수를 무덤에 묻어 버릴 수 없다. 그는 자기 실수를 흔적도 없이 사라지게 할 수도, 변호사가 재판에 진 뒤에 판사를 비난하듯이 발뺌을 할 수도 없다. 그는 건축가와 달리 자기 실수를 나무나 덩굴로 가릴 수도 없다. 그는 정치가처럼 상대방을 비난하여 자기 약점을 가리거나, 사람들이 잊어주기를 기다릴 수도 없다. 공학자는 그가 한 일을 하지 않았다고 부인할 수조차 없다. 만일 그가 만든 구조물이 제 기능을 발휘하지 못하면 그는 비난을 받아야 한다. 그 비난은 마치 밤낮으로 따라다니는 유령과도 같다. 그는 하루종일 계산을 하고도 한밤중에 식은땀을 흘리며 다시 깨어나 아침에 깨고서 보면 우습게 여길지도 모르는 계산을 하기도 한다. 공학자는 자신이 만든 구조물에 어쩔 수 없이 나타날 수밖에 없는 결함에 대한 생각으로 온종일 떨며 지낸다.

3

플러먼은 『교양있는 엔지니어』에서 "공학적 관점은 결코 세상을 인식하는 유일한 방법은 아니며, 엔지니어들이 문학, 예술, 정치 등을 포함한 다양한 유형의 경험을 받아들이기를 바란다"면서 18장 〈엔지니어, 교양, 인문학〉, 19장 〈인문학을 사랑했던 위대한 엔지니어들〉, 20장 〈교양있는 엔지니어를 길러내는 공학 커리큘럼〉에서 공학과 인문학의 융합convergence에 대해 그 중요성을 역설하고 실현 방안도 제시한다.

플러먼은 엔지니어가 인문학적 소양을 갖추어야 하는 이유는 "명확히 말할 수 있는 엔지니어, 간결하고 효율적이며 설득력 있게 쓰고 말할 수 있는 엔지니어, 중동이나 동유럽 국가, 심지어 중국의 프로젝트에 참여하게 되더라도 문화적 충격에 빠지지 않을 엔지니어를 필요로 하게 될 것"이기 때문이라고 설명한다. 이어서 엔지니어가 인문학에 대한 관심을 더 가져야 하는 또 다른 이유는 "핵무기의 발달과 함께 생겨나 1970년대의 환경 위기로 더욱 강렬해진 기술에 대한 두려움과 의심 때문"이라고 덧붙인다. 요컨대 엔지니어가 자신이 한 일의 사회적 결과에 대해 알아야 하기 때문이라는 것이다.

플러먼은 "이 '누군가'는 사회 문제에 관심이 있어야 하고, 논리 정연해야 하며, 주위에서 존경받아야 한다. 그리고 높은 수준의 도덕적·심미적 감수성을 가지고 있어야 한다. 간단히 말해서 그는 폭넓게 교육받은 엔지니어여야 한다"고 다시 한 번 강조한다. 이런 맥락에서 플러먼은 "나는 공학 교육에 인문학적 내용을 강화하여 엔지니어의 시야를 넓히고 문화 의식을 깊게 한다면, 우리 기술의 질, 그리하여 결과적으로 우리 삶의 질이 개선되리라고 확신한다"는 발언을 하게 된다.

플러먼은 "인문 교육이 지성을 확대하고 상상력을 훈련시킴으로써 엔지니어를 기술적으로 유능하게 만들 수 있다"고 강조하면서 인문학이 기술적 상상력을 고무하고 확장시킨 극적인 사례로 니콜라 테슬라Nikola Tes-la(1856~1943)를 손꼽는다. 전기모터 분야의 선구자인 테슬라는 공원을 산책하며 괴테의 「파우스트Faust」에 나오는 한 구절을 암송하다가 섬광처럼 스치는 통찰력을 얻어 전기모터를 발명하게 된 것으로 알려졌다.

플러먼은 "상상력이 풍부한 엔지니어들 가운데 일부는 계속해서 인문과학의 세계에서 영양분을 취하고 있다는 증거가 있으며, 전자공학과 컴퓨터공학의 선구자들이 특히 더 그러하다"면서 스티브 잡스Steve Jobs (1955~2011)도 빠트리지 않고 언급했다. 잡스가 애플의 아이폰으로 성공을 거둔 것은 정보기술에 인문학을 융합했기 때문인 것으로 분석된다. 2011년 3월 잡스는 대형 스크린에 리버럴 아츠(교양과목)와 테크놀로지의 교차로 표지판을 띄우면서 "교양과목과 결합한 기술이야말로 우리 가슴을 노래하게 한다"고 말했다.

융합은 21세기 한국 사회의 발전을 이끌어가는 새로운 패러다임으로 자리매김하고 있다. 지식융합은 대학, 기술융합은 연구소, 산업융합은 기업에서 새로운 아이디어, 콘텐츠, 제품, 서비스를 쏟아내기 시작했다. 이러한 융합의 물결을 주도할 사람은 자신의 분야를 '깊이 탐구하고' 관련 분야와 '널리 소통하는' 융합형 인재일 것임에 틀림없다.

플러먼의 표현을 빌리면 "어쩌면 능력과 우아함, 지혜와 노하우가 서로 융합된 문화야말로 다른 문화들이 몰락한 곳에서도 끝까지 살아남아 번성할 것이며, 그런 문화의 중심에는 교양있는 엔지니어civilized engineer가 자리하고 있을 것"이다.

참고문헌

* 『인간과 공학 이야기 To Engineer Is Human』 (헨리 페트로스키, 지호, 1997)

* 『세계를 바꾼 20가지 공학기술』 (이인식 기획, 생각의나무, 2004)

* 『종이 한 장의 차이 Success Through Failure』 (헨리 페트로스키, 웅진지식하우스, 2008)

* 『기술의 대융합』 (이인식 기획, 고즈윈, 2010)

* 『인문학자, 과학기술을 탐하다』 (이인식 기획, 고즈윈, 2012)

* 『포크는 왜 네 갈퀴를 달게 되었나 The Evolution of Useful Things』 (헨리 페트로스키, 김영사, 2014)

* *The Ancient Engineers*, Sprague de Camp, Ballantine Books, 1960

교양있는 엔지니

테크놀
로지의
걸작들

디지털 아트

작은 우주

디자인 씽킹
바이블

비즈니스의 디자인

1부

공학기술, 어디로 가고 있는가

1장

공학기술의 역사

2

네번째 불연속

이인식 지식융합연구소장

©사이언스북스

인간의 자존심은, 우리가 창조한 기계가 우리 자신과 연속선상에 있음을 깨달음으로써 또 한 번 상처받을 수 있다.

브루스 매즐리시

네번째 불연속
브루스 매즐리시 지음
김희봉 옮김
사이언스북스

1

오스트리아의 정신분석학자인 지그문트 프로이트Sigmund Freud(1856~1939)는 1917년 대학 강의에서 "세 명의 사상가가 인간의 순수한 자존심에 상처를 주었다"라고 주장했다. 폴란드의 천문학자인 니콜라우스 코페르니쿠스Nicolaus Copernicus(1473~1543), 영국의 박물학자인 찰스 다윈Charles Darwin(1809~1882)에 이어 자신의 이름을 거론한 것이다.

프로이트에 따르면, 지동설을 제창한 코페르니쿠스는 '지구가 우주의 중심이 아니며, 지구는 상상조차 할 수 없는 거대한 우주의 한 귀퉁이에 있는 작은 조각일 뿐'임을 밝혀내 인간의 자존심에 충격을 주었다. 이어서 진화론을 주장한 다윈은 '신이 천지를 창조할 때 보장했던 인간의 우월한 지위를 박탈하고 인간도 동물의 후손일 뿐'임을 증명해 두 번째 충격을 인간에게 안겨 주었다. 프로이트는 자신이 '자아가 육체의 주인이 아니라 무의식의 진행에 관한 적은 정보로 만족해야 하는 불쌍한 존재'임을 정신 분석으로 입증하여 인간의 자존심에 역사적인 세 번째 충격을 주게 되었다고 주장했다.

미국의 역사학자인 브루스 매즐리시Bruce Mazlish(1923~2016)는 1993년에 펴낸 『네번째 불연속The Fourth Discontinuity』에서 코페르니쿠스, 다윈, 프로이트를 "인간과 세계의 불연속을 부순 위대한 파괴자의 반열에 오를 만하다"라고 평가했다. 불연속은 자연 현상의 격차를 강조하는 용어로서, 가령 천체와 지상의 물체, 생물과 무생물의 커다란 차이를 나타낸다. 세 명의 사상가가 불연속을 파괴했다는 것은 자연이 연속적임을 입증했다는 의미가 된다. 첫 번째 연속을 입증한 코페르니쿠스는 우주와 지구를, 두 번째 연속을 입증한 다윈은 인간과 동물을 연결했다는 것이다. 세 번째로 프로이트는 "원시적이고 유아적인 본성이 문명화되고 진화된 성품과 연속적이고, 병든 정신이 건강한 정신과 연속적임"을 입증했다.

매즐리시는 코페르니쿠스 · 다윈 · 프로이트에 의해 인간의 자존심에 가해진 우주론적 · 생물학적 · 심리학적 충격으로 인간은 우주 · 동물 · 자기 자신과 연속적인 위치에 놓이게 되어 "이제 인간과 세계 사이에는 불연속이 존재하지 않는다"라고 썼다. 그러나 매즐리시는 우리 시대에 인간과 기계 사이의 불연속, 곧 인간은 자신이 기계보다 특별하고 우월한 존재라고 생각하는 불연속이 존재하여 산업사회에서 기술을 불신하는 배경이 된다고 주장했다. 이른바 네 번째 불연속을 극복하지 않으면 산업화된 세계에 조화롭게 적응할 수 없다는 것이다.

『네번째 불연속』에서 매즐리시는 인간이 자신의 본질, 즉 자신이 만든 기계나 도구와 연속적인 존재라는 사실을 이해하고 수용하는, 인간-기계 불연속을 깨는 문턱에 와 있기 때문에 "이제 우리는 더 이상 인간을 기계와 분리해서 생각할 수 없다"고 주장한다.

이 책의 부제인 '인간과 기계의 공진화The Co-evolution of Human and Machines'에 함축된 바와 같이 매즐리시는 인간이 네 번째 불연속을 극복하여 사람과 기계가 공생 관계를 이루며 살아가는 세계를 상상한다. 요컨대 『네번째 불연속』은 서구문명에서 사람과 기계의 연속성을 부정하려는 경향과 과정을 추적하면서 이러한 네 번째 불연속을 초월하여 인류와 기계가 공생하는 미래를 펼쳐 보이지만, 책의 끄트머리에서 "우리가 창조한 기계가 우리 자신과 연속선상에 있음을 깨달음으로써 인간의 자존심은 코페르니쿠스·다윈·프로이트에 이어 또 한 번 상처받을 수밖에 없다"라는 결론을 내린다.

2

매즐리시는 『네번째 불연속』의 출발점을 17세기의 쟁점이었던 동물-기계 문제로 삼고 서구 문명 속에서 인간과 기계의 관계에 대한 다양한 논의를 추적한다. 우리는 이 책에서 실로 수많은 사상가들과 만나면서 지적 호기심을 충족하는 행운을 누리게 된다.

1장 서론에 이어 2장은 프랑스의 철학자인 르네 데카르트René Descartes(1596~1650)와 줄리앙 오프레이 드 라 메트리Julien Offray de La Mettrie (1709~1751)를 소개한다. 데카르트는 인간에게 영혼이 있으므로 동물과 다르며 인간 이외의 동물은 기계일 뿐이라고 주장했으며, 라 메트리는 1747년에 익명으로 펴낸 『기계인간L'Homme-machine』에서 인간을 완전히 하나의 기계로 묘사했다. 3장에서는 고대 그리스와 중국에서부터 18세기 프랑스의 기술자인 자크 드 보캉송Jacques de Vaucanson(1709~1782)까지 다양한 자동인형automaton이 등장한다. 보캉송이 만든 오리는 "마시고, 먹고, 소화하고, 꽥꽥대며 울고, 헤엄을 칠 수 있었다"고 한다. 문학작품에 등장하는 자동인형으로는 영국의 메리 셸리Mary Shelley(1797~1851)가 1818년에 펴낸 『프랑켄슈타인Frankenstein』이 심도 있게 다루어진다. 체코의 작가인 카렐 차페크Karel Capek(1890~1938)가 1921년에 발표한 희곡인 「로섬의 만능로봇 R.U.R.Rossum's Universal Robot」 역시 "자동인형에 대한 희망과 불안이라는 우리의 원시적인 감정을 잘 반영하고 있는" 작품으로 여겨진다.

산업혁명을 다루는 4장은 이 시기가 "인간이 동물과 기계의 경계를 넘어섰거나 넘기 시작한 때"라고 전제하고, 영국의 사상가인 토머스 칼라일Thomas Carlyle(1795~1881)의 말처럼 "인간은 손뿐 아니라 머리와 가슴까지 기계화되었다"고 분석한다.

5장부터는 생물학적 진화를 검토하기 위해 스웨덴의 식물학자인 카롤루스 린네Carolus Linnaeus(1707~1778)와 찰스 다윈을 논의한다. 린네는 "모든 살아 있는 것들에 이름을 붙임으로써 그들을 지배하게 했"으며, 다윈은 "린네의 정적인 분류 체계에 생명을 불어 넣어 전체 생물계를 살아 움직이게 만들었다." 이를 테면 다윈에 의해 "인간은 진화하는 수많은 동물 중 하나가 되었다."

다윈의 두 후계자인 프로이트와 이반 파블로프Ivan Pavlov(1849~1936)가 등장하는 6장은 인간 본성의 동물적 근원이 탐구되는 과정을 소개한다. 프로이트는 "이성과 비이성 사이의 세 번째 불연속을 깨면서, 인간과 동물 사이의 두 번째 불연속을 끝낸 다윈의 뒤를 따랐"으며, 러시아의 생리학자인 파블로프는 "인간과 개를 같은 것으로 보았다. 이유는 단순히 둘 다 기계일 뿐이라고 생각했기 때문이다." 인간을 기계로 본 파블로프의 생각은 데카르트 사상을 계승한 셈이다. 파블로프에게 "인간 진화의 목표는 영원히 만족스럽고 행복한 완전한 기계"라고 볼 수 있다.

7장은 진화하는 인간 본성이 가진 두 부분의 접점, 곧 동물과 기계가 만나는 곳에 초점을 맞추는데, 19세기의 독창적인 사상가 세 명을 조명한다. 현대 컴퓨터의 아버지인 영국의 찰스 배비지Charles Babbage(1791~1871), 영국의 생물학자인 토머스 헉슬리Thomas Huxley(1825~1895), 영국의 소설가인 새뮤얼 버틀러Samuel Butler(1835~1902)는 각각 특유의 방법으로 인간과 기계의 관계에 접근한다. 특히 1859년에 다윈이 펴낸 『종의 기원Origin of Species』을 읽고 진화론에 매료된 버틀러는 1872년에 익명으로 출간한 소설인 『에레혼Erewhon』에서 기계가 인간을 지배할 수도 있다는 암시를 한다.

8장과 9장은 현대과학의 두 기둥인 유전자 혁명과 컴퓨터-뇌 혁명을 각각 음미한다. 8장의 유전자 혁명은 생명을 기계로 바꾸려는 시도를 다루면서 "오늘날 우생학은 유전적 결정론을 중시하는 최근의 시도인 사회생물학으로 대치되었다"고 우려를 표명한다. 9장의 컴퓨터-뇌 혁명은 인공지능과 마음의 본질에 대해 논의하고, "로봇은 인간을 지배할까, 아니면 인간처럼 되기는 하지만 여전히 인간의 통제 아래 있을까?"라고 질문을 던진다.

매즐리시는 이 질문에 대한 답을 10장과 11장에 제시한다. 컴퓨터를 로봇에 이식한 것을 컴퓨터 로봇(컴봇)이라고 명명하고, "컴봇은 인간이 할 수 있는 모든 것을 할 수 있고, 인간보다 더 많은 것을 할 수 있으며", 자기와 같은 기계를 만드는 자기복제를 할 수 있고 자기를 원형으로 한 변종을 만들 수도 있어서 이론적으로 스스로 발전을 계속할 수 있기 때문에 "결국 새로운 종, 즉 호모 컴보티쿠스Homo comboticus가 나타날 것"이라고 전망한다.

매즐리시는 "호모 컴보티쿠스는 여전히 인간이고, 인간 조건의 제약을 받을 것"이므로 "컴봇은 아무리 발전해도 인간을 밀어내지 않을 것이다. 다른 종들처럼, 컴봇도 다른 것들과 공생 관계를 이루며 살아갈 것"이라고 결론을 내린다.

3

21세기 후반에 호모 사피엔스(지혜를 가진 인류)와 로보 사피엔스(지혜를 가진 로봇)가 맺게 될 사회적 관계는 대충 세 가지로 짐작된다. 첫째, 로봇이 사람보다 영리해져서 인간을 지배할 가능성을 배제할 수 없다. 둘째, 로봇이 오늘날처럼 인간의 충직한 심부름꾼 노릇을 하는 주종 관계를 상정할 수 있다. 끝으로 사람과 로봇이 공생관계를 형성해 서로 돕고 살 수도 있을 것이다.

기계가 인간보다 뛰어나서 사람이 기계에게 밀려날 것이라는 공포감은 소설이나 영화를 통해 끊임없이 표출되었다.

1818년 메리 셸리가 발표한 『프랑켄슈타인』은 과학자와 그가 만든 괴물이 모두 파멸하는 것으로 끝난다. 이 소설은 인간이 자신의 피조물을 거부하는 것을 보여줌으로써 자신의 모습을 닮는 기계에 대한 인간의 공포심을 드러낸다.

새뮤얼 버틀러가 1872년에 펴낸 풍자소설인 『에레혼』은 "우리는 될 수 있는 한 많은 기계를 부숴야 한다. 그렇지 않으면 기계는 우리를 완전히 지배하는 폭군이 될 것이다"라고 썼다.

1921년 카렐 차페크가 발표한 희곡인 『로섬의 만능 로봇』 역시 프랑켄슈타인의 괴물과 마찬가지로 로봇을 먼저 파괴하지 않으면 결국 로봇이 인간의 자리를 빼앗아갈 것이라는 의미를 함축하고 있다.

1997년 영국의 로봇공학자인 케빈 워릭 Kevin Warwick (1954~)은 그의 저서 『로봇의 행진 March of the Machines』에서 21세기의 주인은 로봇이라고 단언한다. 워릭은 2050년 기계가 인간보다 더 똑똑해져서 지구를 지배하게 될 것이라고 주장한다.

1999년 개봉된 미국 영화 「매트릭스 The Matrix」의 주제는 2199년 인공지능 기계와 인류의 전쟁으로 폐허가 된 지구이다. 마침내 인공지능 컴퓨터들은 인류를 정복하여 인간을 자신들에게 에너지를 공급하는 노예로 삼는다.

인간보다 영리한 로봇이 사람을 해치거나 노예로 삼는 상황을 미연에 방지하는 방법으로 로봇의 뇌 안에 살인 욕망을 스스로 제어하는 소프트웨어를 넣어주자는 아이디어도 나오고 있다. 한 걸음 더 나아가서 로봇을 설계할 때 아예 천성이 착하게끔 만들자는 의견도 제기되었다. 이른바 우호적 인공지능 FAI, friendly artificial intelligence이다. 2001년 미국의 인공지능 전문가인 엘리제 유드코프스키 Eliezer Yudkowsky (1979~)가 제안한 우호이론 friendliness theory에 따르면 인류를 로봇으로부터 보호하기 위해 인공지능 기계가 인간에게 우호적인 감정을 갖도록 설계되어야 한다는 것이다. 인간의 피조물인 로봇이 미래에도 오늘날 산업 현장의 로봇처럼 사람 대신에 온갖 힘든 일을 도맡아 처리해주어야 한다는 주장인 셈이다. 로봇에게 인간 사회의 일원으로 행동하게끔 설계하자는 사회로봇공학social robotics이 출현할 만도 하다.

사람과 로봇이 맺을 수 있는 세 번째 관계는 매즐리시가 상상한 것처럼 서로 돕고 사는 공생이다. 대표적인 시나리오는 1988년 미국 로봇공학자인 한스 모라벡Hans Moravec(1948~)이 펴낸 『마음의 아이들Mind Children』에 제시된 마음 이전mind transfer이다. 사람의 마음을 로봇으로 옮기는 과정은 마음 업로딩mind uploading이라 한다. 사람의 마음이 로봇으로 이식되면 사람이 말 그대로 기계로 바뀌게 되는 것이다.

2050년 이후에 로봇이 창조주인 인류를 끝내 파멸시킬 것인지, 아니면 인류의 충실한 친구가 되어줄 것인지, 아니면 로봇과 인류가 공생하여 영생불멸의 존재가 될 것인지, 이 질문에 대한 정답은 아무도 알 수 없다. 인공지능의 발전으로 사람보다 영리한 로보 사피엔스가 출현할 세상의 모습을 어느 누가 감히 예측할 수 있겠는가. 그렇지 않은가?

참고문헌

- 『기술의 진화The Evolution of Technology』 (조지 바살라, 까치, 1996)
- 『나는 멋진 로봇친구가 좋다』 (이인식, 고즈윈, 2009)
- 『사이보그 시티즌Cyborg Citizen』 (크리스 그레이, 김영사, 2016)
- 『에레혼Erewhon』 (새뮤얼 버틀러, 김영사, 2018)

3
중국의 과학과 문명

이연 뿌리국어논술학원장

중국의 과학과 문명1, 2

조지프 니덤 지음

콜린 로넌 축약

까치

근대 서양인들은 수학이나 과학과 같은 학문은 이성적 사고를 지닌 유럽인들의 전유물이라고 여겼다. 그들은 비유럽 사회에 과학이 있었다는 사실을, 비유럽인이 과학을 할 수 있다는 점을 인정하지 않았다. "지혜는 우리 서양에서 태어났다"라는 서양인이 만들어낸 이러한 편견과 우월감에 동양의 많은 지식인들마저도 암묵적으로 동의했다. 서양인들의 서구 중심주의 못지않게 '중화'라는 자문화 중심주의가 강한 중국인들 역시 예외가 아니었다. 서세동점西勢東漸의 역사적 경험을 겪으면서 그렇게 된 원인을 자기 전통 때문이라고 본 것이다.

이러한 시대적 배경에서 출간된 조지프 니덤의 『중국의 과학과 문명Science and Civilization in China』은 서양인들에게는 자문화중심주의를 되돌아볼 기회를, 중국인들에게는 자기의 과학적 전통에 대한 재인식의 계기를 만들어준 기념비적인 저작이다. 니덤은 이 책에서 적어도 13세기까지는 중국의 과학이 서양이나 이슬람보다 앞섰고, 그중 서양의 근대과학에 끼친 영향을 결코 도외시할 수 없다고 주장하고 그 역사적 근거를 실증적으로 제시했다. 이 책이 《더 타임스》의 '20세기를 기록한 책 100권'에 선정된 것도 동서양의 지식인 사회에 끼친 영향이 지대했기 때문이다.

조지프 니덤의 생애

조지프 니덤Joseph T. M. Needham(1900~1995)은 의사인 아버지를 따라 의학을 전공하려고 했으나 생화학으로 전공을 바꾸었다. 24세에 케임브리지 대학에서 박사 학위를 받았으며, 이후 평생을 이 대학에서 교육과 연구에 종사했다. 어린 시절부터 하층민에 대해 동정심을 보였으며 13세 때 사회주의에 관해 아버지와 토론을 벌일 정도로 진보적 가치관을 갖고 있었다.

니덤은 1930년대에 과학사로 눈을 돌려 학문적 관심을 넓혀갔으며, 1937년 케임브리지 대학에 들어온 중국 유학생 3명과 만나면서 중국의 과학사에 관심을 갖게 되었다. 니덤은 이들 중국 유학생을 지도하면서 중국어를 배웠으며, 중국의 철학과 역사를 공부하면서 『관자管子』를 번역하기도 했다.

니덤은 1942년 영국재단의 대표로 중국에 파견되어 4년간 체류하면서 중국의 전통과 과학에 심취하고 몰입하게 되었다. 일본군의 영향력이 없는 지역을 여행하며 방대한 사료를 수집하고 분석했고, 수많은 중국 지식인들을 만나 교류하면서 중국의 언어와 역사, 철학과 과학기술을 정리해갔다.

케임브리지로 돌아온 후 니덤은 1948년부터 『중국의 과학과 문명』의 집필에 착수했고, 1954년 마침내 그 1권을 내놓으면서 중국의 과학에 대한 연구와 출간의 대장정의 첫발을 내디뎠다. 이후로도 출간은 계속되어 연이어 6권까지 내놓았고, 이후 수많은 연구자들이 공동 프로젝트에 참여해 중국의 전통 과학에 대한 연구를 진행하고 있다.

『중국의 과학과 문명』

현재 국내에 소개된 『중국의 과학과 문명』은 콜린 워드Colin Ward(1924~2010)의 축약본이다. 1권은 『중국의 과학과 문명: 사상적 배경』이고 2권은 『중국의 과학과 문명: 수학, 하늘과 땅의 과학, 물리학』이다.

니덤은 중국의 과학적 전통이 근대 서양과학에 끼친 공헌, 즉 중국의 과학적 유산을 밝히는 것이 이 책의 주제라고 말한다. 1950년대 초는 서양은 물론 동양의 지식인 사회에서도 "과학은 서양에서 비롯되었다"라는 통념이 지배하던 시대였다. 따라서 서양인에 의해 이미 타자화된 비서양 세계의 과학을 객관적으로 규명하는 것은 결코 쉬운 일이 아니었다.

중국인들이 성취한 것을 정확히 평가하는 것은 오늘에조차 어려울 수 있다. 왜냐하면 불행히도 중국의 과학적 발견들과 중국과학의 발전에 관한 잘못된 관념들이 아직도 많이 존재하기 때문이다. …… 그 결과 동아시아가 기원으로 되어 있는 것이 너무 많거나 적으며 서양학자들은 물론 중국학자들도 중국에서 고대로부터 이루어졌던 성취들을 때때로 무시하거나 거의 관심을 기울이지 않았음을 우리는 알고 있다.

서양의 근대과학과 중국의 과학 전통

니덤은 서양인들이 자신의 것으로 여기는 과학적 전통 중 많은 것이 중국에서 비롯되었으며, 13세기까지만 해도 중국은 서양인이 접근하지 못한 수준의 과학적 지식에 도달했다는 사실을 밝혀냈다. "기원 후 13세기 동안 중국으로부터 도입되었던 일련의 기술적 발견들은 거의 무시되었다. 이와 같은 중국의 재능이 서양의 17세기 과학혁명에 얼마나 많은 영향을 끼쳤는가는 아직도 완전히 평가되지 않았다"라며 중국 과학전통의 역사적 의의를 제대로 규명해야 할 것을 주장했다. 이어 "그렇다고 해도 우리는 전자기학에 관한 우리 지식의 기초가 모두 중국에서 세워졌으며, 전환점에 있던 서양이 우주의 무한함에 관한 중국인들의 확신으로부터 크게 영향을 받았다는 것을 인정해야 한다"라고 역설했다.

니덤은 이밖에도 중국의 전통과학이 서양보다 앞서 이루어낸 성과와 서양에 영향을 준 것은 수없이 많다고 말한다. 예컨대 후한後漢시대(25~220)의 경우 천문학과 역법, 땅에 대한 연구에서 커다란 진보가 있었고, 동식물 분류법의 기초가 마련되는 등 과학 분야에 현저한 발전이 이루어졌다. 이러한 과학적 발전의 성과를 보여주는, 즉 회의적이고 합리론적 사고방식을 보여주는 학자인 유안劉安(BC 179~BC 122)과 이를 잇는 왕충王充(27~100)을 언급하며, 특히 이 시대 과학적 사고의 기념비적인 저서인 『회남자淮南子』를 남긴 유안의 업적은 당시 서양의 수준과 결코 비교할 수 없었다는 것이다.

한대漢代에는 기술에서도 종이의 발명 및 확산, 유약釉藥의 최초의 사용 등

유럽이나 이슬람에서는 몇 세기 뒤에도 접근하지 못했던 놀라운 성과를 이루어 냈으며, 송대宋代에도 새로운 측량도구들과 선박건조기술이 발달했고, 나침판의 사용과 함께 항해기술이 발달했으며. 화약의 사용은 물론 생물학에서도 놀라운 성취를 이루어냈다고 주장한다.

중국 전통과학의 특징

니덤은 중국의 과학적 전통에 대해 이해하기 위해서는 문화적 배경에 대한 지식을 갖춰야 한다는 점을 전제했다. 그래서 1권은 중국의 언어, 지리, 역사에 대해 기술하고, 이어 유가, 묵가, 법가, 도가, 명가, 주역과 음양가, 오행설, 불교 등 사상적 전통에 대해 상세히 서술하고 있다. 이를 통해 중국의 전통에서 과학적 사고의 기원과 발전을 추적할 수 있다는 것이다. 니덤은 그중에서도 도가와 음양가 및 오행설에 주목하고 있다.

도가의 경우 관찰에 의해 자연으로부터 배운다는 태도가 도가를 자연에 대해 과학적 접근을 하도록 이끌었다는 것이다. 이런 도가의 경험론은 과학과 기술의 발달에 매우 중요한 역할을 했는데, 기술자의 경험적 지식이 물질의 진정한 본성에 대해 잘 알 수 있도록 했다고 본 것이다.

니덤은 중국의 과학의 특징으로 관계론적, 유기체적, 비결정론적 사고를 들고 있다. 서양의 근대과학이 기계론적, 인과론적, 결정론적인 점과 무척 대조적이다.

니덤은 이와 관련해 "자연세계를 바라보는 중국의 사고방식과 서양의 사고방식의 차이가 있다는 것이 강조되어야 한다. 유럽철학이 실체에서 실재성을 찾으려는 경향이 강한 반면 중국철학은 관계 속에서 그것을 찾으려는 경향이 중국과학에 많은 영향을 미쳤다"고 말한다. 도가의 경우 기계론적 접근방식을 넘어 비기계론적 인과관계를 알고 있었다는 것이다.

현대과학과의 유사성

니덤은 중국의 과학적 사고 중 일부는 현대과학과 유사하다고 보고 있다. 예컨대 『주역』이 중국의 과학적 사고의 관념들에 대한 깊은 통찰력을 제공한다고 보고, 64괘에 주목하고 있다. 음과 양이 둘로, 넷으로, 여덟으로, 예순넷으로 나눠지는 과정, 멈추지 않고 무한히 계속되는 괘의 변화는 "우성과 열성이라는 두 요소들로의 분리와 재분리라는 현대의 과학적 사고, 즉 유전학과 유사하다"라고 보고 있다. 현대과학이 알고 있는 세계 구조의 몇 가지 요소들이 초기 중국 사상가들의 추론에 나타났다는 것이다.

음양과 오행이라는 원리는 중국의 과학자들조차 숫자 신비주의이고 마술이라며, 그것이 과학적 사고의 발전을 막았다고 보지만, 니덤은 현대과학과의 유사성에 주목하고 있다. 즉, 현대과학으로 발전할 가능성이 있다고 봤다.

현대의 학자들은 이러한 종류의 사고방식을 연관적 사고나 조정적 사고라고 불렀다. 그것은 연관과 직관에 의해서 작용하는 체계이고, 그 자체의 논리와 그 자체의 인과법칙을 가진다. 그것은 단순한 미신이 아니며 비록 그것이 외부의 원인들이 강조되는 근대과학의 특징적 사고방식과는 비록 다르지만, 그 자체의 기준으로는 완전히 합리적인 사고의 형태이다.

니덤은 중국의 전통과학에 대한 역사적 개관을 17세기에서 멈춰야 한다고 말한다. 17세기 초에 마테오 리치 등 예수회 선교사들이 북경을 방문한 뒤 그리스와 르네상스의 과학이 중국에 소개되면서, 중국의 과학이 현대에 이르기까지 300년 동안 끊임없이 발전해온 '보편적' 과학으로 점차 융합되었다는 것이다. 더 이상 중국 특유의 과학적 사고와 접근방식을 찾는 게 불가능하다는 이유에서였다.

과학 혁명으로 이어지지 않은 이유

니덤은 13~14세기까지 서양은 물론 이슬람 세계의 과학적 성취보다 앞섰던 중국의 과학기술이 왜 근대 과학 혁명으로 이어지지 않았는가 하는 문제의식을 갖고 그 답을 찾고 있다. 니덤은 그 원인이 중국의 전통과학 자체에 있는 것이 아니라 외부에 있다고 보았다. 그중 하나로 전통사회에서 중국의 정치 사회 체제에 커다란 영향력을 행사한 유교의 성격을 들고 있다. 공자는 보편적 교육을 주창했다는 점에서 혁명적이었지만, 과학적이지는 않았다고 한다. 순자의 회의주의 역시 초기 과학에 도움이 되어야만 했지만 지나치게 인간 중심적이어서 그렇게 되지 못했다고 본다. 유교는 과학의 역사와는 거의 관련이 없다는 게 니덤의 입장이었다.

(유가에게) 우주는 도덕적 질서를 가지고 있으며 인간에게 적당한 탐구의 대상은 자연에 대한 과학적 분석이 아니라 인간이었다. 분명히 공자는 모든 미신과 심지어 초자연적 형태의 종교에 대해서 반대하는 합리주의적 체계를 가르쳤다. 그러나 그것은 비인간적인 현상을 모두 배제하고 사회적 문제에만 관심

을 집중시켰던 사고방식이었다. 과학적 사고방식을 촉진시킬 수도 있었을 합리적인 요소가 그런 식으로 작용하도록 허용되지 못했던 것이다.

니덤에 대한 비판도 많다. 근현대 과학을 '보편과학'이라고 하는 것에는 역사나 과학의 발전에 단일한 경로만이 있다는 서양인의 관점이 전제되어 있다는 것이다. 물론 니덤이 말한 원의는 보편과학에는 서양과학이나 동양과학이 따로 있지 않다는, 서양과 비서양의 차별이 있을 수 없다는 말이지만, 근현대 과학을 주도해온 것이 서양과학이라는 현실을 놓고 보면 보편과학은 곧 서양과학일 수밖에 없다. 또한, 동아시아의 과학적 성과를 모두 중국의 것으로 보는 실증적 오류도 지적한다. 송대의 과학사에 인쇄술이 고려가 아닌 송나라의 과학적 성과로 기술되어 있는 것 등이 단적인 예이다.

그럼에도 불구하고『중국의 과학과 문명』이 갖는 역사적 의의는 결코 폄훼할 수 없다. 열린 눈으로 과학의 역사를 볼 수 있도록 하는 계기를 마련했으며, 중국의 과학사에 대한 방대한 연구의 기틀을 마련하고 그것을 학술적 성과로 이루어 냈으며, 중국 과학사의 연구에 대한 지속적인 연구의 환경을 마련했다는 점 등은 누구도 하지 못한 전인미답의 성과라고 말할 수 있다.

『중국의 과학과 문명』은 중국의 전통사상에서 과학적 특징을 찾고 있기 때문에 철학적 내용이 많다. 따라서 펑유란의『중국철학사』 등과 함께 읽으면 도움이 될 것으로 보인다.

참고문헌

- 『중국철학사 1, 2』(펑유란, 까치글방, 1999)

- 『그림으로 보는 중국의 과학과 문명』(로버트 템플, 까치, 2009)

:: 이연

뿌리국어논술학원 원장. 서강대학교에서 역사를 전공하였다. 월간《컴퓨터월드》기자로 활동하며 국내외의 정보통신산업계 소식을 전하는 일에 힘썼으며, 월간《헬로우PC》편집주간, 격주간《IT비즈니스》의 편집국장을 지냈다.

4

테크놀로지의 걸작들

김윤영 서울대학교 기계항공공학부 교수

테크놀로지의 걸작들
엘머 루이스 지음
김은영 옮김
글램북스

최근 과학자와 공학자의 역할이 점점 불분명해지면서 어디까지가 과학자의 영역이고 어디까지가 공학자의 영역인지를 명확히 나누기가 쉽지 않다. 그러나 본질적으로 공학과 과학은 다른 고유한 속성을 지니고 있다. 자연의 법칙을 찾아내고 현상과 작용을 이해하는 학문인 과학과 달리, 공학은 인류의 수요와 요구에 부응하는 실용적인 테크놀로지(기술)를 창조하는 학문이다.

2018년 현재, 인공지능이라는 혁신적인 기술이 도래하여 인류사회는 엄청난 변화를 겪고 있다. 그런데 이런 기술혁신은 과연 어떤 조건이 있어야 가능했을까? 또 미래의 기술혁신은 어떤 조건이 있어야 가능할까? 이런 질문에 대한 답을 아마도 과거의 기술혁신적인 사례에서도 발견할 수 있을 것이다.

이와 같은 관점과 호기심으로 기술의 역사를 돌아보는 책이 바로 『테크놀로지의 걸작들Masterworks of Technology』이다. 고대 이집트에서부터 인류가 우주로 눈을 돌린 현대까지, 역사 속 기술혁신이 이뤄진 순간들을 과학과 기술의 발전뿐 아니라 역사, 문화, 사회 정치 등 다채로운 관점으로 포착해 보여줌으로써 인간의 문명이 계속해서 발전해온 원동력이 과연 무엇이었는지를 탐구한다.

이 책의 저자인 엘머 루이스Elmer E. Lewis(1938~)는 물리학 분야에서 학사 및 석사 학위를, 핵공학 분야에서 박사 학위를 취득한 학자로, 과학과 공학에 걸쳐 해박한 지식을 가진 과학자 겸 공학자이다. 미국 노스웨스턴 대학의 기계공학과 학과장을 역임하였고, 현재도 그 대학의 교수로 재직 중이다. 주 연구 분야는 중성자 전송 현상과 원자로 해석, 그리고 신뢰성 및 위험도 분석이며, 관련 분야의 전공서적도 몇 권 집필하였다. 또한 일반인을 위한 대중서로 이 책을 포함하여 『얼마나 안전해야 충분히 안전한가?How safe is safe enough?』(2014)라는 책을 썼다.

이런 저자의 배경 때문인지 『테크놀로지의 걸작들』은 공학이 과학과 어떤 관계를 이루며 발전해왔는지 균형 잡힌 시각으로 잘 전달해줄 뿐 아니라, 걸작물의 창조에 필요한 과학과 기술의 핵심 내용과 탄생 과정도 충실하게 설명하고 있다.

엘머 루이스는 테크놀로지의 걸작들이 탄생하는 과정이 유기체의 진화 과정과 매우 유사하다는 점을 강조하면서, 테크놀로지와 그것에 의해 탄생되는 결작물이 자연선택과 적자생존과 같은 과정을 거치며 진화하고 발전하는 양상을 소상히 보여준다. 이 과정에서 첫째, 과학과 기술이 어떻게 상호작용해 왔는지, 둘째, 사회적 정치적 환경이 기술발전에 어떻게 영향을 끼쳤는지를 흥미롭게 설명하고 있다.

레오나르도 다빈치Leonardo da Vinci(1452~1519)는 당시 공학계의 일반적 관행이던 시행착오적인 접근법 대신 체계적이고 합리적인 과학적 방법론으로 공학을 접근했다. 다빈치가 남긴 기록에서 우리는 과학, 엄밀히 말하면 과학 자체보다는 과학적 방법론이 공학에 영향을 끼친 사실상 첫 번째 사례를 찾을 수 있을 것이다. 저자는 다빈치가 각종 기계장치의 도면을 그릴 때 기존의 2차원적 방식이 아닌, 빛과 그림자를 활용한 3차원적 원근법을 처음으로 도입하였다는 점에 주목하고 있다. 2차원 평면 위에 3차원적 아이디어를 표현하려는 다빈치의 시도는 결과적으로 설계와 제작을 분리할 수 있게 하였고, 또 실제 물건을 만들어보지 않고도 오류를 수정할 수 있게 된 혁신적인 전환점이 되었다.

그렇다면 과학과 공학을 최초로 통합하여 공학적 현장에서 혁명적인 전환을 이룬 개척자는 누구일까? 저자는 17세기의 갈릴레오 갈릴레이Galileo Galilei(1564~1642)를 꼽는다. 갈릴레오는 그의 저서인 『새로운 두 과학Due Nuove Scienze』(1638)에서 과학적 방법을 탄생시키는 데도 기여하였을 뿐 아니라, 물질의 강도와 역학에 대해 다룬 최초의 공학적 과학, 즉 인간이 만든 인공물의 과학을 최초로 다루었기 때문이다. 갈릴레오는 또한 기계설계에 경제 개념을 도입하는 등, 오늘날 중요한 화두인 융합의 선각자이기도 하다. 저자는 6장인 〈과학적 실험과 공학의 만남〉에서 갈릴레오가 공학에 끼친 영향을 자세히 다루고 있다.

19세기 초는 공학에 큰 변화가 온 중요한 시점인데, 그것은 과학 자체가 공학에 큰 영향을 끼쳤기 때문이다. 전기와 자기에 대한 과학적 발견이 이루어지고 화학이 정량분석Quantitative analysis의 토대 위에 서게 되면서 기초 과학으로부터 얻은 지식과 발견 자체가 공학에서 중요한 역할을 하기 시작한 시대가 바로 이 시대이다. 즉, 과학이 공학을 이끌어나가기 시작했다는 것이다. 그 결과 이때부터 공학자들에게도 수학 이론과 과학 실험에 대한 깊은 지식이 요구되기 시작했다.

하지만 대규모로 공학자들과 과학자들이 함께 모여 본격적으로 큰 프로젝트 형태로 기술개발을 시작한 것은 1876년 토머스 에디슨Thomas Edison(1847~1931)이 멘로 파크Menlo Park에 연구소(종종 '발명 공장'이라 부름)를 세우면서부터이다. 물리학과 화학을 전공한 대학 출신 연구원과 공방, 기계 제작소, 도구 제작자, 유리 세공인 등의 밑에서 경험을 쌓은 기술자들이 한 자리에 모여 일을 하기 시작했다. 멘로 파크 연구소에서 배경이 다른 이질적인 사람들이 한자리에서 융합적 작업을 어떻게 해나갔는지를 저자는 흥미롭게 설명하고 있다.

다음으로, 사회적 정치적 환경이 기술 발전에 어떻게 영향을 끼쳤는지에 대한 저자의 설명을 살펴보자. 저자는 물레바퀴에 대한 기술개발이 장인(또는 기술자)에 의해 이루어지기보다는, 6세기 초 성 베네딕트 수도원을 대표적인 예시로 들며, 수도원의 수도사들에 의해 크게 발전되었다는 점을 지적하고 있다. 이에 대한 종교적, 역사적 배경은 대단히 흥미롭다. 책에서 관련 내용을 읽게 되면, 왜 공학이 과학과 달리 사회적 실체라고 하는지 보다 잘 이해할 수 있을 것이다.

정치적 결단으로 기술이 발전한 대표적인 사례로는, 아폴로 11호를 들고 있다. 1969년 7월 2일, 미국인 우주사인 닐 암스트롱이 아폴로 11호를 타고 달 표면에 내렸다. 1961년 미국의 존 F. 케네디 대통령이 "본인은 60년대가 저물기 전에 미국이 사람을 달에 착륙시키고 또한 무사히 귀환시킨다는 목표를 달성할 수 있을 것입니다"라고 선언한 지 8년 후의 일이다. 분명 인간의 달 착륙은 케네디 대통령의 정치적인 도전의 산물이지만, 아폴로 프로그램은 20세기 최대의 기술적 업적임에 틀림없다. 저자는 이런 역사적 업적을 이루기 위해서 필요했던 기술과 노력도 잘 설명하고 있다. 새로운 초대형 프로젝트를 생각하고 있는 독자라면 이 책에서 이야기하고 있는 아폴로 개발 과정에서 많은 것을 배울 수 있지 않을까 생각한다.

이 책에 담겨 있는 기술 발전에 끼친 사회적, 정치적 영향에 대한 깊이 있는 분석은 사회와 산업 전반을 바라보는 저자의 통찰력을 엿볼 수 있게 한다. 엘머 루이스는 책 전반에 걸쳐 기술혁신의 조건으로 크게 두 가지를 강조하고 있다. 첫째는, 소중한 자원(음식, 숙련된 노동력, 원료 등)을 위험이 따르는 모험적인 일에 투자할 수 있을 정도로 사회 환경이 자족 수준을 넘어서는 것이고, 둘째는 축적된 자원을 공학적인 목적으로 사용하는 것이 유용한 일이라고 용인할 수 있는 사회적 분위기이다.

그렇다면 오늘날의 우리나라에서도 이런 기술적 혁신을 기대할 수 있을까? 이 책을 일독하면 아마도 이 질문에 대한 답을 얻을 수 있는 지혜와 통찰력을 얻을 수 있을 것이다.

참고문헌

- 『공학을 생각한다 The Essential Engineer』 (헨리 페트로스키, 반니, 2017)
- *How Safe is Safe Enough?* E. E. Lewis, Carrel Books, 2014

:: 김윤영

서울대학교 기계항공공학부 교수. 서울대학교에서 학사와 석사를 마치고 스탠포드 대학교에서 기계공학 박사 학위를 받았다. 현재 세계최적설계학회 부회장 및 아시아최적설계학회 회장직을 맡고 있으며 멀티스케일설계 창의연구단 단장 및 서울대학교 정밀기계설계공동연구소 소장, 대한기계학회 회장을 역임한 바 있다. 주요 연구분야는 위상최적설계, 역학메타물질, 박판보 설계 등이다.

5
세상을 바꾼 작은 우연들

전길자 이화여자대학교 화학과 명예교수

세상을 바꾼 작은 우연들
마리 노엘 샤를 지음
김성희 옮김
윌컴퍼니

나는 최근에 교육 방법에 대한 새로운 시도를 하고 있다. 30년의 교육 경험을 통해서 만들어 낸 '정의와 질문'이라는 방법으로, 과학기술의 개념에 대한 정의로부터 시작하여 육하원칙에 따라 질문하고 답하는 형식으로 가르치는 것이다. '누가'와 '언제'에 대한 질문의 답은 많은 부분 그 과학기술의 발견 또는 발명의 이야기에서 찾게 된다.

공학자이면서 포도 재배와 포도주 관련 전문기자로 활동하고 있는 마리 노엘 샤를Marie-Noelle Charles의 『세상을 바꾼 작은 우연들Ces Petits Hasards Qui Bouleversent La Science』에는 우연으로 인해 노벨상을 만든 과학자, 노벨상으로 이어지는 업적을 쌓은 과학자, 혹은 연구업적을 인정받지 못하고 비참한 최후를 맞은 과학자 등 각자의 이야기가 있는 연구자들이 발견한 50가지 과학기술에 대한 이야기가 흥미진진하게 펼쳐진다. 한 권에 많은 에피소드를 다루다 보니 한 이야기에 대하여 짧게 기술하고 있지만, 그와중에도 과학기술의 발견에 대한 내용을 비교적 소상히 다루고 있다.

책 속에 등장한 50가지 이야기 중에서 나에게 흥미를 주었던 이야기에 대해서 간략하게 설명해 본다.

노벨상을 만든 알프레드 노벨Alfred B. Nobel(1833~1896)은 나이트로글리세린을 안정화시키는 방법을 개발하여 다이너마이트를 발명하여 유럽 최대의 부호가 된다. 노벨이 형의 죽음을 착각한 신문기자가 쓴 '죽음의 상인, 사망하다'라는 기사를 보고 인류 발전에 기여할 노벨상을 만든다. 본인이 다루었던 나이트로글리세린이 본인의 질병인 협심증에 효과가 있음에도 치료를 거부하고 63세의 나이로 세상을 떠난다. 100년 후 나이트로글리세린으로 노벨생리·의학상을 받는 사람이 탄생하리라고는 꿈에도 모른 채말이다.

이화여대 화학과 50주년 기념 학술행사에 펜실베니아 대학의 앨런 맥더미드Alan MacDiarmid(1927~2007) 교수를 초청하였다. 맥더미드 교수는 전기가 통하는 플라스틱 전도성 고분자conducting polymer 발견으로 2000년 노벨화학상을 수상한 바 있다. 이 발견은 두 가지 우연으로 이루어진다. 그 우연은 실험과정의 엄청난 실수와 두 과학자의 만남이었다. 시라카와 히데키 교수는 아세틸렌 분자를 중합polymerization하는 과정에서 촉매를 원래의 1,000배나 많이 넣은 연구 보조원의 고마운(?) 실수로 금속과 닮은 고분자 물질이 우연히 합성된 것을 발견했다. 그후 10년이 지난 어느 학회에서 히데키 교수가 맥더미드 교수를 만난 것이 전기가 통하는 플라스틱, 즉 전도성 고분자를 탄생시키는 계기가 되었다고 한다. 이 혁신적인 발견으로 종이처럼 구부러지는 스크린과 플라스틱으로 된 컴퓨터를 만들고자 하는 과학자들의 꿈이 이루어지게 되었다. 전도성 고분자는 에너지 저장기술 쪽으로 특히 기대가 되는데, 새로운 형태의 광전지, 태양열 집적 유리, 충전식 전지, 발열섬유 등에 개발에 쓰이고 있다. 전도성 고분자를 활용할 수 있는 분야는 열거하기 힘들 정도로 무궁무진하다.

헬륨만은 액체로 만드는 것이 불가능하다고 생각했던 시절에 과감한 성격을 지닌 한 남자의 고집스러운 연구로 액체 헬륨이 만들어졌다. 액체 헬륨을 이용해서 수은을 냉각 시키자 수은의 전기저항이 완전히 사라진 초전도 상태를 발견하게 되었다. 이 연구로 카메를링 오너스Kamerlingh Onnes(1853~1926)는 노벨상을 받았고 그후 초전도현상의 연구에 노벨상이 10개나 주어졌다. 자기공명영상MRI, 자기부상열차 등이 개발되었다. 초전도 현상이 발견된 지 100년이 지났지만 상온에서 초전도 상태가 되는 물질이 언젠가 나타나기를 꿈꾸는 물리학자들에게는 여전히 흥미로운 연구 대상이다.

위궤양 치료에 혁신적인 연구로 노벨의학상을 수상한 로빈 워런Robin Warren(1937~)과 배리 마셜Barry J. Marshall(1951~)은 나선형 세균의 존재와 위장 질환이 서로 관계가 있음을 밝혔다. 그러나 의학계는 여전히 믿을 수 없다는 반응을 보였다 .세균을 자세히 연구하려면 실험실에서 쉽게 배양 할 수 있어야 하는데 헬리코박터 파이로리균은 배양이 몹시 까다로웠다. 그러던 그에게도 우연이 찾아왔다. 마셜이 휴가를 다녀오는 동안 따뜻한 곳에 놓여 있던 배양접시에서 균들이 증식한 것이다. 헬리코박터 파일로리균을 배양할 수 있는 방법을 마침내 찾아냈다. 마셜은 그후 동물을 대상으로 실험을 계속하였으나 성공적인 결과를 얻지 못했다. 마셜은 자신이 직접 실험 대상이 되기로 하였다. 헬리코박터 파이로리균 배양액을 상당량 마신 후 구토증상을 보였고, 입 안에서 썩은 악취가 풍기기 시작했다. 심각한 위염에 걸린 것이다. 용감한 마셜의 연구 결과로 10년의 세월 끝에 의약계 전체가 그 연구를 인정하였다.

이상의 이야기들은 우연과 도전 그리고 고집과 모험으로 새로운 분야를 개척한 성공한 과학기술자 이야기이다. 이제 불행했던 삶을 살았던 발명가 이야기를 해 보고자 한다.

에디슨 때문에 오랫동안 가치를 인정받지 못했던 천재 발명가 니콜라 테슬라의 이야기이다. 그는 삶을 마감하고 30년도 더 지나서야 그 업적을 인정받았다. 그는 발명가이자 시인이었고 산스크리트어를 포함해 12개의 언어를 구사할 만큼 명석한 두뇌를 가지고 있었다. 그의 꿈은 전기 에너지를 누구나 공짜로 쓸 수 있게 하는 것이었다. 그 당시 전동기는 전기에너지를 기계에너지로 변화시킬 수 있는 기계인데 테슬라는 기계 에너지를 전기 에너지로 바꾸는 천재적인 아이디어를 실현하였다. 그 당시 전동기는 직류로 작동하는 것밖에 없었는데 테슬라는 교류를 이용할 수 있는 전동기를 개발하면서 전기 전송을 혁신할 방법을 찾아내었다. 나이아가라 폭포에 최초의 수력발전소를 세움으로써 그 꿈을 현실로 옮겼다. 따라서 테슬라는 교류유도전동기와 대량 전기 생산이라는 두 가지 업적만 놓고 보아도 동시대 사람들의 삶을 혁신시킨 대단한 인물이다. 그런데 어째서 이런 사람이 사람들에게 잊혀진 채 비참하게 죽어야 했을까? 혹자는 테슬라가 운이 없었다고 말한다. 테슬라의 지지자들은 그가 스스로 사람들에게 잊혀지기를 선택한 것 같다고 말한다. 그는 자신의 발명품이 비양심적인 자들의 손에 들어가 나쁜 용도로 사용될까 봐 두려워했다. 박애주의자였던 테슬라에게는 그 같은 자각은 고통스러운 일이었을 것이다. 그래서 그는 자기가 딴 특허들을 온갖 수단을 동원해 숨겼고 연구는 계속했지만 그 결과물을 세상에 발표하는 일을 더 이상 하지 않았다. 세상과 타협하지 않고 살아간 천재 과학자이며 박애주의자인 테슬러는 결혼한 적도 없고, 자식도 없이 말년에 뉴욕의 어느 호텔에서 혼자 숨을 거두었다. 그러나 현재 테슬라는 자기장 자속밀도의 SI 단위며, 미국의 전기자동차 제조사 이름이기도 하여 현재도 그 이름은 살아 있다.

굿이어Goodyear 타이어를 자동차에 끼워 본 사람들이 많을 것이다. 찰스 굿이어Charles Goodyear(1800~1860)는 미국의 발명가로 고무를 안정화시키는 이른바 '가황加黃'이라는 방법을 개발한 사람이다. 그의 슬픈 이야기는 아내와 함께 운영했던 철물점이 망한 때부터 시작되었다. 다시 돈을 빌려 연구를 시작했으나 굿이어는 또 다시 파산했고, 아내와 열두 명이나 되는 아이들은 이웃의 동정으로 먹고 살았다. 그 뒤에도 힘든 고무 연구를 억지로 이어나가던 그에게 마침내 우연한 계기로 행운이 찾아온다. 빚쟁이들과 한바탕 말싸움을 벌인 어느 날, 화가 난 그는 손에 든 고무 조각들을 방에 내던졌다. 그 고무 조각들이 뜨거운 난로 위에 떨어졌는데 녹아내렸을 줄 알았던 고무 조각들은 놀랍게도 멀쩡한 모습을 유지하고 있었다. 언뜻 보기에는 가죽으로 혼동할 만큼 생김새가 달라져 있었다. '가황법'의 원리가 우연히 밝혀진 것이다. 하지만 그날로 바로 행복해지지는 못했다. 타이어 연구는 잘 되었지만 빚쟁이들이 더 이상 기다려 주지 않아 결국 빚 때문에 감옥 신세를 지고 만다. 그 사이 그의 자녀가 여섯이나 영양실조로 세상을 떠났고, 본인의 건강도 나날이 나빠졌다. 감옥에서 나온 후 새로운 특허 등록으로 다시 활기를 찾았으나, 잘못된 특허 계약을 맺은 바람에 이를 바로잡기 위한 재판을 하는 데 말년을 바쳐야 했다. 그의 이름을 딴 미국 타이어 제조회사인 굿이어는 그에 대한 존경의 표시를 나타내긴 하였지만 한편으로는 기만적인 일이다. 왜냐하면 굿이어도 그의 후손들도 그에 따른 혜택을 전혀 누리지 못했기 때문이다. 오래된 일이지만 바로잡아야 하지 않을까 생각한다.

그밖에도 나에게 감동을 주었으나 자세히 다루지 못한 이야기를 간략하게 아래와 같이 기술해 본다. 하나같이 흥미진진한 에피소드이므로 궁금한 분들은 이 책의 내용을 자세히 읽어보기 바란다.

미스터 굿바mr. Goodbar 땅콩 초콜릿 바가 전자레인지 발명의 단초가 된 이야기/치과 마취 수술의 선구자가 폭행죄로 감옥에 갇혀 스스로 생을 마감하며 비극으로 끝맺은 아산화질소 웃음 이야기/청진기 발명 아이디어를 가져오게 한 고마운 인연인 풍만한 가슴의 젊은 여성 환자 이야기/고고학이라는 새로운 학문을 탄생시킨 기회주의적이고 충동적인 협잡꾼 이야기/따뜻한 햇볕을 받으며 신생아들이 낮잠을 자도록 한 어느 수간호사의 우연한 행동이 신생아 황달을 치료하는 혁신적인 광선 치료법 개발로 이어진 이야기/트랜지스터를 조립하면서 잠깐의 부주의로 잘못 연결시키므로 최초의 이식용 심박조율기를 만들게 된 이야기/죽은 개구리를 춤추게 한 갈바니의 실험에서 아이디어를 얻어 탄생한 프랑켄슈타인 소설 이야기와 개구리와 상관없이 '서로 다른 금속들 사이의 불균형'으로 탄생한 볼타전지 이야기/영국의 록그룹 롤링스톤스의 노래 「마더스 리틀 헬퍼Mother's Little Helper」 가사 "의사 선생님 그것 좀 더 줘요, 제발. Doctor please, some more of these"에도 등장하는 신경안정제 이야기/돈이 없어 발명특허권을 내지 못해 성냥을 개발하고도 가난하게 살다 간 프랑스 고등학생 이야기/지독한 근시 때문에 확대경을 개발하고, 미생물을 처음으로 관찰하여 세포생물학의 선구자가 된 이야기/자세한 관찰로 발진티푸스의 원인이 이에 있음을 발견하여 노벨의학상을 받은 이야기/진통해열제, 혈전 치료제, 항암제 등 끝없이 효능이 밝혀지고 있는 아스피린 이야기/고깔해파리 독과 포세이돈이라 불린 예민한 개로 인해 발견한 '아나필락시스' 현상으로 알레르기학을 탄생시킨 이야기/사고 덕분에 거의 절반으로 짧아진 프로펠러가 예상과 정반대로 더 빠른 속도로 배를 추진시키어 스크루 프로펠러를 개발한 이야기/어떤 이들의 죽음이 다른 이들의 생명을 구한 예가 있다. 제2차 세계대전 당시 미국의 겨자가스 폭탄을 실은 배가 독일의 습격으로 침몰하면서 나타난 겨자가스의 독성 현상을 연구한 결과 현대 항암요법을 만들어 낸 이야기

더 자세히 알고자 하면 각 이야기에 대한 단행본 책을 참고하기 바란다.

이 책은 학생들과 일반 독자에게는 과학기술에 대한 호기심을 갖게 할 것이며, 과학을 전공하는 학생에게는 도전 정신을 줄 것이고, 강의를 준비하는 선생님에게는 재미있는 강의 내용을 제공하게 되어 모두에게 도움이 되는 책이다. 물론 나의 강의 준비에도 도움을 주고 있는데, 제자들에게 보다 재미있는 이야기로 강의를 시작할 수 있게 되었다. 『세상을 바꾼

작은 우연들』을 꼼꼼히 다 읽으며 뿌듯함을 느낀다. 강의에 사용할 수 있는 재미있는 자료를 확보하였을 뿐만 아니라 나의 연구과정에서 제안하였던 산소전달에 대한 가설이 언젠가는 밝혀지는 날이 올 수도 있겠다는 생각이 들기 때문이다. 마지막 페이지를 덮으면서, 그날이 오기를 꿈꾸며 미소 짓는다.

_____

참고문헌

- 『발명과 혁신으로 읽는 하루 10분 세계사』 (송성수, 생각의힘, 2018)
- 『커넥션 Connections』 (제임스 버크, 살림, 2009)
- 『지금은 당연한 것들의 흑역사 They Laughed at Galileo』 (앨버트 잭, 리얼부커스, 2016)

:: 전길자

이화여대 화학과 명예교수. (사)아시아교육봉사회(캄보디아 이화스령학교설립) 차기회장. 한국과학기술단체총연합회(과총) ODA센터 공동센터장이다. (사)한국과학컴뮤네케이터협회 제2대 회장, 전국여성과학기술인지원센터 초대 소장, 대통령자문정책기획위원회 과학생태분과 위원을 역임하였다.

6

포크는 왜 네 갈퀴를 달게 되었나

이인식 지식융합연구소장

작은 물건에 큰 뜻이 숨어 있다.

헨리 페트로스키

포크는 왜 네 갈퀴를 달게 되었나

헨리 페트로스키 지음

백이호 옮김

김영사

1

세계적 공학 칼럼니스트로서 '테크놀로지의 계관시인'이라 불리는 헨리 페트로스키Henry Petroski(1942~)는 보통 사람들이 그냥 지나치고 마는 일상의 사물에 대해 탁월한 통찰력으로 디자인의 진화 과정을 밝혀내고 그 의미를 대중에게 친절하게 일깨워주는 공학 저서를 여러 권 펴냈다.

1985년에 펴낸 첫 번째 저서인 『인간과 공학 이야기To Engineer Is Human』 머리말에서 페트로스키는 "디자인이란 예전에는 없던 무언가를 새롭게 만드는 일이며 이는 바로 공학의 핵심이기도 하다"면서 디자인과 공학을 같은 뜻으로 사용했다. 그는 공학 설계의 본질을 다음과 같이 설명한다.

> 공학 설계 과정은 과학자가 다루는 '주어진 세계'와 엔지니어가 다루는 '만들어 가는 세계'가 서로 결합해서 자연이 꿈꾸지 못한 무언가를 새로 만들어가는 과정이므로 과학이라기보다 예술에 가깝다.

페트로스키는 "공학 설계의 목적은 실패를 피하는 데 있지만, 완벽하게 실패를 대비한 설계란 있을 수 없다"면서 디자인의 실패 사례를 분석한다.

이 책의 출간을 계기로 페트로스키는 공학 기술의 실패 분석failure analysis 분야에서 독보적인 존재로 떠오른다.

1989년에 펴낸 두 번째 저서인 『연필The Pencil』은 페트로스키의 해박한 식견과 유려한 필체가 빛나는 화제작으로, 공학 디자인에 대한 그의 저술이 쏟아져 나올 것임을 유감없이 보여준 걸작이라 아니할 수 없다. 그의 표현을 빌리면 "문화적으로 정치적으로 기술적으로 역사의 거듭되는 부침 속에서 하나의 인공물이 발전되는 과정을 추적한" 『연필』은 "사실상 별로 눈에 띄지 않을 만큼 우리에게 익숙하며, 아무 생각 없이 손에 두었다가 치워버리기도 하는 평범한 물건"에 불과한 연필을 선택하여 그 역사와 상징성을 통해 공학과 디자인에 접근한 역작이다.

페트로스키는 "연필의 역사 속에 혼재되어 있는 국제적 갈등이라든지 무역, 국가 간의 경쟁 등이 해낸 역할이 석유 · 자동차 · 철강 · 원자력 같은 현대의 국제적 산업에도 귀중한 교훈이 될 것임을 의심치 않는다"고 서문에서 집필 의도를 밝히기도 했다.

『연필』은 나무 연필이 샤프펜슬, 만년필, 볼펜, 타자기, 워드 프로세서 같은 새로운 필기도구들의 도전을 받는 과정을 흥미롭게 소개하면서, 연필이 끝내 사라지지 않는 이유를 분석한다. 페트로스키는 연필의 몇 가지 이점, 이를 테면 지울 수 있고 전지가 필요 없고 무엇보다 값싼 장점 때문에 최소한 20년 동안은 수요가 줄어들지 않을 것이라고 전망했다.

연필처럼 정보기술의 발달로 종말이 임박했다는 선고를 받은 것들은 한두 가지가 아니다. 책과 현금이 대표적인 예이다. 전자책과 스마트 카드가 보급되고 있지만 들고 다니기 쉬운 종이책이나 유통이 빠른 현금 또한 그들의 단순하고 근본적인 기능 때문에 앞으로 수십 년 동안 사라지지 않을 것으로 예견된다. 『연필』을 통독하고 나면 연필과 종이책 같은 전통기술이 디지털 기술에 쉽게 함락될 것으로 속단하는 것처럼 어리석은 일은 없음을 깨닫게 된다.

2

페트로스키가 『연필』에서 언뜻 보기에 단순해 보이는 인공물의 진화 과정을 추적하여 모든 디자인과 발명에 적용되는 보편적 원칙을 밝혀냈던 특유의 공학적 탐구를 좀더 확대시켜 집필한 역작이 『포크는 왜 네 갈퀴를 달게 되었나The Evolution of Useful Things(쓸모 있는 물건의 진화)』이다. 1992년 출간된 이 책은 "작은 물건에 큰 뜻이 숨어 있다"라는 페트로스키의 명언처럼 일상생활에서 쓸모가 많지만 사소해 보이는 물건들의 발명과 디자인에 얽힌 사회적 및 기술적 요인과 배경을 분석하여 모든 인공물의 발명·창조·혁신에 요구되는 기본 원리를 제시한다.

페트로스키는 이 책의 머리말에서 집필 동기를 다음과 같이 설명한다.

기술이 만들어낸 하나의 인공물은 어떻게 다른 모양이 아닌 현재의 모양을 하게 되었는가? 어떤 과정을 거쳐 이처럼 독특하면서도 보편성을 갖춘 제품이 설계되었는가? 서로 다른 문화권에서 모양은 전혀 다르면서 본질적인 기능만은 똑같은 도구가 쓰이는 이유는 하나의 획일적인 메커니즘이 존재하기 때문인가? 좀더 구체적으로 보자. 서양의 나이프와 포크의 발전을 동양의 젓가락이 발달해온 원리로 설명할 수 있는가? 밀면서 자르는 서양 톱과 당기면서 자르는 동양 톱의 모양에 대해 똑같은 획일적인 논리로 쉽게 설명이 가능한가?

페트로스키는 "이러한 의문들이 이 책을 쓰도록 이끌었다"면서 한 개의 갈퀴를 가진 나이프가 네 갈퀴의 포크로 어떻게 진화했는가, 클립은 어떻게 발전해왔는가, 동물의 뼈는 어떻게 진화해서 개구리 단추가 되었는가, 지퍼는 왜 그런 이름으로 불리게 되었는가, 알루미늄캔의 밑바닥은 왜 움푹 들어갔는가, 붉은 포도주는 왜 목이 긴 병에 담는가 같이 시시콜콜해 보이지만 위대한 의미가 담긴 질문에 대해 궁금증을 풀어주면서 공학 디자인의 본질에 대해 타의 추종을 불허하는 탁견을 내놓았다.

페트로스키는 이 책의 끄트머리에서 '개선의 여지는 항상 있다'면서 "완벽하지 못한 인공물을 비난하면서도 결국 적응하게 되는 인간의 능력이야말로 아마도 우리가 사용하는 그 많은 물건의 형태를 최종적으로 확립하는 결정적인 요소일 것이다"라고 결론을 맺는다.

1996년에 펴낸 『디자인이 세상을 바꾼다Invention by Design』도 연필심 같은 사소한 물건에서부터 마천루 같은 현대식 건물에 이르기까지 우리에게 친숙한 인공물에 대한 사례 연구를 통해 공학과 디자인이 지닌 본질을 탐구한다.

자연에서 영감을 얻어 설계된 수정궁Crystal Palace과 도꼬마리 씨앗을 모방해서 만든 벨크로Velcro도 소개된다.

페트로스키는 이 책에서 공학의 사회적 의미에 대해 다음과 같이 설파한다.

> 공학은 사회적 여건이나 기술과 동떨어져 저 혼자 이루어질 수는 없다. 주어진 공학 계획을 이끄는 힘은 뉴스나 세계 곳곳에서 일어나는 사건을 유발시키는 여러 힘들과 동일한 것이다. 공학자는 계획의 바탕이 되며 독특한 특성을 설정하는 공학의 기술적인 단점을 무시하거나 몰라서는 안 되지만, 이런 기술적인 관점은 공학 문제의 일부분일 뿐이며 변함없이 복잡한 인간 노력 가운데 한 부분일 따름이다. 모든 공학이 기울이는 노력은 문화, 정치, 그 시대의 산물이며 또한 공학은 이들을 만들어간다.

2003년에 출간된 『디자인이 만든 세상Small Things Considered』에는 대형마트의 구조, 고속도로의 톨게이트, 식당의 음식 주문과 요금 계산, 완벽한 집의 설계 등 생활 주변에서 마주치는 익숙한 공간의 디자인에 대한 깐깐한 해설이 실려 있고, 종이컵 · 정수기 · 칫솔 · 만능 테이프 · 문손잡이 · 전기 스위치 · 수도꼭지 · 야채 깎는 칼 · 의자 등 소소한 일상용품의 모양새를 만들어낸 디자인의 발전 과정을 설명하면서 흔해 빠진 물건 속에 위대한 디자인이 숨어 있음을 보여준다.

페트로스키는 디자인에 관한 몇 권의 걸출한 저서에서 우리 주변의 소소한 물건들이 왜 현재의 모양을 갖게 되었는지 밝혀내고 어떤 디자인은 왜 성공을 거두었고 어떤 것은 왜 실패했는지 분석함으로써 사물의 쓸모와 가치를 새롭게 자리매김하는 놀라운 글 솜씨를 보여주었다.

3

『포크는 왜 네 갈퀴를 달게 되었나』는 우리에게 '쓸모 있는 물건'으로 여겨질 만한 이유가 여러 가지 있는 명저이지만 특히 두 가지 측면에서 그 가치와 쓰임새를 살펴보고 싶다.

하나는 자연중심 기술이다. 2012년 5월에 펴낸 『자연은 위대한 스승이다』(김영사)에서 수정궁처럼 자연으로부터 영감을 얻어 디자인을 하거나, 벨크로처럼 자연을 모방하여 물건을 만드는 기술을 통틀어 자연중심 기술 또는 청색기술blue technology이라 부를 것을 제안한 바 있다.

자연을 스승으로 삼고 인류사회의 지속 가능한 발전의 해법을 모색하는 청색기술은 녹색기술의 한계를 보완할 가능성이 커 보인다. 녹색기술은 환경오염이 발생한 뒤의 사후처리적 대응의 측면이 강한 반면에 청색기술은 환경오염 물질의 발생을 사전에 원천적으로 억제하려는 기술이기 때문이다.

페트로스키로부터 흔해 빠진 물건에서 위대한 디자인의 실마리를 찾아내는 안목을 배울 수 있다면 위대한 발명가인 자연으로부터 영감을 얻거나 자연을 모방해서 친자연적인 물건을 얼마든지 디자인해낼 수 있을 터이므로 이 책은 미래의 발명가·엔지니어·디자이너에게 훌륭한 교본이 되고도 남을 것임에 틀림없다.

『포크는 왜 네 갈퀴를 달게 되었나』가 우리에게 '쓸모 있는 물건'으로 여겨질 만한 다른 측면은 융합convergence이다. 21세기 들어 서로 다른 학문

· 기술 · 산업 영역 사이의 경계를 넘나들며 새로운 주제에 도전하는 지식 융합, 기술융합, 산업융합은 새로운 가치 창조의 원동력이 되고 있다.

특히 산업융합은 기술 · 제품 · 서비스가 서로 융합하여 새로운 부가가치를 창출하는 방향으로 전개되는 추세이다. 대표적인 사례로는 여러 제품끼리 융합된 스마트폰을 들 수 있다. 다양한 휴대장치의 기능을 합쳐놓은 애플의 스마트폰이 거둔 성공은 산업융합의 중요성을 상징적으로 보여주었다. 이러한 애플의 성공 신화는 전적으로 스티브 잡스Steve Jobs(1955~2011)의 융합적 사고에서 비롯되었다. 인문학적 상상력을 정보기술에 접목한 잡스의 융합적 사고방식이 애플 제품의 세계 시장 석권을 일구어낸 원동력임은 의심할 여지가 없다.

이러한 융합적 사고를 일찌감치 보여준 인물이 다름 아닌 페트로스키가 아니겠는가. 그는 인문학적 안목으로 공학 기술에 접근하여 단순히 사물의 디자인을 분석하는 데 머물지 않고 인간의 본성까지 예리하게 파헤치고 있기 때문이다.

헨리 페트로스키처럼 사물을 꿰뚫어보는 탐구 정신과 스티브 잡스처럼 시대를 앞서가는 기업가 정신으로, 디자인이 훌륭한 물건을 만들어 세상을 바꾸는 융합형 엔지니어가 우리나라에서도 많이 배출된다면 얼마나 반가운 일이겠는가.

참고문헌

* 『인간과 공학 이야기To Engineer Is Human』(헨리 페트로스키, 지호, 1997)

- 『연필The Pencil』 (헨리 페트로스키, 지호, 1997)

- 『디자인이 세상을 바꾼다Invention by Design』 (헨리 페트로스키, 지호, 1997)

- 『디자인이 만든 세상Small Things Considered』 (헨리 페트로스키, 생각의나무, 2005)

- 『자연은 위대한 스승이다』 (이인식, 김영사, 2012)

7

이노베이터

이인식 지식융합연구소장

디지털 시대의 가장 진정한 창조성은 예술과 과학을 연결시킬 수 있는 사람들에게서 나왔다는 데 감명을 받았다.

월터 아이작슨

이노베이터
월터 아이작슨 지음
정영목 옮김
오픈하우스

영국의 시인인 바이런 경Lord Byron(1788~1824)의 무남독녀인 에이다 러브레이스Ada Lovelace(1815~1852)는 "100년 뒤에 싹 틔울 디지털 시대의 씨앗을 뿌린" 컴퓨터 분야의 선구자이지만 도박과 아편에 중독되어 그녀와 같은 나이에 죽은 아버지가 잠든 시골 묘지에 나란히 묻혔다.

　영국의 수학자인 앨런 튜링Alan Turing(1912~1954)은 1950년 10월 모방게임imitation game이라는 인공지능 연구의 초석이 되는 아이디어를 제안한 논문을 발표했지만 노동자 계급출신 청년과 '지독한 음란 행위'를 한 죄목으로 수감 생활을 했으며 청산가리를 주입한 사과를 깨물고 스스로 목숨을 끊었다.

2011년 『스티브 잡스Steve Jobs』를 세계적 베스트셀러로 만든 미국의 저술가인 월터 아이작슨Walter Isaacson(1952~)은 2014년 10월에 펴낸 『이노베이터(혁신가) The Innovators』에서 디지털 기술의 선구자, 발명가, 기업가의 생애와 업적을 소개한다.

아이작슨은 러브레이스 백작부인과 앨런 튜링에 이어 존 폰 노이만John von Neumann(1903~1957), 존 모클리John Mauchly(1907~1980), 존 프레스퍼 에커트John Presper Eckert(1919~1995) 등 초창기 컴퓨터 발명가를 소개하고 "그렇다면 컴퓨터는 누가 발명했는가?"라고 묻는다. 아이작슨은 컴퓨터 발명의 공로를 배분하는 방법을 논의하면서 모클리와 에커트가 1946년에 완성한 에니악ENIAC이 최초의 범용 전자식 컴퓨터이므로 "컴퓨터 발명자들의 명단 맨 위에 그들의 이름이 올라가야 한다"고 결론을 내린다. 물론 "튜링에게도 많은 공이 돌아가야 한다. 그는 보편 컴퓨터universal computer라는 개념을 만들었기 때문"이라고 덧붙였다.

『이노베이터』는 컴퓨터 프로그래밍의 선구자인 미국 해군 장교 그레이스 호퍼Grace Hopper(1906~1992)를 소개하면서 "컴퓨터를 발명한 남성들은 찰스 배비지를 시작으로 모두 하드웨어에 집중했다. 그러나 제2차 세계대전 당시 컴퓨터 개발에 뛰어든 여성들은 에이다 러브레이스가 그러했듯 일찍부터 프로그래밍의 중요성을 깨달았다"고 호퍼의 선구자적 업적을 높이 평가한다.

아이작슨은 트랜지스터, 마이크로칩, 비디오게임, 인터넷, 개인용 컴퓨터, 월드 와이드 웹을 발명한 혁신가들을 차례로 소개하면서 1955년 같은 해에 태어난 팀 버너스리Tim Berners-Lee, 빌 게이츠Bill Gates, 스티브 잡스의 업적을 상세히 설명한다. 버너스리가 창안한 "웹이라는 개념은 디지털 시대의 그 어떤 혁신보다도 한 명의 개인에 의해 구상된 것"이며 빌 게이츠는 "하버드에서 그랬던 것처럼 한 번에 서른여섯 시간씩 쉬지 않고 일한 다음 사무실 바닥 위에 웅크려 잠들곤 했고", 잡스는 "훌륭한 예술가는 베끼고, 위대한 예술가는 훔친다"면서 "우리는 위대한 아이디어를 훔치는 데 있어 한 번도 창피하다고 생각해본 적이 없다"고 우쭐거렸다.

아이작슨은 1973년 동갑내기인 래리 페이지Larry Page와 세르게이 브린Sergey Brin이 의기투합하여 1998년 9월에 창업한 "구글은 인간과 컴퓨터와 네트워크가 긴밀하게 연결되는 세상을 창조하는 데 걸린 60년이라는 세월이 누적되어 탄생한 산물"이라고 썼다.

책의 뒷부분에서 인공지능을 언급하면서 딥 블루Deep Blue와 왓슨Watson이 사람을 이긴 이유를 분석한다. 그러나 2006년 신경망neural network 연구의 대가인 캐나다의 제프리 힌튼Geoffrey Hinton(1947~)이 창안한 딥러닝deep learning에 대해 한 마디도 언급하지 않아 아쉽다. 특히 1988년에 유비쿼터스 컴퓨팅ubiquitous computing 개념을 제안한 미국의 컴퓨터 과학자인 마크 와이저Mark Weiser(1952~1999)의 이름이 나오지 않아 아이작슨에게 그 이유를 물어보고 싶은 심정이다. 46세에 요절한 불운의 인물인데다가 그가 창안한 유비쿼터스 컴퓨팅 개념이 다가오는 만물인터넷 시대의 이론적 토대가 되고 있기 때문에 더욱 안타까운 마음이 든다.

2

『이노베이터』는 컴퓨터 역사에 빛나는 발자취를 남긴 인물들을 단순히 소개하는 데 머물지 않고 디지털 시대의 혁신이 대부분 협업으로 이루어졌음을 보여준다. 가령 최초의 컴퓨터도 협업의 산물임을 다음과 같이 분석한다.

> 컴퓨터의 탄생에서 끌어낼 주요한 교훈은 혁신이 대개 선지자와 엔지니어의 협업이 포함된 집단적 노력이고, 창조성은 많은 출처에서 나온다는 것이다. 발명의 아이디어가 번개처럼 떠오르고, 지하실이나 다락방이나 차고에서 일하는 외로운 개인의 머리에서 전구처럼 튀어나오는 것은 아이들의 이야기책에서나 가능한 일이다.

인터넷 역시 컴퓨터처럼 협업적 창조성의 한 가지 사례이다. 아이작슨은 "혁신은 외톨이의 일이 아니며, 가장 좋은 예가 바로 인터넷"이라면서 "인터넷은 부분적으로는 정부에 의해, 부분적으로는 사기업에 의해 구축되었지만, 대부분은 동료 관계로 일하며 자유롭게 창조적 아이디어를 공유하던, 느슨하게 결합된 무리의 창조물"이라고 강조한다.

"혁신은 고독한 천재의 머리에서 전구가 반짝 켜지는 순간보다는 팀에서 나오는 경우가 훨씬 많다"라는 아이작슨의 분석은 미국 컴퓨터 애니메이션 회사인 픽사의 성공 신화로도 뒷받침된다.

픽사 신화의 주인공은 1986년 스티브 잡스와 함께 픽사를 설립한 에드윈 캣멀Edwin Catmul(1945~)이다. 그는 1995년 11월 미국에서 개봉한 세계 최초의 장편 3D 컴퓨터 그래픽 애니메이션 「토이 스토리」로 대박을 터뜨렸다. 2014년 4월 펴낸 『창의성 회사Creativity, Inc.』에서 캣멀은 30년 가까이 픽사를 경영하면서 창의성과 혁신의 대명사가 되게끔 기업을 성장시킨 비결을 털어놓았다. 그는 머리말에서 "어떤 분야에든 사람들이 창의성을 발휘해 탁월한 성과를 내도록 이끄는 훌륭한 리더십이 필요하다고 생각한다"고 전제하고, 픽사에 창의적인 조직 문화를 구축한 과정을 소개한다. 그는 창의성에 대한 통념부터 바로잡았다. "창의적인 사람들은 어느 날 갑자기 번뜩이는 영감으로 비전을 만드는 것이 아니라 오랜 세월 헌신하고 고생한 끝에 비전을 발견하고 실현한다. 창의성은 100m 달리기보다는 마라톤에 가깝다."

아이작슨은 디지털 시대에는 사람 사이의 협업을 뛰어넘어 "인간과 기계가 협업의 동반 관계를 이룩하여 각자의 우월한 기술을 바탕으로 더 나은 결과를 만들어낼 것"이라고 전망한다.

인공지능은 컴퓨터의 성배일 필요가 없다. 목표는 인간 능력과 기계 능력 사이의 협업을 최적화할 방법을 찾는 것, 즉 우리는 기계가 가장 잘하는 일을 하게 하고 기계는 우리가 가장 잘 하는 일을 하게 하는 동반 관계를 이루는 것일 수 있다.

3

아이작슨은 『이노베이터』의 머리말에서 "디지털 시대의 가장 진정한 창조성은 예술과 과학을 연결시킬 수 있는 사람들에게서 나왔다는 데 감명을 받았다"면서 다음과 같은 사례를 들었다.

레오나르도 다빈치는 인문학과 과학이 상호작용할 때 활짝 피어나는 창조성의 본보기이다. 아인슈타인은 일반 상대성 이론을 연구하던 도중 난관에 부딪히면 바이올린을 꺼내 그가 천체들의 조화라고 부르던 것과 다시 연결될 수 있을 때까지 모차르트를 연주했다.

아이작슨은 "컴퓨터 쪽에서 보자면 예술과 과학의 결합을 체현한" 최초의 역사적 인물로 에이다 러브레이스 백작부인을 손꼽는다. 그녀는 "시와 수학을 모두 사랑했기 때문에 컴퓨팅 기계의 아름다움을 볼 준비를 갖추고 있었던 셈"이다.

구글의 창업자인 래리 페이지는 "스티브 잡스와 앨런 케이처럼 컴퓨터 뿐 아니라 음악을 사랑했다. 색소폰을 즐겨 연주했고, 작곡도 공부했다". 세르게이 브린 역시 "레오나르도 다빈치가 그랬듯 예술과 과학의 결합을 통해 얻을 수 있는 힘을 주창한 리처드 파인만의 회고록을 읽고 큰 감명을 받았다."

페이지와 브린이 모두 예술에 관심이 많은 컴퓨터 전문가라는 사실은 아이작슨의 다음과 같은 주장에 힘을 보탠다.

> 예술과 인문학을 사랑하는 사람들은 에이다가 그랬던 것처럼 수학과 물리학의 아름다움도 감상하려고 노력해야 한다. 그렇지 않으면 디지털 시대의 창조성 대부분이 생겨나는 곳, 즉 예술과 과학의 교차로에서 구경꾼으로 남게 될 것이다. 그 영토의 통제권을 엔지니어에게 넘겨주게 될 것이다.

『이노베이터』의 끝부분에서 아이작슨은 "테크놀로지 혁명을 이끄는 데 기여한 사람들은 과학과 인문학을 결합할 수 있었던 에이다의 전통에 선

사람들이었다"고 강조한다. 이 대목에서 스티브 잡스를 떠올리지 않는 이는 드물 것이다. 2011년 3월 잡스는 대형 스크린에 리버럴 아츠liberal arts와 테크놀로지의 교차로 표지판을 띄우면서 "교양과목(리버럴 아츠)과 결합한 기술이야말로 우리 가슴을 노래하게 한다"고 말했다. 잡스의 이 말을, 우리나라에서는 인문학과 기술을 융합하여 애플의 아이폰처럼 세상을 바꾼 제품을 만들었다는 의미로 받아들이고 있다. 어쨌거나 인문학적 상상력을 정보기술에 접목한 잡스의 융합적 사고가 애플 제품의 세계시장 석권을 일구어낸 원동력임은 부인할 수 없는 사실이다.

아이작슨은 다음과 같이 『이노베이터』를 마무리한다.

> 디지털 혁명의 다음 단계에는 테크놀로지를 미디어 · 패션 · 음악 · 연예 · 교육 · 문학 · 예술 같은 창조적 산업과 결합하는 훨씬 더 새로운 방식이 나올 것이다. …… 테크놀로지와 예술 사이의 이런 상호작용은 결국 완전히 새로운 형태의 표현 방식과 매체 형식을 낳을 것이다.
>
> 이런 혁신은 아름다움과 공학, 인문학과 테크놀로지, 시詩와 프로세서를 연결 지을 수 있는 사람들로부터 나올 것이다.

아이작슨은 미래의 혁신이 "에이다 러브레이스의 영적 상속자들, 즉 예술과 과학이 교차하는 곳에서 그 양쪽의 아름다움에 마음을 열 수 있는 창조자들에게서 나올 것"이라는 문장으로 이 역작의 끝을 맺는다.

혁신은 협업과 융합의 산물임을 재확인하게 된다.

참고문헌

- 『스티브 잡스Steve Jobs』 (월터 아이작슨, 민음사, 2011)

- 『창의성을 지휘하라Creativity, Inc.』 (에드윈 캣멀, 와이즈베리, 2014)

- 『혁신의 설계자Collective Genius』 (린다 힐, 북스톤, 2016)

- *The Story of Computer*, Stephen Marshall, CreateSpace, 2017

2장

공학기술의 대전환

8

창조의 엔진

이인식 지식융합연구소장

나노기술은 아직 존재하지 않는다. 왜냐하면 아직 분자 어셈블러가 존재하지 않기 때문이다.

K. 에릭 드렉슬러

창조의 엔진
에릭 드렉슬러 지음
조현욱 옮김
김영사

1

1959년 12월 어느 날. 미국물리학회에서 40대 초반의 대학 교수가 "바닥에는 풍부한 공간이 있다 There's plenty of room at the bottom"는 제목의 강연을 하고 있었다. 연사는 1965년 양자역학 연구로 노벨상을 받게 되는 리처드 파인만 Richard Feynman(1918~1988). 그는 분자의 세계가 특정한 임무를 수행하는 모든 종류의 매우 작은 구조물을 만들어 세울 수 있는 건물터가 될 것이라고 예언하였다. 분자 크기의 기계, 곧 분자 기계의 개발을 제안한 것이다. 그러나 참석자들은 대부분 농담으로 받아들였다.

1992년 6월 어느 날. 미국 상원의 소위원회에서 30대 후반의 감정인이 나노기술nanotechnology에 대해 앨 고어 의원과 열띤 일문일답을 하고 있었다. 감정인은 나노기술 이론가인 에릭 드렉슬러K. Eric Drexler(1955~). 그는 미국의 정책 입안자들이 나노기술에 관심을 가져줄 것을 당부했다. 엘 고어는 그로부터 5개월 남짓 뒤에 미국 부통령의 자리에 올랐다.

2000년 1월 어느 날. 미국의 빌 클린턴 대통령은 5억 달러가 투입되는 국가나노기술계획NNI, National Nanotechnology Initiative을 발표하면서 "나노기술은 트랜지스터와 인터넷이 정보시대를 개막한 것과 같은 방식으로 21세기에 혁명을 일으킬 것"이라고 말했다. 그는 나노기술을 '미국 의회 도서관에 저장된 모든 정보를 한 개의 각설탕 크기 장치에 집어넣을 수 있는 기술'이라고 설명하였다.

극미한 분자 세계를 우주의 공간처럼 광대한 영역으로 상상한 파인만의 선견지명은 실로 놀라운 것이었다. 파인만의 아이디어가 훗날 분자기술molecular technology로 구체화되었기 때문이다. 분자기술은 분자 하나하나를 조작하여 물질의 구조를 제어하는 기술이다. 분자는 나노미터(10억분의 1미터)로 측정된다. 따라서 드렉슬러는 1986년에 펴낸 『창조의 엔진Engines of Creation』에서 분자기술 대신에 나노기술이라는 용어를 사용하였다. 파인만이 나노기술의 아버지라면 드렉슬러가 그 산파역으로 불리게 된 것도 이 책 때문이다.

드렉슬러의 나노기술 이론은 시대를 너무 앞선 것이었기 때문에 과학기술자들로부터 몽상가로 따돌림을 당할 정도였다. 1970년대에 매사추세츠공과대학MIT 학생이었던 그는 파인만의 연설 내용처럼 원자나 분자를 조작해서 새로운 물질을 만들어내는 기술을 꿈꾸었다. 그의 생각이 담긴 박사 논문은 너무 선구적인 내용이었으므로 아무도 그의 논문 지도를 맡으려 하지 않았다. 만일 인공지능의 대가인 마빈 민스키Marvin Minsky(1927~2016)가 그의 지도교수가 되지 않았더라면 그의 논문은 빛을 보지 못했을는지도 모른다. 그의 박사 논문을 다듬어서 펴낸 책이 나노기술에 관한 최초의 저술로 자리매김한 『창조의 엔진』이다.

1988년 5월 대성산업(주) 상무이사 시절 미국으로 이민을 떠난 직장 후배에게 부탁해서 이 책을 소포로 받아들고 흥분했던 기억이 아직도 생생하다.

2010년 4월에 고전 반열에 오른 과학기술 명저를 해마다 10종씩 출간하게끔 기획해달라는 당시 박은주 김영사 대표의 부탁을 받고 맨 처음 제안한 책이 『창조의 엔진』이다. 원서가 출간된 지 25년이 지나서 2011년 9월에 번역판이 나오게 된 것도 박은주 대표의 과학기술 출판에 대한 각별한 애정 덕분이었음을 밝혀두고 싶다.

2

나노기술에 대해 모든 과학자들이 동의하는 정의는 아직 내려진 것이 없다. 나노기술이 아직 괄목할 만한 연구 성과를 내지 못한 데다가 여러 분야의 과학자들이 다양한 방법으로 나노기술에 접근하고 있기 때문이다.

나노기술에 대한 정의로는 미국과학재단NSF에서 국가나노기술계획 수립을 주도한 미하일 로코Mihail Roco가 내린 정의가 가장 널리 인용된다. 그는 나노기술이란 '1~100나노미터 크기의 물질을 다루는 것'이라고 정의했다.

나노기술은 드렉슬러가 비웃음의 대상이 될 정도로 오랫동안 과학기술자들의 주목을 끌지 못했지만 오늘날 너도나도 나노기술을 입에 올릴 만큼

21세기의 핵심기술로 주목을 받기에 이르렀다. 나노기술의 기초가 되는 연구 성과에 노벨상이 여러 차례 수여된 것만 보아도 나노기술의 가능성을 미루어 짐작할 수 있다.

1986년 노벨물리학상은 독일의 물리학자인 게르트 비니히Gerd Binnig (1947~)와 스위스의 물리학자인 하인리히 로러Heinrich Rohrer(1933~2013)에게 돌아갔다. 이들은 1981년 주사 터널링 현미경STM, scanning tunneling microscope을 발명한 업적을 인정받은 것이다. 1996년 노벨화학상을 받은 미국의 리처드 스몰리Richard Smalley(1943~2005) 등 세 사람은 1985년 다이아몬드와 흑연에 이어 세 번째 탄소 분자 결정체인 풀러렌fullerene을 발견하였다. 2010년 노벨물리학상은 영국의 안드레 가임Andre Geim(1958~)과 콘스탄틴 노보셀로프Konstantin Novoselov(1974~)에 주어졌다. 사제지간인 두 사람은 2004년 그래핀graphene을 최초로 발견한 공로를 인정받았다. 1991년 탄소나노튜브carbon nanotube를 발견한 일본의 재료공학자인 이지마 스미오(1939~)도 노벨상을 받을 가능성이 큰 것으로 여겨진다.

나노기술의 궁극적인 목표는 무엇인가? 드렉슬러는 『창조의 엔진』에서 분자 어셈블러assembler를 개발하는 것이라고 주장했다. 어셈블러(조립기계)는 '원자들을 한 번에 조금씩 큰 분자의 표면에 부착시켜 거의 안정적인 형태로 원자들을 결합하는 나노기계nano machine'이다. 이를테면 어셈블러는 적절한 원자를 찾아내서 적절한 위치에 옮겨놓을 수 있는 분자 수준의 조립기계이다.

1991년에 펴낸 두 번째 저서 『무한한 미래Unbounding the Future』에서 드렉슬러는 최초의 어셈블러가 모습을 나타내게 될 때에 비로소 나노기술의 시대가 개막되는 것이라고 전제하면서, 나노기술이 특별히 충격을 줄 분야로

의료기술과 제조분야를 꼽았다.

나노기술의 활용이 기대되는 의료분야는 나노의학nanomedicine이다. 인체의 질병은 대개 나노미터 수준에서 발생한다. 바이러스는 가공할 만한 나노기계라 할 수 있기 때문이다. 이러한 자연의 나노기계를 인공의 나노기계로 물리치는 방법 말고는 더 효과적인 전략이 없다는 생각이 나노의학의 출발점이다. 바이러스와 싸우는 나노기계는 잠수함처럼 행동하는 로봇이다. 이 로봇의 내부에는 병원균을 찾아내서 파괴하도록 프로그램되어 있는 나노컴퓨터가 들어 있으며 모든 목표물의 모양을 식별하는 나노센서가 부착되어 있다. 혈류를 통해 항해하는 나노로봇은 나노센서로부터 정보를 받으면 나노컴퓨터에 저장된 병원균의 자료와 비교한 다음에 병원균으로 판단되는 즉시 이를 격멸한다. 나노로봇은 인체의 면역계와 진배없는 장치이다.

한편 세포수복기계cell repair machine라 불리는 나노로봇은 세포 안으로 들어가서 마치 자동차 정비공처럼 손상된 세포를 수리한다. 이와 같이 이론적으로는 나노의학이 치료할 수 없는 질병이 거의 없어 보인다. 어쩌면 인간의 굴레인 노화와 죽음까지 미연에 방지할 수 있을지 모를 일이다.

나노기술의 활용이 기대되는 또 다른 분야는 제조분야이다. 어셈블러가 대량으로 보급되면 제조 산업에 혁명적인 변화가 올 가능성이 크다. 오늘날 우리가 물건을 만드는 방식은 원자를 덩어리로 움직인다. 그러나 어셈블러는 원자 하나하나까지 설계 명세서에 따라 조작할 수 있으므로 물질의 구조를 완벽하게 통제할 수 있다. 드렉슬러는 다수의 어셈블러가 함께 작업하여 모든 제품을 생산하는 미래의 제조방식을 분자제조molecular manufac-turing라고 명명했다.

분자제조 기술이 산업에 미칠 영향은 한두 가지가 아닐 터이다. 먼저 어셈블러로 원자 수준까지 물질의 구조를 제어하기 때문에 우리가 상상할 수 없을 정도로 다양하고 새로운 제품을 만들 수 있다는 것이다. 또한 고장이 극히 적은 양질의 제품 생산이 가능할 듯하다. 제품에 고장이 발생하려면 수많은 원자가 제자리를 벗어나야 한다. 그러나 어셈블러는 제품의 설계와 생산 공정에서 원자 하나하나를 완전무결하게 통제하기 때문에 신뢰성이 높은 제품의 출하가 기대된다는 것이다.

드렉슬러는 2013년 5월에 펴낸 『급진적 풍요Radical Abundance』에서 이러한 분자제조 방식을 원자정밀제조APM, atomically precise manufacturing라고 명명했다. 드렉슬러는 『급진적 풍요』의 서문에서 나노기술은 "나노 크기의 장치에 기초한 기계를 이용해서 물건을 제조하고, 원자 수준의 정밀성을 갖춘 제품을 만들어낸다"라는 두 가지 핵심 특징을 갖고 있으며 이러한 나노 크기의 부품과 원자 수준의 정밀성이 합쳐져서 원자정밀제조가 가능한 것이라고 강조한다.

드렉슬러는 이어서 "원자정밀제조 기술을 대규모로 고속 대량 생산에 적용하는 것이 나노기술 발달의 핵심이며, 이 기술은 다가올 미래에 세계를 완전히 새롭게 탈바꿈할 것"이라고 주장한다.

3

드렉슬러의 나노기술 이론이 모든 과학자로부터 전폭적인 지지를 받고 있는 것은 아니다. 특히 분자 어셈블러의 개념과 실현 가능성을 놓고 비판이 제기되었다.

드렉슬러에 따르면 최초의 어셈블러가 가장 먼저 할 일은 바로 자신과 똑같은 또 다른 어셈블러를 만들어내는 일이다. 어셈블러는 이른바 자기 복제 기능을 가진 분자기계인 셈이다.

어셈블러의 개념에 심각한 오류가 있다고 반론을 제기한 대표적인 인물은 리처드 스몰리이다. 2001년 미국의 월간 과학잡지인 《사이언티픽 아메리칸》 9월호에 기고한 글에서 스몰리는 어셈블러를 조목조목 비판했다. 2003년 드렉슬러는 스몰리의 주장에 대해 공개 답장 형식으로 반론을 폈다. 하지만 두 사람은 더 이상 논쟁을 펼칠 수 없게 되었다. 2005년 스몰리가 세상을 떠났기 때문이다.

드렉슬러의 어셈블러 개념을 공개적으로 지지하는 과학자들도 적지 않다. 대표적인 인물은 미국의 컴퓨터 이론가인 빌 조이Bill Joy(1954~)이다. 2000년 4월 세계적 반향을 불러일으킨 논문인 「왜 우리는 미래에 필요 없는 존재가 될 것인가Why The Future Doesn't Need Us」에서 조이는 분자 어셈블러 개념에 전폭적인 공감을 나타내고, 자기 복제하는 나노로봇이 지구 전체를 뒤덮는 그레이 구gray goo, 곧 잿빛 덩어리 상태가 되면 인류는 최후의 날을 맞게 될지 모른다고 주장했다.

미국의 컴퓨터 이론가이자 미래학자인 레이 커즈와일Ray Kurzweil(1948~)도 드렉슬러를 지지한다. 2005년에 펴낸 『특이점이 온다The Singularity Is Near』에서 커즈와일은 다음과 같이 어셈블러에 대한 기대를 표명하였다.

2020년대가 되면 분자 어셈블러가 현실에 등장하여 가난을 일소하고, 환경을 정화하고, 질병을 극복하고, 수명을 연장하는 등 수많은 유익한 활동의 효과적인 수단으로 자리 잡을 것이다.

미국의 물리학자이자 과학저술가인 미치오 카쿠Michio Kaku(1947~) 역시 어셈블러의 실현 가능성 쪽에 손을 들어주었다. 2011년 3월에 출간된 『미래의 물리학Physics of the Future』에서 분자 어셈블러는 어떠한 물리학 법칙도 거스르지 않기 때문에 만들어낼 수 있을 테지만 그 실현 시기는 예측이 쉽지 않다고 단서를 달았다. 카쿠는 2070년에서 2100년 사이에 어셈블러가 나타날지 모른다고 다소 소극적인 전망을 피력했다.

드렉슬러는 『급진적 풍요』에서 분자 어셈블러가 모습을 드러내면 '상자 안에 집어넣은 공장factory in a box'인 원자정밀제조 시스템이 머지않아 '전례 없는 풍요(급진적이고, 개혁적이며, 지속 가능한 풍요)'를 인류사회에 안겨줄 것이라고 주장한다.

드렉슬러가 상상한 대로 나노기술이 발전하지 않는다손치더라도 그의 업적은 결코 과소평가될 수 없다. 특유의 나노기술 이론을 체계화하고 이를 대중적으로 확산시키기 위해 생애를 걸고 집념을 불태우는 드렉슬러 같은 비저너리visionary가 있음에 인류 문명이 이만큼 발전해왔음을 어느 누가 부인할 수 있겠는가.

참고문헌

- 『나노기술이 미래를 바꾼다』 (이인식 기획, 김영사, 2002)

- 『나노기술의 세계The Dance of Molecules』 (테드 사전트, 허원미디어, 2008)

- 『한 권으로 읽는 나노기술의 모든 것』 (이인식, 고즈윈, 2009)

- 『나노 윤리Nanoethics』 (도날 오마투나, 아카넷, 2015)

- 『급진적 풍요Radical Abundance』 (에릭 드렉슬러, 김영사, 2017)

9

에레혼

이인식 지식융합연구소장

에레혼 새뮤얼 버틀러 지음
한은경 옮김 김영사

지금 이 시간에 기계에 종속되어 사는 사람들이 얼마나 많은가? 요람에서 무덤까지 살아 있는 내내 밤낮으로 기계만 돌보며 사는 사람들이 얼마나 많은가? 기계에 노예로 구속된 이들이 늘어나고 있으며 기계왕국mechanical kingdom의 발전에 평생을 헌신하는 이들도 늘어난다는 것을 감안해볼 때, 기계가 인간보다 우위를 점했다는 사실이 명백하지 않은가?

새뮤얼 버틀러

1

영국의 저명한 성직자 가문에서 태어난 새뮤얼 버틀러Samuel Butler (1835~1902)는 독립심이 강하고 이단적인 성격이어서 목사가 되길 바라는 아버지의 곁을 떠나기로 결심한다. 1859년 9월 23세의 버틀러는 긴 항해 끝에 뉴질랜드로 이주한다. 그는 뉴질랜드의 황무지에 목장을 만들고 양을 키운다. 양치기 생활을 시작한 직후 버틀러는 1859년에 찰스 다윈Charles Darwin(1809~1882)이 펴낸 『종의 기원Origin of Species』을 읽고 다윈의 진화론에 매료된다.

버틀러는 뉴질랜드의 잡지 《프레스The Press》에 필명으로 다윈의 자연선택 이론에 대한 글을 몇 편 발표했는데, 1863년 6월 13일자에 실린 「기계 사이의 다윈Darwin Among the Machines」은 놀랍게도 다윈의 눈에까지 띄어 두 사람 사이에 편지 교환이 시작된다. 다윈은 젊은 양치기에게 뉴질랜드의 삶을 묘사하는 작품을 써보라고 권유한다. 1864년 영국으로 돌아온 버틀러가 다윈의 권유에 응답하기 위해 1860년부터 1864년까지 5년간 뉴질랜드 생활을 바탕으로 집필한 책이 1872년 3월에 익명으로 출간된 『에레혼Erewhon』이다.

『에레혼』은 유토피아 소설과 상상여행 소설의 전통적 요소를 결합함과 동시에 변주한 풍자소설이다. '노웨어nowhere(이 세상에 없는 곳)'를 거꾸로 쓴 책 제목은 이를테면 유토피아를 역으로 상징한다. 주인공이 뉴질랜드 산맥을 헤매다가 에레혼으로 들어가 겪는 모험담은 18세기 영국의 대표적 풍자작가인 조너선 스위프트Jonathan Swift(1667~1745)가 1726년에 펴낸 『걸리버 여행기Gulliver's Travels』처럼 모험가가 상상의 나라를 여행하는 형식을 빌려 당대의 세태를 풍자한다.

버틀러는 『에레혼』에서 거의 모든 것을 뒤집어놓는다. 에레혼 사람들은 특이한 도덕적 태도를 견지한다. 가령 에레혼에서는 '모든 질병은 죄악이자 비도덕으로 여겨지며, 감기에만 걸려도 영주 앞에 끌려가 상당 기간 투옥될 수 있으며'(8장), '신체적 질병에 대해서는 크게 잘못된 죄악이라고 생각하면서 정작 횡령 따위의 범죄 행위에 대해서는 아무런 죄의식도 없다'(10장). 에레혼 사람들은 이성보다 부조리를 선호하여 '비이성 대학Colleges of Unreason'을 운영(21~22장)할 정도이다.

버틀러가 빅토리아 시대의 종교적 관습, 결혼, 가족제도를 풍자하기 위해 집필한 『에레혼』은 주인공이 사랑하는 여자와 열기구 풍선을 타고 탈출(28장)하는 장면으로 마무리된다.

버틀러는 『에레혼』을 2판부터 자기 이름으로 낸다. 7판까지 나온 이 책은 그에게 생전에 약간의 명성과 돈을 안겨준 유일한 작품이다. 1901년에 버틀러는 일부 내용이 추가된 개정판인 『다시 찾은 에레혼Erewhon Revisited』을 펴낸다.

버틀러는 작가 생활을 하면서도 스스로를 화가이면서 반쯤은 음악가로 생각하며 런던에서 활동하다 1902년 세상을 떠난다. 그가 죽고 이듬해인 1903년에 출간된 자전적인 소설 『만인의 길The Way of All Flesh』은 버틀러의 대표작으로 여겨진다.

2

『에레혼』에서 버틀러가 거의 모든 것이 거꾸로인 세계를 보여주는 것은 기계문명의 진보에 대한 자신의 생각, 특히 다윈의 진화론을 기계로 확장한 특유의 견해를 극적으로 피력하기 위함임을 확인할 수 있다. 그러니까 이 소설의 백미는 《프레스》에 발표한 「기계 사이의 다윈」 같은 에세이 3편을 약간 손질하여 포함시킨 23~25장의 '기계의 책The book of the machines'이다.

오래된 기계들을 전시하는 박물관과 모든 예술과 과학, 발명의 분명한 퇴보에 물어보았다. 약 400년 전만 해도 이들의 기계에 관한 지식이 우리보다 훨씬 뛰어나고 대단히 빠르게 진보했다고 한다. 그때 가장 학식 있는 가설학hypothetics 교수가 기계는 궁극적으로 인류를 대체하게 되며, 식물에 비해 동물이 우세하듯이 기계는 동물보다 우월하고 동물과는 다른 생명력을 지닌 약동하는 존재가 될 것임을 입증하는 뛰어난 저서를 발표했다. …… 결국 271년 이상 사용되지 않은 모든 기계가 말소되었으며, 기계 개량이나 발명은 법률상 최악의 범죄라 여겨지는 발진 티푸스의 고통으로 간주되었다. (9장)

『에레혼』의 주인공은 에레혼 사람들이 '과거에 일상적으로 사용되던 많은 기계 발명품을 파괴하였던 혁명운동의 전말에 대해 상세하게 알게 되는데'(22장), 이는 에레혼에서 강력한 러다이트Luddite 운동이 일어났음을 암시한다. 러다이트는 산업혁명의 물결이 몰려오자 1811년에서 1816년 사이에 영국에서 기계파괴 운동을 조직적으로 전개한 노동자들이다. 이를테면 에레혼에서는 산업혁명에 반대하는 또다른 혁명이 발생한 셈이다.

몇 년간 심한 내전이 있었고, 인구도 절반으로 줄었다고 한다. 정당은 친기계파와 반기계파로 나뉘었으며, 반기계파가 우세하면서 상대편을 가차없이 숙청해 흔적을 모조리 없애버렸다. (22장)

가설학 교수가 집필하여 러다이트 혁명의 단초가 된 논문의 개요를 『에레혼』의 주인공이 영어로 번역해놓은 것이 다름 아닌 '기계의 책'(23~25장)이다.

증기기관에 의식 같은 것이 없다고 누가 말할 수 있겠는가? 의식은 어디에서 시작해 어디에서 끝나는가? 누가 선을 그을 수 있겠는가? 그 누가 어떤 선을 그을 수 있겠는가? 모든 것은 서로 엮여 있지 않던가? 기계와 동물이 무한하면서도 다양한 방식으로 연결되어 있지 않은가? (23장)

버틀러는 '기계의식mechanical consciousness'이라는 용어를 동원해서 기계가 자연선택에 의해 사람처럼 의식도 갖게 될 가능성을 제기한다. 이를테면 인공지능artificial intelligence의 궁극적인 목표를 역사상 처음으로 제시한 셈이다.

> 한 기계가 또 다른 기계를 체계적으로 재생산 할 수 있다면 그 기계에 생식 계통이 있다고 말할 수 있겠다. (24장)

버틀러는 자식을 낳는 기계, 곧 자기증식self-reproduction 기계의 개발 가능성을 암시한다. 이를테면 인공생명artificial life이 학문으로 출현할 것을 예언한 셈이다.

어쨌거나 에레혼에서 모든 기계가 자취를 감추게 되었다. 기계의 소멸, 곧 기계의 부재absence of machine는 『에레혼』의 핵심 주제이다.

> 인간의 영혼은 기계 덕분에 가능하다. 어찌 보면 인간은 기계로 만들어진 존재이기도 하다. 인간은 자신이 생각하는 대로 생각하고 느끼는 대로 느끼는데, 이는 기계가 인간에게 초래한 작업을 통해서이다. 기계와 인간은 서로에게 필수적인 존재이다. 이 사실 때문에 우리는 기계의 완전한 멸절을 제안하지 못하지만, 기계가 더욱 완벽하게 우리를 독재하지 못하게끔 우리에게 없어도 될 만큼은 기계를 파괴해야 한다고 주장한다. (24장)

버틀러는 가설학 교수의 논문을 빌려 '기계가 인간보다 우위를 점했다는 사실이 명백해져서'(24장), '에레혼 전역에서 기계가 파괴되었다'(25장)고

진술한다.

3

『에레혼』은 문학작품임에도 과학기술의 역사에 정통한 전문가들의 주목을
받게 된다. 버틀러가 다윈 진화론의 영향을 받아 기계도 생물의 진화와 매
우 비슷한 방식으로 발전한다는 생각을 펼쳤기 때문이다.

　미국의 역사학자인 조지 바살라George Basalla(1928~)는 1988년에 펴낸
『기술의 진화The Evolution of Technology』에서 『에레혼』에 대해 다음과 같이 언
급한다.

　　버틀러의 영향은 로봇이나 컴퓨터와 같은 자기복제 능력이 있는 기술의 새
　　로운 양식에 의해서 인류가 밀려나거나 또는 인간과 기계 사이의 새로운 공생
　　적 관계가 도래하는 것을 예견하는 현대의 사변적 에세이에서도 분명하게 드
　　러난다.

바살라의 또 다른 언급이다.

　　버틀러는 우리가 기계의 진보를 저지시킬 수 없기 때문에 단념하고 스스로
　　우리보다 우월한 존재에 대해서 노예의 지위를 받아들이는 편이 나을 것이라
　　고 충고한다.

　미국의 과학저술가 조지 다이슨George Dyson(1953~) 역시 버틀러가 인공

지능과 인공생명의 미래를 예언한 사실을 높이 평가하면서 1997년에 펴낸 『기계 사이의 다윈Darwin Among The Machines』에서 버틀러에 대해 다음과 같이 언급한다.

> 버틀러는 전기통신telecommunication의 발전이 사람 사이의 지능 교환을 촉진하면서 기계 사이의 지능 교환도 가능하게 한다는 것을 알고 있었다.

『에레혼』은 현대철학에도 영향을 미친다. 가령 프랑스 철학자인 질 들뢰즈Gilles Deleuze(1925~1995)는 '기계의 책'에서 영감을 얻어 특유의 기계 개념을 창안했으며, 1972년에 프랑스 철학자인 펠릭스 과타리Félix Guattari(1930~1992)와 함께 출간한 『안티 오이디푸스Anti-OEdipe』에서 모든 '욕망'을 '기계'로 설명한다.

미국의 역사학자인 브루스 매즐리시Bruce Mazlish(1923~2016)는 1993년에 인간과 기계의 공진화co-evolution를 다룬 저서 『네번째 불연속The Fourth Discontinuity』에서 『에레혼』을 기계의 진화론적 관점에서 상세히 분석한 뒤 다음과 같이 끝을 맺는다.

> 기계에 관한 버틀러의 노작은 심각한 토론 주제의 목록에서 사라진 듯하다. 하지만 이 책이 다루는 인간, 동물, 기계의 연속이라는 관점에서 볼 때, 이 주제는 다시 논의되어야 할 것이다. 고백하건대, 나는 버틀러라는 인간을 좋아하지 않는다. 그럼에도 불구하고 그의 직관은 중요하고 심오하다. 다윈이 옳았다. 상상력을 발휘하여 인간과 기계에 관한 논의를 이어간 것은 소설가 버틀러의 풍자가 패러독스에 찬 아이디어였다.

『에레혼』의 번역판은 2017년 12월, 원서가 나온 뒤 146년 만에 김영사에서 출간되었다. 문재인 정부의 국정 지표인 4차 산업혁명의 핵심기술로 설정된 인공지능에 대한 관심이 뜬금없이 광풍처럼 몰아치는 한국사회에서 기계가 의식을 갖고 자식도 낳게 된다고 상상한 『에레혼』은 특별한 주목을 받을 조건을 갖춘 것 같다.

참고문헌

- 『사람과 컴퓨터』(이인식, 까치, 1992)

- 『인공생명Artificial Life』(스티븐 레비, 사민서각, 1995)

- 『기술의 진화The Evolution of Technology』(조지 바살라, 까치, 1996)

- 『네번째 불연속The Fourth Discontinuity』(브루스 매즐리시, 사이언스북스, 2001)

- 『유토피아 이야기』(이인식, 갤리온, 2007)

- 『안티 오이디푸스Anti-OEdipe』(질 들뢰즈, 펠릭스 과타리, 민음사, 2014)

- 『라이프 3.0 Life 3.0』(맥스 테그마크, 동아시아, 2017)

- *Darwin Among the Machines*, George Dyson, Perseus Books, 1997

- *The Utopia Reader*, Gregory Clayes & Lyman Tower Sargent(ed.), New York University Press, 1999

10

냉동인간

이인식 지식융합연구소장

나의 모든 친구와 이웃이 그들의 1000년째 생
일 축하 자리에 나를 초대해주기를 희망한다.

로버트 에틴거

냉동인간
로버트 에틴거 지음
문은실 옮김
김영사

1

2011년《조선일보》7월 9일자 토요일 주말특집에 미국의 물리학자인 로버
트 에틴거Robert Ettinger의 인터뷰가 실렸다. 1962년 인체의 냉동 보존을 처
음 제안한 명저인 『냉동인간The Prospect of Immortality(불멸에의 전망)』이 출간
이후 50년이 지나 4월 25일에 한국에서 번역판이 나온 것을 계기로 미국의
자택에서 가진 인터뷰였다.

94세(1918년 12월생)의 에틴거는 "늙는다는 것은 정상이 아니라 질병"이
라면서 『냉동인간』에서 이론적으로 최초로 개념을 정립한 인체 냉동보존

술cryonics에 대한 설명을 이어갔다.

20세기 후반부터 사후에 시체의 부패를 중지시킬 수 있는 기술로 인체 냉동보존술이 출현했다. 냉동보존술은 죽은 사람을 얼려 장시간 보관해두었다가 나중에 녹여 소생시키려는 기술이다. 인체를 냉동보존하는 까닭은 사람을 죽게 만드는 요인, 예컨대 암과 같은 질병의 치료법이 발견되면 훗날 죽은 사람을 살려낼 수 있다고 믿기 때문이다. 말하자면 인체 냉동보존술은 시체를 보존하는 새로운 방법이라기보다는 생명을 연장하려는 새로운 시도라고 할 수 있다.

인체의 사후 보존에 관심을 표명한 대표적인 인물은 미국의 정치가이자 과학자인 벤저민 프랭클린Benjamin Flanklin(1706~1790)이다. 미국의 독립선언 직전이 1773년, 그가 친지에게 보낸 편지에는 '물에 빠져 죽은 사람을 먼 훗날 소생시킬 수 있도록 시체를 미라로 만드는 방법'에 대해 언급한 대목이 나온다. 물론 그는 당대에 그러한 방법을 구현할 만큼 과학이 발달하지 못한 것을 아쉬워하는 문장으로 편지를 끝맺었다.

1946년 프랑스의 생물학자인 장 로스탕Jean Rostand(1894~1977)은 동물 세포를 냉동시키는 실험에 최초로 성공했다. 그는 개구리의 정충을 냉동하는 과정에서 세포에 발생하는 훼손을 줄이는 보호 약물로 글리세롤glycerol을 사용했다. 로스탕은 저온생물학cryobiology 시대를 개막한 인물로 여겨진다.

과학자들은 1950년에는 소의 정자, 1954년에는 사람의 정자를 냉동보관하는 데 성공했다. 이를 계기로 세계 곳곳의 정자은행에서는 정자를 오랫동안 냉동 저장한 뒤에 해동하여 난자와 인공수정을 시키게 되었다.

에틴거는 로스탕의 실험 결과로부터 인체 냉동보존의 아이디어를 생각해냈다. 의학적으로 정자를 가수면 상태로 유지한 뒤에 소생시킬 수 있다면 인체에도 같은 방법을 적용할 수 있다고 확신한 것이다. 에틴거는 『냉동인간』에서 저온생물학의 미래는 죽은 사람의 시체를 냉동시킨 뒤 되살려내는 데 달려있다고 강조했다. 특히 질소가 액화되는 온도인 섭씨 영하 196도가 시체를 몇백 년 동안 보존하는 데 적합한 온도라고 제안했다. 『냉동인간』의 출간이 계기가 되어 인체 냉동보존술이라는 미지의 의료기술이 모습을 드러내게 된 것이다.

1967년 1월 마침내 미국에서 최초로 인간이 냉동보존되었다. 폐암으로 죽은 미국 심리학자인 제임스 베드포드James Bedford(1893~1967)이다. 그는 생명연장협회Life Extension Society가 무료로 냉동보존해준다는 제안에 응한 것이다. 1970년대에는 인체 냉동보존이 산업화 단계에 접어든다. 1972년 알코르 생명연장재단Alcor Life Extension Foundation이 설립되고, 1976년 에틴거가 냉동보존연구소CI, Cryonics Institute를 창립한다. 2011년 7월 《조선일보》 인터뷰 기사는 "알코르에 104구, CI에 103구, 러시아 크리오러스KrioRus에 16구 등 223구의 시신이 냉동보존되었다"고 전한다.

알코르 생명연장재단은 고객, 곧 사망한 사람의 시신을 얼음통에 집어넣고, 산소 부족으로 뇌가 손상되는 것을 방지하기 위해 심폐 소생장치를 사용하여 호흡과 혈액 순환 기능을 복구시킨다. 이어서 피를 뽑아내고 정맥주사를 놓아 세포의 부패를 지연시킨다. 기계로 남아 있는 혈액을 모두 퍼내고 그 자리에 특수 액체를 집어넣어 기관이 손상되지 않도록 한다. 사체를 냉동보존실로 옮겨 특수 액체를 부동액으로 바꾼다. 며칠 뒤에 고객의 사체는 액체질소의 온도인 섭씨 영하 196도로 급속 냉각된다. 이제 사체는 탱크에 보관된 채 냉동인간으로 바뀐다.

알코르의 홈페이지www.alcor.org에는 "우리는 뇌세포와 뇌의 구조가 잘 보존되는 한, 심장 박동이나 호흡이 멈춘 뒤 아무리 오랜 시간이 흘러도 그 사람을 살려낼 수 있다고 믿는다"고 쓰여있다. 그러나 현대의학은 아직까지 냉동인간을 소생시킬 수 있는 수준에 도달하지 못한 상태이다.

2

인체 냉동보존술이 실현되려면 반드시 두 가지 기술이 개발되지 않으면 안 된다. 하나는 뇌를 냉동 상태에서 제대로 보존하는 기술이고, 다른 하나는 해동 상태가 된 뒤 뇌의 세포를 복구하는 기술이다. 뇌의 보존은 저온생물학과 관련된 반면, 세포의 복구는 분자 수준에서 물체를 조작하는 나노기술과 관련된다. 말하자면 인체 냉동보존술은 저온생물학과 나노기술이 결합될 때 비로소 실현 가능한 기술이다. 물론 에틴거가 『냉동인간』을 집필할 당시 나노기술은 이 세상에 존재하지 않았다.

신체의 많은 기관은 새로운 것으로 교체될 수 있지만 뇌는 전혀 다른 문제이다. 뇌에는 개체의 의식과 기억이 들어 있기 때문이다. 뇌 세포가 손상된 경우 그 안에 저장된 정보들이 온전할 리 만무하다. 따라서 손상된 뇌세포의 기능을 복원할 뿐 아니라 그 안에 있는 정보를 보전하기 위해 해동된 뒤에 뇌세포를 원상태로 복구시켜놓지 않으면 안 된다.

인체 냉동보존술의 이론가들은 이러한 문제의 거의 유일한 해결책으로 미국의 에릭 드렉슬러K. Eric Drexler(1955~)가 1986년에 펴낸 『창조의 엔진Engines of Creation』에서 제안한 바이오스태시스biostasis 개념에 매달리고 있다. 드렉슬러는 '생명 정지'를 뜻하는 바이오스태시스라는 용어를 만들고 '훗날 세포 수복기계에 의해 원상복구될 수 있게끔 세포와 조직이 보존된 상태'라고 정의했다.

세포 수복기계는 나노미터 크기의 컴퓨터, 센서, 작업도구로 구성되며 크기는 박테리아와 바이러스 정도이다. 이 나노기계는 백혈구처럼 인체의 조직 속을 돌아다니고, 바이러스처럼 세포막을 여닫으며 세포 안팎으로 들락거리면서 세포와 조직의 손상된 부위를 수리한다.

드렉슬러는 이러한 나노로봇이 개발되면 냉동보존에도 크게 도움이 될 것이라고 주장한다. 요컨대 인체 냉동보존술의 성패는 저온생물학 못지않게 나노기술의 발전에 달려 있는 셈이다.

에틴거 역시《조선일보》와의 인터뷰에서 "나노미터 크기의 로봇이 세포막 안으로 들어가서 손상된 세포를 치료하게 되면 냉동인간의 부활은 시간문제"라고 말했다.

전문가들은 2030년경에 세포 수복 기능을 가진 나노로봇이 출현할 것으로 전망한다. 그렇다면 늦어도 2040년까지는 냉동 보존에 의해 소생한 최초의 인간이 나타나지 말란 법이 없다. 하지만 나노기술이 발전하지 못하면 21세기의 미라인 냉동인간은 영원히 깨어나지 못한 채 차가운 얼음 속에서 길고 긴 잠을 자야 할지 모를 일이다.

3

에틴거는 사람이 불멸하는 시대를 전망하면서 인간의 능력을 향상시킬 가능성이 농후한 기술을 열거했다. 컴퓨터 기술, 생명공학, 신경공학은『냉동인간』이 출간된 1962년 당시 걸음마 단계였다는 점을 고려할 때 그의 상상력에 놀라지 않을 수 없다.

컴퓨터 기술의 경우, 인공지능과 인공생명의 미래가 논의되어 있다. 이를테면 사람처럼 생각하고 자식을 낳는 기계가 개발될 것으로 전망한다. 1956년 인공지능을 학문으로 발족시킨 허버트 사이먼Herbert Simon(1916~2001), 앨런 뉴웰Allen Newell(1927~1992), 마빈 민스키Marvin Minsky(1927~2016)의 낙관적 견해가 소개되어 있으며, 1948년 존 폰 노이만John von Neumann(1903~1957)이 발표한 자기증식 자동자self-reproducing automata 이론도 상세히 설명되어 있다. 생물처럼 새끼를 낳는 기계를 꿈꾼 폰 노이만의 이론은 1987년 인공생명이라는 학문을 탄생시켰다.

생명공학 기술과 관련된 부분은 거의 상상력 수준에 머물러 있다. 1973년 유전자 재조합 기술의 발전을 계기로 유전공학이 등장하기 전에 집필된 책으로서는 어쩔 수 없는 한계일 수 있다. 하지만 "우리 아이들이 우리가 원하는 대로 되게 만들 수 있을 것"이라고 유전적으로 설계된 맞춤아기designer baby의 출현을 예상하고 있을 뿐만 아니라 "어머니 몸속 대신에 인공자궁에서 시험관 아기로 키우는" 체외발생ectogenesis 연구도 언급할 정도로 탁월한 선견지명을 보여준다.

미래기술을 예측한 내용 가운데 가장 눈길을 끄는 것은 신경공학의 핵심 기술인 뇌-기계 인터페이스BMI, brain-machine interface의 실현 가능성을 언급한 대목이다. BMI는 뇌의 활동 상태에 따라 주파수가 다르게 발생하는 뇌파 또는 특정 부위 신경세포의 전기적 신호를 이용하여 생각만으로 컴퓨터나 로봇 등 기계장치를 제어하는 기술이다. 1998년 3월 미국에서 최초의 BMI 장치가 개발된 점에 비추어 볼 때 36년 앞서 "인간 뇌와 기계 뇌 사이에 완벽하지만 통제된 상호 접촉이 있다고 가정"한 것은 실로 놀라운 통찰이 아닐 수 없다. 더욱이 사람과 기계가 조합되면 "컴퓨터가 인간 정신의 일부분까지 된다"고 전망하여 21세기 뇌과학의 최종 목표를 암시하고 있다. 사람의 마음을 기계 속으로 이식하는 과정을 마음 업로딩mind uploading이라 한다. 사람의 마음을 기계 속으로 옮기면 사람이 말 그대로 로봇으로 바뀌게 된다. 로봇 안에서 사람 마음은 늙지도 죽지도 않는다. 마음이 사멸하지 않는 사람은 영원이 살게 되는 셈이다.

에틴거가 인체 냉동보존술을 최초로 정립한 이론서로 자리매김한 『냉동인간』에서 구태여 인공지능, 인공생명, 맞춤아기, 체외발생, 뇌-기계 인터페이스, 마음 업로딩을 논의한 까닭은 자명하다. 이른바 '인간 능력 증강human enhancement' 기술로 그가 꿈꾸는 불멸의 존재인 슈퍼맨(초인)이 출현하기를 학수고대하기 때문이다. 1972년에 펴낸 『인간에서 초인으로Man into Superman』에도 그의 소망이 여실히 드러나 있다.

특히 『인간에서 초인으로』는 트랜스휴머니즘transhumanism의 대표적인 저서로 평가된다. 과학기술을 사용하여 인간의 정신적 및 신체적 능력을 향상시킬 수 있다는 생각을 통틀어 트랜스휴머니즘이라 한다. 트랜스휴머니즘은 '인간 능력 증강'과 동의어로 쓰인다. 트랜스휴머니즘 이론가들은 인체 냉동보존술로 인간이 영생을 추구할 수 있다고 확신한다.

에틴거는 "냉동인간 중심의 사회는 반드시 실현될 것"이라고 강조하면서 책 끄트머리에서 친지들에게 1,000번째 생일 축하 자리에 초대해줄 것을 당부한다.

그러나 에틴거는 《조선일보》에 인터뷰가 나가고 14일이 지난 7월 23일에 세상을 떠났다. 그가 설립한 CI에 106번째 고객으로 냉동보존되었다.

에틴거의 어머니 역시 80대에 숨을 거두고 CI의 냉각기에 들어갔다. 1987년 첫 번째 아내는 67세에, 2000년 두 번째 아내는 86세에 심장마비로 죽고 냉동인간이 되었다.

훗날 두 아내가 모두 부활하여 에틴거를 가운데 두고 사랑 싸움을 하게 될지 누가 알랴.

참고문헌

- 『창조의 엔진Engines of Creation』 (에릭 드렉슬러, 김영사, 2011)

- 『트랜스휴머니즘To Be A Machine』 (마크 오코널, 문학동네, 2018)

- *Transhumanism*, David Livingstone, Sabilillah Publications, 2015

11

특이점이 온다

이인식 지식융합연구소장

나는 특이점의 순간, 즉 인간 지능이 비생물학적 지능과 융합하여 수조 배 확장되는 순간이 수십 년 안에 올 것이라고 본다.

레이 커즈와일

특이점이 온다
레이 커즈와일 지음
김명남 옮김
김영사

1

사람과 기계의 머리 싸움은 갈수록 치열해지고 있다.

첫 번째 머리싸움은 체스 선수와 체스 프로그램 사이의 승부이다. 1차 대결은 1997년 가리 카스파로프Garry Kasparov(1963~)와 딥 블루Deep Blue의 명승부. 카스파로프는 러시아 출신으로 1985년 22세에 최연소 챔피언에 올라 1,500년 체스 역사상 최고의 선수로 평가 받는 인물이다. 체스 전문 슈퍼컴퓨터인 IBM의 딥 블루는 초당 2억 가지의 수를 읽는 능력을 보유했다. 전적은 6전 1승 3무 2패로 카스파로프의 패배. 사람과 기계의 첫 머리싸움에서 딥 블루가 승리함에 따라 온 세계가 경악했다.

2차 체스 대결은 2002년 블라디미르 크람니크와 딥 프리츠의 승부. 역시 러시아 출신인 크람니크는 25세인 2000년에 당시 15년간 세계 챔피언으로 군림했던 카스파로프에게서 타이틀을 빼앗은 신인이었다. 독일 회사가 개발한 딥 프리츠는 초당 400만 개의 수를 읽는 노트북 컴퓨터용 체스 프로그램에 불과했으나 크람니크는 스승의 패배를 설욕하지 못했다. 전적은 8전 2승 4무 2패로 무승부.

3차 체스 대결은 2003년 초 개최된 카스파로프와 딥 주니어의 경기. 이스라엘에서 개발된 딥 주니어는 딥 블루보다 100배 가량 수를 읽는 속도가 느렸다. 그러나 카스파로프는 명예 회복에 실패했다. 전적은 1승 4무 1패로 역시 무승부.

4차 체스 대결은 2003년 11월 카스파로프와 X3D 프리츠의 머리싸움이었다. 전적은 4전 1승 2무 1패로 또 무승부. 5차 대결은 2005년 12월 스페인에서 열린 복식 대항전. 아랍에미리트연합의 컴퓨터 선수 세 개와 세 명의 인간 체스 선수가 맞붙었다. 전적은 12전 5승 6무 1패로 컴퓨터의 일방적 승리였다.

사람과 컴퓨터의 두 번째 머리싸움은 퀴즈 대결이었다. 2011년 2월 미국의 TV 퀴즈쇼에서 실력이 쟁쟁한 퀴즈왕들과 왓슨Watson이 맞섰다. IBM이 개발한 왓슨은 초당 500기가바이트GB의 데이터, 곧 책 100만 권 분량에 해당하는 자료를 처리할 수 있는 슈퍼컴퓨터이다. 퀴즈는 역사·예술·시사·건축 등 다양한 분야에서 출제되었다. 왓슨은 사람 목소리로 질문을 듣고 정답은 기계음으로 내야 했다. 3회 진행된 퀴즈쇼에서 왓슨이 퀴즈왕들을 물리치고 완승하여 100만 달러의 상금을 거머쥐었다. 수백만 명의 TV

시청자들이 기계에 패배하는 인간의 모습을 지켜보았다.

딥 블루와 왓슨의 승리는 인공지능. 특히 전문가 시스템expert system의 수준을 과시한 역사적 사건이다. 전문가 시스템은 특정 분야 전문가가 소관분야의 문제 해결에 사용하는 경험적 법칙heuristic을 모아놓은 지식베이스knowledge base와 이것을 사용하여 실제로 문제를 해결하는 프로그램으로 구성된 인공지능 소프트웨어이다.

사람과 컴퓨터의 세 번째 머리싸움은 바둑 시합이었다. 2015년 10월 바둑 프로그램인 알파고AlphaGo가 유럽 바둑 챔피언에게 5전 전승을 거두었다. 2016년 3월 우승상금 100만 달러를 걸고 서울에서 일주일간 열린 세기의 대국에서 알파고가 이세돌 9단에게 5전 4승 1패로 압승했다.

구글이 개발한 알파고는 전문가 시스템과 달리 사람 뇌의 학습 능력을 본뜬 딥러닝deep learning 소프트웨어이다.

알파고는 이세돌 9단과의 5번기에서 일방적인 승리를 거둔 이후에도 진화를 거듭하고 있다. 2017년에 알파고 제로zero는 기보 없이 혼자서 가상 바둑을 둔 지 3일 만에 이세돌 9단을 이긴 알파고 리Lee를 100대 0으로 완파했으며 학습 21일째에는 세계 바둑 챔피언인 중국의 커제 9단을 이겼던 알파고 마스터Master의 수준을 넘어섰다.

딥 블루, 왓슨, 알파고가 사람과의 머리싸움에서 승리함에 따라 기계가 인간보다 더 똑똑해지는 인공지능의 미래에 대해 갑론을박이 이어지고 있다.

2

미국 전기차 업체 테슬라의 창업자인 일론 머스크Elon Musk(1971~), 영국 물리학자인 스티븐 호킹Stephen Hawking(1942~2018), 마이크로소프트 창업자인 빌 게이츠Bill Gates(1955~). 이 세 사람은 인공지능의 미래에 대해 우려를 표명하여 언론의 주목을 받았다.

2014년 10월 머스크는 "인공지능 연구는 악마를 소환하는 것과 다름없다"고 말했고, 이어서 호킹은 "인공지능은 인류의 종말을 초래할 수도 있다"고 경고했으며, 2015년 1월 빌 게이츠는 "인공지능기술은 훗날 인류에게 위협이 될 수 있다고 본다"면서 "초지능superintelligence에 대한 우려가 어마어마하게 커질 것"이라고 말했다.

머스크는 영국 옥스퍼드대학의 철학교수인 닉 보스트롬Nick Bostrom (1973~)의 저서인 『초지능Superintelligence』을 읽고 그런 견해를 피력한 것으로 알려졌다. 2014년 7월 영국에서 출판된 『초지능』에서 보스트롬은 "지능의 거의 모든 영역에서 뛰어난 능력을 가진 사람을 현격하게 능가하는 존재"를 초지능이라고 정의했다.

보스트롬은 기계가 초지능이 되는 방법을 두 가지 제시했다. 하나는 인공일반지능artificial general intelligence이다. 오늘날 인공지능은 전문지식 추론이나 학습 능력 같은 인간 지능의 특정 기능을 기계에 부여하는 수준에 머물고 있을 따름이다. 다시 말해 인간지능의 모든 기능을 한꺼번에 기계로 수행하는 기술, 곧 인공일반지능은 걸음마도 떼지 못한 정도의 수준이다.

2006년 인공지능이 학문으로 발족한 지 50년 되는 해에 개최된 회의AI @50에서 인공지능 전문가를 대상으로 2056년, 곧 인공지능 발족 100주년이 되는 해까지 인공일반지능의 실현 가능성에 대해 설문조사를 했다. 참석자의 18%는 2056년까지, 41%는 2056년이 좀 지난 뒤에 인공일반지능을 가진 기계가 실현된다고 응답했다. 결국 59%는 인공일반지능의 실현 가능성에 손을 들었고, 41%는 기계가 사람처럼 지능을 가질 수 없다고 응답한 셈이다.

그렇다면 초지능이 먼 훗날에 실현 가능성이 확실하지 않음에도 불구하고 그 위험성부터 경고한 머스크, 호킹, 게이츠의 발언은 적절하지 못한 것이라고 비판받아야 하지 않을는지. 과학을 잘 모르는 일반 대중을 상대로 일부 사회명사가 과장해서 발언한 내용을 여과 없이 보도하는 해외 언론에도 문제가 없다고 볼 수만은 없는 것 같다.

보스트롬은 기계가 초지능이 되는 두 번째 방법으로 마음 업로딩mind uploading을 제시한다. 사람의 마음을 기계속으로 옮기는 과정을 마음 업로딩이라고 한다. 마음 업로딩은 생명 연장기술로 제언되었다. 이를 계기로 디지털 불멸digital immortality이라는 개념이 미래학의 화두가 되었다. 마음 업로딩은 미국의 로봇공학자인 한스 모라벡Hans Moravec(1948~)이 1988년에 펴낸 『마음의 아이들Mind Children』에 의해 대중적 관심사로 부상했다.

모라벡의 시나리오에 따르면 사람 마음이 로봇 속으로 몽땅 이식되어 사람이 말 그대로 로봇으로 바뀌게 된다. 로봇 안에서 사람의 마음은 늙지도 죽지도 않는다. 마음이 사멸하지 않는 사람은 결국 영원한 삶을 누리게 되는 셈이다.

초지능 기계가 출현하는 시기를 놓고 다양한 의견이 개진되고 있다.

3

기계가 인간보다 똑똑해져서 초지능을 갖게 되는 미래 사회를 다룬 대표적인 저서는 미국의 컴퓨터 이론가인 레이 커즈와일Ray Kurzweil(1948~)이

2005년에 펴낸 『특이점이 온다The Singularity is Near』이다. 책의 부제는 '인류가 생물학을 초월할 때When Humans transcend Biology'이다.

사전을 보면 특이점은 '특별히 다른 점singular point'을 의미하지만 과학기술 분야에서는 전혀 다른 뜻으로 사용된다.

천체물리학에서 특이점은 블랙홀처럼 엄청난 중력이 작용하여 아무 것도 빠져나올 수 없는 지점을 의미한다. 특이점에서는 빛조차도 빠져나올 수 없기 때문에 아무도 볼 수 없는 세계인 셈이다.

커즈와일은 『특이점이 온다』에서 특이점은 "미래에 기술 변화의 속도가 매우 빨라지고 그 영향이 매우 깊어서 인간의 생활이 되돌릴 수 없도록 변화되는 시기를 뜻한다"고 정의한다. 이처럼 인류 역사의 구조를 단절시킬 수 있는 사건으로 특이점을 처음 언급한 인물은 컴퓨터 과학자인 존 폰 노이만John von Neumann(1903~1957)이다. 폰 노이만은 "기술의 항구한 가속적 발전으로 인해 인류 역사에는 필연적으로 특이점이 발생할 것이며 그 후의 인간사는 지금껏 이어져온 것과는 전혀 다른 무엇인가 될 것이다"고 말한 것으로 알려졌다.

컴퓨터 기술에서 특이점은 기계가 매우 영리해져서 지구에서 인류 대신 주인 노릇을 하게 되는 미래의 어느 시점을 가리킨다.

1993년 미국의 수학자이자 과학소설 작가인 버너 빈지Vernor Vinge(1944~)는 「다가오는 기술적 특이점-포스트휴먼 시대에 살아남는 방법」이라는 논문을 발표하고 인간을 초월하는 기계가 출현하는 시기를 처음으로 특이점이라고 명명했다. 빈지는 생명공학, 신경공학, 정보기술의 발달로 2030년 이전에 특이점을 지나게 될 것이라고 전망했다.

로봇공학 전문가인 한스 모라벡은 『마음의 아이들』(1988)과 『로봇Robot』

(1999)에서 2050년 이후 지구의 주인은 인류에서 로봇으로 바뀐다고 주장했다.

레이 커즈와일은 1999년에 펴낸 『영혼을 가진 기계의 시대The Age of Spiritual Machines』에서 "2029년이면 마침내 컴퓨터가 튜링 테스트Turing test를 통과하여 기계는 할 수 없고 사람만 할 수 있는 일을 찾아보기 어려운 세상이 온다"고 예측했다. 이를테면 2030년대에는 기계가 인간보다 똑똑해진다는 것이다. 『특이점이 온다』에서도 커즈와일은 2030년 전후에 지능면에서 기계와 인간 사이의 구별이 사라지게 될 것이라고 전망했다.

『특이점이 온다』에 나열된 특이점의 원리(46~52쪽)는 과학소설의 줄거리보다 훨씬 충격적이고 환상적이다. 몇 가지만 소개해보기로 한다.

- 2020년대 말에는 인간 지능을 완벽히 모방하는 데 필요한 하드웨어와 소프트웨어가 모두 갖춰지면서 컴퓨터가 튜링 테스트를 통과할 것이고, 더 이상 컴퓨터 지능과 생물학적 인간의 지능을 구별할 수 없게 될 것이다.
- 뇌의 모세혈관에 이식된 수십억 개의 나노로봇이 인간의 지능을 크게 확장시킬 것이다.
- 가상현실에서 우리는 육체적으로나 정신적으로 다른 사람이 될 수 있다. 사실상 다른 사람(예를 들어 애인)이 당신이 선택한 것과는 다른 몸을 당신을 위해 선택할 수도 있을 것이다.
- 궁극적으로 온 우주가 우리의 지능으로 포화될 것이다. 이것이 우주의 운명이다.

커즈와일은 "특이점을 정확하게 이해하면 보편적 삶이나 개인의 개별적

삶에 대한 인생관이 본질적으로 바뀐다"면서 특이점의 가능성을 강조한다.

특이점을 통해 우리는 생물학적 몸과 뇌의 한계를 극복할 수 있을 것이다. 우리는 운명을 지배할 수 있는 힘을 얻게 될 것이다. 죽음도 제어할 수 있게 될 것이다. 원하는 만큼 살 수 있을 것이다.

커즈와일은 '특이점의 성경'으로 자리매김한 이 책에서 "특이점 이후post-singularity에는 인간과 기계 사이에, 또는 물리적 현실과 가상현실 사이에 구분이 사라질 것이다. 그때에도 변하지 않고 존재하는 인간성이란 게 있을까?"라고 자문하고 책의 끄트머리에서 "결국 인간이 세상의 중심이라는 말은 옳은 것 같다"고 자답했다.

호주 철학자인 데이비드 찰머스David Chalmers(1966~)는 2010년 《의식연구 저널Journal of Consciousness Studies》에 기고한 논문에서 특이점에 관한 논의를 집대성하고 특이점이 도래한 이후 인간과 기계 사이의 관계에 대해 의견을 개진한다. 찰머스의 논문에 대한 전문가 31명의 글이 실린 『특이점The Singularity』이 2016년 출간되기도 했다.

참고문헌

- 『21세기 호모 사피엔스The Age of Spiritual Machines』 (레이 커즈와일, 나노미디어, 1999)
- 『마음의 아이들Mind Children』 (한스 모라벡, 김영사, 2011)
- 『제2의 기계시대The Second Machine Age』 (에릭 브린욜프슨·앤드루 맥아피, 청림출판, 2014)

- 『트랜스휴머니즘To Be A Machine』 (마크 오코널, 문학동네, 2018)

- 『생각하는 기계Machines That Think』 (토비 월시, 프리뷰, 2018)

- *Superintelligence*, Nick Bostrom, Oxford University Press, 2014

- *The Singularity*, Uziel Awret, Imprint Academic, 2016

12

미래를 들려주는 생물공학 이야기

이인식 지식융합연구소장

생물공학의 발전으로 우리의 삶이 더 풍요로 워지고 건강, 식량, 소재, 환경의 질이 더 좋아 지기를 희망한다.

유영제

미래를 들려주는 생물공학 이야기

유영제 · 박태현 등저

생각의나무

1

생명공학은 알케미alchemy에 빗대어 알게니algeny라 불린다. 연금술(알케미) 이 자연에 존재하지 않는 물질을 만들어내는 것처럼 생명공학은 생물을 자연에 존재하지 않는 형태로 바꾸어 주기 때문이다. 이를테면 생명공학은 21세기의 연금술이다.

알게니는 유전자 연구로 1958년 노벨상을 받은 미국의 조슈아 레더버그Joshua Lederberg(1925~2008)가 만든 용어이다. 그는 중세의 연금술사들이 납을 황금으로 바꾸려고 시도했던 것처럼 생명공학자들이 납처럼 열약한 인간의 생명을 황금 같은 생물학적 보물로 만들어낼 것으로 전망했다. 알게니는 1980년대부터 미국의 문명비평가인 제러미 리프킨(Jeremy Rifkin(1945~)에 의해 생명공학 시대의 상징어가 된다. 리프킨은 1983년에 펴낸『알게니Algeny』에서 다음과 같이 적고 있다.

> 알게니의 최종목표는 완전한 생물을 만드는 데 있다. …… 알게니라는 것은 자연계에 존재하는 상태보다도 효율이 좋은 생물을 프로그래밍해서 창조하고, 완전성을 지향하는 자연적 진행을 추진하는 원동력인 것이다.

리프킨은『알게니』출간 이후 15년이 지나 1998년에 펴낸『바이오테크 시대The Biotech Century』에서 알게니의 의미를 다음과 같이 강조한다.

> 알게니는 철학이자 과정이다. 알게니는 자연을 지각하는 방법임과 동시에 자연에 작용하는 방법이다. …… 우리는 알케미의 메타포에서 알게니의 메타포로 이동하고 있다.

『바이오테크 시대』의 서문에서 리프킨은 "생명공학의 세기에 수반되는 위험 부담은 그 혜택이 매력적인 만큼이나 불길하다"면서 생명공학이 약속하는 장밋빛 미래 못지않게 그에 상응하는 사회적, 경제적, 환경적 부담에 대해서도 "이러한 생명공학의 양면적 측면과 씨름하면서 우리는 나름대로 스스로를 시험하게 될 것이다"고 강조한다. 요컨대『바이오테크 시대』는 여느 과학기술 서적처럼 긍정적인 측면만 일방적으로 부풀려서 다루지 않고 생명공학이 제기하는 여러 걱정스러운 문제들도 자세히 탐구한다. 예컨대 생물 특허(2장), 우생 문명(4장), 유전자 사회학(5장)은 생명공학의 세기에 직면하게 될 부정적 문제를 집중적으로 분석하고 있다. 리프킨이 서문의 끄트머리에서 "우리는 새로운 세기로 들어서고 있다. 새로운 백년은 희망과 기대로 충만해 있지만 반면에 부정과 우려도 점증하고 있다"고 마무리할 만도 하다.

그렇다고 『바이오테크 시대』가 생명공학의 어두운 측면만을 부각시킨 것은 아니다. 다소 뜬금없는 느낌이 없지 않지만 DNA 컴퓨터(6장)를 상세히 설명하면서 "유전공학 혁명과 컴퓨터 혁명이 결합되어 과학기술적이고 산업적인 강력한 새로운 실체가 형성되고 있다"고 진단한 것은 문명비평가다운 탁견으로 높이 평가해도 될 것 같다.

2

제러미 리프킨보다 활동기간은 짧지만 생명공학 분야에서 좀더 전문적인 저서를 펴내는 인물은 영국의 과학저술가인 매트 리들리Matt Ridley(1958~)이다. 그의 저서는 『붉은 여왕The Red Queen』, 『게놈Genome』, 『이타적 유전자The Origins of Virtue(미덕의 기원)』, 『본성과 양육Nature via Nurture』, 『이성적 낙관주의자The Rational Optimist』가 국내에 번역 출간될 정도로 독자들의 반응이 좋다.

특히 2003년 출간된 『본성과 양육』은 리프킨이 『바이오테크 시대』에서 유전자 사회학(5장)으로 접근한 본성 대 양육nature vs. nurture 문제를 집중적으로 분석한 문제작으로 평가된다.

2001년 2월 인간 게놈 프로젝트HGP가 완료되어 유전자의 수가 추정치인 10만 개에 크게 못미치는 3만 개로 밝혀짐에 따라 해묵은 본성 대 양육 논쟁이 다시 불붙게 되었다.

본성 대 양육 논쟁은 인간의 행동이 유전자와 관계가 있다고 믿는 선천론자들과 그 반대로 환경에 의해 결정된다는 입장을 취하는 경험론자들 사이에서 치열하게 전개되는 철학적, 사회적, 정치적, 과학적 논쟁이다.

초창기 본성 대 양육 논쟁은 철학자들이 주도했다. 영국의 경험주의 철학자인 존 로크John Locke(1632~1704)는 사람의 마음을 빈 서판Blank Slate에 비유했다. 로크는 인간의 마음이 아무 개념도 담겨 있지 않은 흰 종이와 같으며, 그 내용은 오로지 경험에 의해 채워진다고 주장했다. 빈 서판은 본성을 부정하고 양육을 옹호하는 개념인 셈이다. 한편 프랑스의 장자크 루소Jean-Jacques Rousseau(1712~1778)와 독일의 이마누엘 칸트Immanuel Kant(1724~1804)는 영국의 경험론자들과 달리 인간은 본성을 타고난다고 주장했다.

1959년 찰스 다윈Charles Darwin(1809~1882)이 펴낸『종의 기원Origin of Species』에 의해 인간 본성의 보편성이 입증되었다. 그의 사촌인 프랜시스 골턴Francis Galton(1822~1911)은 1874년 '본성과 양육'이라는 용어를 처음 사용했다. 그로 인해 유전결정론과 환경결정론의 양 극단을 시계추처럼 오가는 본성 대 양육 논쟁이 시작된 것이다.

골턴과 비슷한 시기에 활동한 미국 심리학자인 윌리엄 제임스William James(1842~1910)가 1890년에 제시한 본능 개념이 엄청난 파문을 몰고 왔다. 하지만 1920년대가 되자 제임스의 위세에 눌려 있던 경험론 진영에서 빈 서판 개념을 앞세워 반격에 나선다. 행동주의 심리학의 창시자인 미국의 존 왓슨John Watson(1878~1958), 오스트리아의 정신분석학자인 지그문트 프로이트Sigmund Freud(1856~1939), 문화인류학의 창시자인 독일의 프란츠 보아스Franz Boas(1858~1942), 사회학의 창시자인 프랑스의 에밀 뒤르켐Émile Durkheim(1858~1917)은 각각 특유의 이론으로 양육 쪽에 손을 들었다.

20세기의 대표적인 독재 체제인 공산주의의 사회 개조론은 양육을, 나치즘의 생물학적 결정론은 본성을 옹호하는 이데올로기이다. 특히 생물학적 결정론의 다른 이름은 우생학이다. 우생학은 히틀러의 유대인 대학살을 정당화하는 이데올로기가 되었으나 나치 정권과 함께 몰락한다. 1972년 미국 우생학회는 사회생물학 연구학회로 명칭을 바꾼다. 본성과 양육 논쟁에서 환경결정론이 일방적인 승리를 거둔 셈이다.

그러나 1990년부터 인간 게놈 프로젝트가 시작되면서 본성과 양육 논쟁의 저울추가 본성 쪽으로 기운다. 하지만 사람 유전자의 수가 예상보다 적은 것으로 나타남에 따라 환경이 매우 중요하다는 주장이 고개를 들기 시작했다.

리들리는 『본성과 양육』에서 본성 대 양육의 이분법에 마침표를 찍고 '양육을 통한 본성nature via nurture'이라는 새로운 틀로 접근할 것을 제안했다. 리들리는 본성과 양육이 서로 대립되는 것이 아니라, 유전자는 양육에 의존하고 양육은 유전자에 의존한다고 주장한 것이다.

3

생명공학은 그 어떤 기술혁명보다도 더 깊고 넓게 거의 모든 산업분야를 질적으로 변화시키고 있다. 그럼에도 대부분의 생명공학 도서는 원리의 소개에만 그치고 산업적 응용을 상세히 다루지 않고 있다. 게다가 생명공학

관련 도서는 대부분 미국이나 일본 책을 번역한 것들이다.

이런 상황에서 국내 생명공학 전문가들이 힘을 합쳐서 생명공학의 산업적 응용분야를 일반 독자가 이해하기 쉽도록 집필한 책이 출간되어 화제가 되었다. 2006년 1월 생각의나무(대표 박광성)에서 펴낸『미래를 들려주는 생물공학 이야기』이다.

이 책에는 25개 주제를 26명의 생명공학 전문가가 해설한 글이 25편 실려 있다. 1부 〈바이오의약, 불치병에 도전한다〉에는 △동물 세포로 만드는 치료제(최태부 건국대 화학생물공학부 교수), △실험실에서 약초 찾기(변상요 아주대 생명분자공학부 교수), △인체 내 유도미사일 단백질 만들기(백세환 고려대 생명정보공학과 교수)가 실려 있다. 2부〈인공장기, 이제는 바꿔 끼운다〉는 △카센터 옆의 인체부품 교환센터(박정극 동국대 생물화학공학과 교수), △인간의 세포를 배양할 수 있는가(이균민 KAIST 생명과학과 교수), △진시황제가 땅을 칠 만병통치약, 줄기세포(오덕재 세종대 생명공학과 교수)로 구성된다. 3부〈환경과 에너지 문제, 바이오가 해결한다〉에서는 △극한환경미생물 특공대를 오염현장으로(김병우 성균관대 화학공학과 교수), △빛을 내는 박테리아, 환경을 지키는 바이오센서(구만복 고려대 생명과학대학 교수), △맑고 깨끗한 미래의 에너지(이진석 한국에너지기술연구원 바이오매스센터 센터장)를 볼 수 있다. 4부 〈웰빙 시대의 먹거리를 책임진다〉는 △농업생물공학의 현재와 미래(유연우 아주대 생명분자공학부 교수), △발효식품은 어떻게 만들어지나(신철수 연세대 생명공학과 교수), △웰빙 시대에 맞는 기능성 먹거리(서진호 서울대 식품생명공학과 교수, 김지현 동국대 생명화학공학과 교수)를 소개한다. 5부 〈바이오칩, 전자공학의 신세계를 펼친다〉에는 △인간을 닮은 바이오센서(김태진 수원대 화학생명공학과 교수), △생물분자로 만든 컴퓨터(최정우 서강대 화공생명공학과 교수), △바이오칩으로 미리 가본 미래의 세상(김병기 서울대 화학생물공학부 교수), △전자공학을 통한 청각과 시각장애의 극복(김성준 서울대 전기컴퓨터공학부 교수) 등 융합기술을 다룬 네 편의 글이 실려 있다. 6부 〈세포 속의 세계를 파헤친다〉는 △오묘한 미생물, 우리의 동반자(김은기 인하대 생명화학공학부 교수), △미생물을 우리 마음대로 부린다(이상엽 KAIST 생명화학공학과 석좌교수), △효소의 놀라운 힘(유영제 서울대 화학생물공학부 교수), △생물 분리현상의 정체(구윤모 인하대 생명화학공학부 교수), △인류의 야심찬 도전, 가상세포(이진원 서강대 화학생명공학과 교수) 등 5편의 글로 구성된다. 끝으로 7부 〈새로운 생물의 시대가 온다〉에서는 △바이오와 나노의 화려한 만남(박태현 서울대 화학생물공학부 교수), △생명공학을 이용한 컴퓨터 만들기(장병탁 서울대 컴퓨터공학부 교수), △산업생명공학과 우리의 미래(박영훈 CJ 부사장), △해양생명공학, 바다의 진정한 보물을 찾아서(차형준 포항공대 화학공학과 교수) 등 네 편의 글이 생명공학의 미래를 펼쳐보인다.

『미래를 들려주는 생물공학 이야기』의 대표 저자인 유영제 서울대 교수가 머리말에서 밝혔듯이 "21세기 주요 키워드이자 앞으로 더 큰 기대를 모으고 있는 생물공학의 발전은 생물공학자만의 몫이 아니다. 생물공학을 이해하고 지원해주는 많은 국민들이 있을 때 발전 가능한 것이다. 무엇보다 생물공학을 이해하고 이 분야의 발전에 동참하겠다는 많은 중·고등학생들이 있을 때 그 미래가 밝다"라는 데 전적으로 공감하고 동의한다. 그러나 과문한 탓인지 몰라도 이 책이 그 흔한 청소년 권장도서 목록에 포함되었다는 말을 들은 적이 없다. 중·고등학생들의 필독서가 되어야 할 이 책은 이미 절판된 상태이다. 출판업계에서 영향력을 행사하는 과학자들이 아직도 진화론이나 『이기적 유전자The Selfish Gene』와 같은 사회생물학 도서를 청소년들에게 읽히려고 애쓰면서도 생명공학기술 분야 책은 도외시하는 풍토는 마치 공리공론이나 일삼고 실질적인 학문은 무시한 조선 시대를 연상시킨다고 해서 견강부회라고 나무랄 일만도 아닌 줄로 안다.

천문학이나 생물학 책과 함께 우주공학이나 생명공학 책도 탐독하는 청소년들이 많을수록 우리나라의 장래가 밝다고 감히 주장하고 싶다. 이런 맥락에서 2002년 3월 출간된『나노기술이 미래를 바꾼다』를 시작으로 수많은 공학 도서의 발간을 기획하고 출판 자금을 지원하는 '공학과의 새로운 만남' 시리즈를 운영하고 있는 해동과학문화재단(대표 김정식)과 한국공학한림원 관계자 여러분에게 뜨거운 박수갈채를 보내고 싶다.

『미래를 들려주는 생물공학 이야기』역시 '공학과의 새로운 만남' 시리즈로 출간되었다. 이 책의 유영제 대표저자가 머리말에서 "생물공학의 발전이 국가 발전에 기여하기를 바란다. 생물공학 강국, 대한민국을 꿈꾼다"고 밝힌 소망이 꼭 실현되길 기원한다.

참고문헌

* 『바이오테크 시대The Biotech Century』(제러미 리프킨, 민음사, 1999)

* 『게놈Genome』(매트 리들리, 김영사, 2001)

* 『본성과 양육Nature via Nurture』(매트 리들리, 김영사, 2004)

* 『DNA, 더블댄스에 빠지다』(이한음, 동녘, 2006)

* 『생각하는 생물학 강의』(유영제, 오래, 2013)

- 『김홍표의 크리스퍼 혁명』(김홍표, 동아시아, 2017)

- 『크리스퍼가 온다A Crack in Creation』(제니퍼 다우드나 · 새뮤얼 스텐버그, 프시케의숲, 2018)

13

제4차 산업혁명
- 인간과 기계가 협력하는 4차 산업혁명

문승현 광주과학기술원 총장

제4차 산업혁명
클라우스 슈밥 지음
송경진 옮김
새로운현재

지난 2017년, 나는 4차 산업혁명의 현장을 보기 위해 독일의 자를란트Saar-land를 찾았다. 자를란트 대학Saarland University의 연구단지와 인근의 라인란트팔츠Rheinland-Pfalz에 위치한 인공지능연구소DFKI를 방문하기 위해서였다. 인공지능연구소는 스마트팩토리 기술을 선도하고 있었다.

　연구소 방문이 끝나고 남는 시간을 이용해 근처에 있는 자르슈탈SaarStahl이라는 철강회사를 방문했다. 회사의 한편에 수증기를 내뿜으며 가동 중인 공장이 있었지만, 대부분 가동을 중단하고 있었다. 제2차 세계대전에 독일군의 군수물자를 공급하던 독일의 자존심이 문을 닫고 이제는 문화공간으로 활용되고 있었다. 과거의 영화는 고철로 변했지만, 대신 인공지능연구소를 열고 미래 산업을 준비하는 도시의 변화된 모습이 인상적이었다.

4차 산업혁명에 관한 많은 이야기가 주위를 맴돈다. 4차 산업혁명은 무엇이며 나에게 주는 의미는 무엇인가? 어떤 내용은 이해할 수 있고 어떤 내용은 기술적으로 어려워 들어도 무슨 내용이지 모르겠다. 전문가는 전문가대로 일반인들은 일반인대로 알고 싶다. 기업인도 학생도 공무원도 각자 자신에게 다가오는 4차 산업혁명을 두려움으로 바라보고 있다. 모든 사람들이 궁금해한다. 어떤 기술들이 4차 산업혁명을 이끌어가고 있으며, 그 기술로 인하여 산업이 어떻게 변하는가, 또 경제구조는 어떻게 변화할 것인가? 나의 직장은 어떤 변화가 올 것이며, 내가 사는 사회는 어떻게 변할 것인가? 이러한 궁금증에 대한 답이 이 책에 담겨 있다.

이 책은 다보스 포럼Davos Forum(정식 명칭은 세계경제포럼, WEF)을 통해 전 세계를 향하여 4차 산업혁명을 선언한 책이기도 하다. 개인적으로는 대학에서 인문학을 강의하는 아내, 대학원에서 로봇공학을 공부하는 아들까지 온 가족이 읽고 대화의 주제가 되고 있다.

4차 산업혁명의 시작은 반도체와 컴퓨터의 성능 향상과 이를 이용한 제조기술의 자동화와 지능화에 있었다. 반도체의 집적도는 지난 40여 년 동안 3,200만 배 이상의 기억 용량을 증가시켰다. 여기에 연산회로의 성능 향상과 함께 컴퓨터 기반의 데이터 저장 용량이 획기적으로 늘어났다. 이 결과 문자의 디지털화로 편집 가능한 데이터 생산이 시작되었다. 이어서 음성의 디지털화가 이루어지고 휴대전화 같은 통신기술의 획기적 변화가 시작되었다. 또한 이미지의 디지털화는 가상현실, 증강현실 같은 다양한 기술개발과 응용이 가능하게 되었다. 공통적으로 디지털 기반의 편집 가능한 정보의 생산과 축적이 4차 산업혁명의 기술적 바탕이 되었다. 이렇게 생성된 정보는 플랫폼에서 새로운 산업과 경제활동을 창출하고 있다. 이를 정보경제라고 부르기도한다. 구글, 아마존, 텐센트 같은 기업들이 정보경제의 선두 주자이다. 정보경제는 ICT기업에 한정되지 않는다. GE같은 전통적인 제조기업도 IT기업과 같은 정보서비스를 새로운 기업활동으로 표방하고 있다. 항공기 엔진 생산과 공급에 머무르는 것이 아니라 엔진에 부착된 센서를 이용하여 엔진의 전주기적인 관리를 실시간으로 하는 서비스를 시작한 것이다. 이를 위해 GE는 스스로를 소프트웨어 기업으로 선언하기도 했다. 독일은 전통적으로 제조업이 강한 나라이다. 이 제조업을 IT와 결합한 스마트 팩토리를 4차 산업혁명의 핵심역량으로 꼽고 있다. 4차 산업혁명은 여러 나라에서 조금씩 다른 모습으로 혁신이 진행되고 있다. 영국은 '디지털 변혁Digital Transformation', 중국은 '중국 제조 2025', 일본은 '5.0 사회'라는 이름의 국가정책을 시행하고 있다.

이 책은 2부로 구성되어 있다. 1부는 4차 산업혁명 시대의 정의, 배경, 기술적인 내용, 사회 전반에 걸쳐 미치는 영향력을 3장에 걸쳐 서술했고, 2부 4차 산업혁명의 방법론에서는 주요 기술의 티핑 포인트tipping point[1]를 중심으로 4차 산업혁명이 우리에게 줄 변화와 그 시점을 예상하고 있다. 이 책의 효율적인 활용을 위해 원래 목차와는 별개로 4차 산업혁명의 배경, 4차 산업혁명의 영향력, 4차 산업혁명의 핵심기술, 4차 산업혁명을 위한 제언의 4부분으로 나누어 설명하고자 한다.

---

1   미미한 진행을 유지하던 어떤 현상이 폭발적인 변화를 일으키는 시점.

4차 산업혁명의 배경

1부 1장 〈제4차 산업혁명의 정의〉에서는 산업혁명의 역사적 배경과 1, 2, 3차 산업혁명의 특징을 요약했다. 4차 산업혁명은 21세기 들어 모바일, 인터넷, 센서, 인공지능, 기계학습 등 진화한 디지털 기술로 세계경제와 사회를 이끌고 있다. 기기와 시스템을 연결하는 스마트화 외에도 물리학, 디지털, 생물학이 융합하고 상호 교류하는 기술은 종전에 볼 수 없던 혁신이다. 또한 디지털 기업의 규모가 기존의 제조업을 능가하고 있다. 또한 비약적으로 발전한 컴퓨터의 연산능력과 방대한 데이터로 성장하는 인공지능은 우리의 일상을 바꾸고 있다. 다만 파괴적 혁신이 가져올 영향을 예측하고 준비하는 사람만이 4차 산업혁명에서 기회를 얻게 될 것이다.

2장에서는 4차 산업혁명을 이끄는 기술로 물리학 기술, 디지털 기술, 생물학 기술에 기반한 3개 메가트렌드와 그 결과로 2025년까지 디지털 초연결사회를 구축하는 21가지 티핑 포인트를 서술했다. 물리학 기술은 육상, 해상, 공중의 무인운송수단, 3-D 프린팅, 환경변화에 반응하는 4-D 프린팅, 모든 산업에 적용되는 로봇공학, 그래핀graphene과 같은 고강도 초경량화 신소재를 포함하고 있다. 디지털 기술로는 실생활과 가상공간을 연결하는 센서와 사물인터넷, 분산원장DLT, Distributed Ledger Technology을 도입하여 중앙 통제 없이 거래와 정보교환을 가능하게 한 블록체인과 비트코인, 택시 없는 택시기업 우버, 콘텐츠를 스스로 만들지 않는 미디어 페이스북을 설명한다. 생물학 기술에서는 유전자 분석 기술로 가능해진 대규모 유전자 정보와 이를 이용한 합성생물학, 유전자공학을 이용한 환자 맞춤형 치료나 건강 관리도 가능해진다. 이러한 진보적 기술은 전통적이고 점진적인 연구보다 과감하고 혁신적인 연구에 투자하는 정부의 지원으로 생산될 수 있다.

4차 산업혁명의 영향력

3장에서는 경제, 산업, 정부기능, 국제정치, 안보, 사회윤리, 개인정보의 보호 및 관리 등에 미칠 제4차 산업혁명의 잠재적 영향력을 성명하고 있다. 경제 분야에서는 성장가능성과 노동의 문제를 다룬다. 구조적 장기 침체의 원인에 대해 생각하고 디지털 기술이 GDP 성장율에 미칠 수 있는 가능성의 낙관론과 비관론을 설명하고 있다. 4차 산업혁명은 새로운 경제논리를 요구한다. 인구의 고령화는 경제인구를 줄일 뿐 아니라 소비를 줄이고 과감한 투자의지를 꺾어 과학기술 혁명에 의한 생산성 증대를 기대하기 어려운 불리한 여건을 만들고 있다. 다만 디지털 기술에 의해 높은 효율성으로 제공되는 서비스가 기존의 통계 방식으로는 생산성에 반영되지 못하는 면이 있다. 앱을 통한 비즈니스를 창출한 애플의 수익이 100년 전통의 영화산업을 능가한 것은 한 예이다. 기술혁신이 가져올 일자리의 감소는 노동환경의 급격한 변화를 가져온다. 한편으로는 새로운 재화와 서비스에 대한 수요가 발생하여 새로운 직종과 산업이 발생하는 측면이 있다.

이 과정에서 고급노동자와 저금 노동자의 임금 격차, 자본에 의한 노동의 대체로 사회적인 불평등이 심화될 수 있다. 2015년 기준 이미 세계 부의 50%가 상위 1%의 부자에 귀속되어 있다. 여기에서 발생한 '권력을 잃은 시민'이 사회불안을 가중 시킬 수 있다. 승자독식 체제에서 민주주의를 유지하기 위한 경제정책이 필요한 이유이다. 중요한 것은 이 현상을 인간 대 기계의 대결로 볼 것이 아니고, 지능화된 기계와 협력할 수 있는 노동력과 교육모델을 개발해야 한다는 것이다. 노동의 형태도 일정 공간의 구속에 벗어나 독립적으로 일하고 네트워크로 제공되는 프리 에이전트가 증가할 것이며, 목적의식이 뚜렷한 직업에 종사하는 것을 일의 중요한 가치로 생각하게 될 것이다.

개별국가와 국제사회의 역할도 변해야 한다. 시민사회나 개인 같은 미시권력이 국가 정부와 같은 거시권력을 제재할 수 있는 환경이 되었다. 정부 구조가 투명성과 효율성을 높이기 위해 전자정부를 구현하여 작고 효율적인 조직으로 변신해야 한다. 규제프레임을 깨고 기술 혁신을 지원하고 혁신의 결과를 정부가 활용하는 민첩성을 가져야 한다. 국제적으로도 디지털 경제라는 새로운 질서가 만들어진다, 5G 통신, 드론, 사물인터넷, 디지털 헬스케어, 스마트공장 같은 기술로 새로운 규범을 구축한 나라들이 경제, 금융면에서도 앞서 갈 것이다. 지금은 북아메리카와 서유럽을 중심으로 에너지, 디지털 제조, 생명과학, 정보통신 분야에서 혁신적 기업들이 경제의 이동을 주도하고 있다.

국가간의 정보 이동은 정보의 가치가 증대됨에 따라 향후 분쟁의 요소가 될 수 있다. 4차 산업혁명은 국제안보질서에도 큰 변화를 가져오고 있다. 초연결사회의 역기능으로 비국가 무장세력의 테러활동이 용이해지고 글로벌화 될 수 있다. 또한 킬러로봇이나 자율기능을 가진 무기가 인구밀집 지역에서 사용될 가능성도 높아지고 있다.

4차 산업혁명의 결과 개인과 집단은 스마트폰을 포함한 기술과 더 많은 관계를 맺으면서 인간이 타인과 공감할 수 있는 사회적 능력을 저하시키고 있다. 이에 따라 인간의 정체성, 도덕성, 가치관에 대한 새로운 논의가 필요해졌다. 인지능력과 집중력의 결핍은 개인의 사회적 역할을 심각하게 훼손

시키고 있다. 여기에 초연결사회의 기기가 개인정보를 제공받아 이용하게
됨으로써 사생활 침해 문제도 심각해질 수 있다.

4차 산업혁명의 핵심기술

2부에서는 4차산업의 방법론을 구체적으로 언급하고 있다. 중요한 기기나
기술을 설명하고 각 기술의 티핑 포인트, 시장 진입시기와 사회적 영향력
을 정리하였다. 주요 기술로는 ① 개인이 휴대하고 상용화할 수 있는 기기
들로 체내삽입형기기, 웨어러블 인터넷, 주머니 속 슈퍼컴퓨터 등이 있고,
② 초연결사회의 인프라로서 유비쿼터스 컴퓨팅, 클라우드, 사물인터넷IoT,
커넥티드 홈, 스마트 도시, 자율주행차, 공유경제 ③ 인공지능과 빅데이터
활용, 블록체인과 비트코인 ④ 바이오기술로 맞춤형 아기와 신경기술이 포
함되어 있다. 이 가운데서도 핵심 기술로는 센서와 IoT, 클라우드, 빅데이
터. 모바일, 인공지능 등을 들 수 있다.

인간이 눈, 코, 귀, 혀, 피부의 감각기관을 통해 주변 상황에 관한 정보를
수집하듯이 지능화된 기계는 먼저 정보를 확보해야 하고, 정보는 센서를
통해 얻어진다. 또한 얻어진 정보는 IoT를 통해 클라우드에 저장되거나 중
앙연산장치에서 처리되어 의사결정의 자료로 이용된다. 빅데이터는 개인
이나 기업의 사회활동, 경제활동, SNS등 다양한 분야에서 얻어지는 정보의
집합체이다. 규모도 크지만 빠른 속도로 증가하는 데이터를 어떻게 효율적
으로 처리하고 유효한 정보를 확보하는가 하는 것이 관건이다. 여기에는
개인정보보호라는 걸림돌이 활용에 제한을 주고 있다. 비식별화 같은 개인
의 정보보호와 데이터의 활용을 올릴 수 있는 제도적인 조치도 시급하다.

모바일은 새로운 문명, 새로운 인류를 만들고 있다. 이 인류를 포노사피엔스Phono Sapiens라고 부르기도 한다. 스마트폰은 기존의 컴퓨터가 네트워크에서 할 수 있는 기능을 대부분 포함하고 있다. 일부 기능은 개인용 컴퓨터를 능가하고 있다. 아폴로가 달에 착륙할 때 사용되었던 대형 컴퓨터와 오늘날 스마트폰의 기능이 유사하다고 비교하는 전문가도 있다. 스마트폰 자체는 하드웨어이지만 4차 산업혁명에서 개인과 기업, 개인과 개인을 글로벌하게 연결하는 새로운 플랫폼이 되고 있다.

초지능의 중심에는 인공지능이 있다. 인공지능은 지난 50여 년간 기술발전의 부침이 있었지만 최근 컴퓨터 연산 속도의 비약적인 증가와 저가의 저장매체 공급으로 혁신적인 발전을 하고 있다. 특히 인간의 뇌구조를 모방한 신경망구조의 알고리즘 개발과 GPU 컴퓨터 같은 매트릭스 연산 능력의 향상은 기계학습을 통해서 부분적으로는 인간지능에 접근하는 강한 인공지능을 만들어내고 있다. 알파고와 알파제로는 세계인이 주시한 인공지능의 획기적인 발전 결과이다. 클라우스 슈밥의 다음 저서인 『제4차 산업혁명 더 넥스트The NEXT』에서는 기술 분야별로 발전 동향과 경제·산업계 활용 현황을 상세하게 서술하고 있다.

4차 산업혁명의 성공을 위한 제언

4차 산업혁명이 가져오는 물리적인 변화는 초연결, 초지능, 초융합으로 요약된다. 그러나 물리적인 변화보다 더 중요한 것은 패러다임의 변화를 수용하고 준비하는 사회와 국가의 혁신이다. 2016년 세계경제포럼은 「미래 고용보고서」에 15개국 9개 산업군을 대상으로 조사한 결과를 발표했다.

1,300만 명의 종업원 중 약 700만 개의 일자리가 사라지고 200만 개의 일자리가 새로 생기는 것으로 예측하고 있다. 500만 개의 일자리가 줄어드는 것이다. 이것은 지금 우리가 생각하지 못하는 새로운 직업이 생겨야 함을 보여준다. 4차 산업혁명은 디지털화, 지능화, 정보경제를 통한 새로운 직업을 만들어 내는 창직의 사회적 책무를 가지고 있다. 창직은 지금 없는 직업을 만드는 일이기 때문에 상상력과 창의력이 기술과 결합되어야 한다. 교육의 혁신이 필요한 이유다. 이 과정에서 경제적 불평등 해소와 신뢰사회 구축은 국가의 거버넌스가 해결해야 할 중요한 과제이다.

4차 산업혁명의 성공을 위한 개인의 인식 전환도 필요하다. 기술의 파괴적 혁신은 삶의 변화와 경제적인 기회를 가져오지만 인간성의 본질을 침해할 수 있는 문제점도 있다. 지도자들은 이런 문제에 대처하기 위해 상황 맥락지능(정신), 공감하는 정서 지능(마음), 의미와 목적에 대해 탐구하고 공유하는 영감 지능(영혼)이 필요하다. 변화된 개인은 유연하면서도 지적, 사회적 민첩성을 발휘하여 다양한 이해관계자와 통합을 이루어가야 한다.

모든 기회와 문제들은 서로 연계되어 있다. 칸막이식 사고에서 벗어나, 미래 시스템이 반드시 구현해야하는 인간의 가치를 명확히 해야 한다. 4차 산업혁명은 인간을 위한 혁신이 되어야 한다. 흔히 인공지능을 4차 산업혁명의 엔진, 로봇을 4차 산업혁명의 꽃이라고 말한다. 인간을 위한 4차 산업혁명을 위해서 인공지능과 로봇의 윤리 문제는 매우 중요하다. 인공지능이 인간지성과 협력할 수 있는 윤리적·기술적인 통제가 필요하다. 인간지성이 인공지능과 소통하고 공감하되 그들을 통제할 수 있는 역량을 가져야 한다. 통제 가능한 인공지능에 대한 국제적 운동은 기술로부터 인간 존재의 본질을 보호하기 위한 노력의 시작이다.

참고문헌

• 『제4차 산업혁명 더 넥스트The NEXT』(클라우스 슈밥, 2018, 새로운현재)

:: 문승현

GIST(광주과학기술원) 제7대 총장. 광주제일고등학교와 서울대학교 화학공학과를 졸업하고, 미국 일리노이공과대학교 공학박사 학위를 취득한 후 미국알곤국립연구소에서 근무하였다. 1994년 지스트 환경공학과에 부임해 환경공학과 학과장, 지스트 국제환경연구소장, 교학처장, 부원장, 지스트 솔라에너지연구소장, 한국연구재단 에너지 · 환경 분야 단장 등을 역임했으며 과총 우수 논문상(2001), 지스트 학술상(2002), 과학의 날 대통령표창(2003), 과학기술포장(2008), TV조선 참교육 경영대상(2015)을 받았다. 지은 책으로『과학기술은 사람이다』가 있다.

14

제2의 기계시대

이인식 지식융합연구소장

어느 한 영역에서 컴퓨터가 인간을 능가한다
해도 인간이 가치 없는 존재가 되는 것은 아
니다. 기계에 맞서는 대신에 기계와 짝을 지어
달려간다면, 인간은 대단히 가치 있는 존재가
될 것이다.

에릭 브린욜프슨·앤드루 맥아피

제2의 기계시대　　에릭 브린욜프슨·앤드루 맥아피 공저

이한음 옮김　　청림출판

1

1930년 영국의 경제학자인 존 메이너드 케인스John Maynard Keynes(1883~
1946)는 자동화가 사람들을 일자리에서 영구히 내쫓을 수 있다는 논문을
발표하여 기술이 노동력에 미치는 영향을 둘러싼 논쟁을 촉발했다. 케인스
는 "우리는 앞으로 몇 년 안에 꽤 많이 듣게 될 새로운 질병에 시달리고 있
다. 이름하여 기술적 실업technological unemployment이다. 이것은 노동 이용을
절약할 수단을 발견함으로써 생기는 실업이 노동의 새로운 용도를 찾아내
는 것보다 더 빠른 속도로 일어난다는 의미이다"라고 설명했다.

1995년 미국의 문명비평가인 제러미 리프킨Jeremy Rifkin(1945~)은 『노동의 종말The End of Work』에서, 정보기술에 의한 경영 혁신으로 인해 해고와 대량실업 사태가 발생하여 노동자가 없는 시대가 도래한다고 예고했다.

2004년 미국의 경제학자인 프랭크 레비Frank Levy와 리처드 머네인Richard Murnane은 사람과 컴퓨터의 분업, 다시 말해 인간의 노동과 디지털 노동 사이의 분업을 연구한 저서인 『새로운 노동분업The New Division of Labor』을 펴낸다. 레비와 머네인은 모든 지식 활동의 토대가 되는 정보처리 업무를 하나의 스펙트럼에 놓았다. 한쪽 끝에는 충분히 이해한 규칙을 적용하기만 하면 되는 계산 같은 업무들이 있다. 컴퓨터는 규칙을 따르는 일을 능숙하게 처리하므로 계산 같은 업무를 맡으면 된다. 스펙트럼의 반대편 끝에는 규칙으로 압축시킬 수 없는 정보처리 업무들이 놓여 있다. 사람의 패턴 인식pattern recognition 능력에 기대는 업무들이다. 사람의 뇌는 감각 기관을 통해 정보를 받아들여 패턴을 찾아내는 능력이 아주 뛰어나다. 이런 업무는 컴퓨터로 쉽게 자동화될 수 없기 때문에 사람의 업무로 계속 남아 있는 것이다.

레비와 머네인은 『새로운 노동분업』에서 패턴 인식과 함께 '복잡한 의사소통'도 인간 쪽에 계속 놓여 있을 업무 영역이라고 역설한다. 복잡한 의사소통이란 사람 사이의 대화에서 이루어지는 복잡하고 감성적이며 모호한 의미의 전달을 포함한다. 사람은 별다른 노력 없이도 이런 의사소통을 쉽게 하지만 컴퓨터에게 이런 능력을 부여하는 것은 거의 불가능에 가깝다.

레비와 머네인은 이런 맥락에서 사람들은 패턴 인식이나 복잡한 의사소통처럼 컴퓨터보다 비교우위에 있는 업무와 직업에 초점을 맞추고, 컴퓨터에게는 계산과 같은 일을 맡기는 새로운 노동분업이 필요하다고 역설했다.

2011년 미국의 정보경제학자인 에릭 브린욜프슨Erik Brynjolfsson(1962~)과 앤드루 맥아피Andrew McAfee(1967~)는 『기계와의 경쟁Race Against the Machine』을 펴낸다. 99쪽에 불과한 책이지만 두 사람은 정보기술의 진보가 일자리, 기업의 생산성, 세계 경제에 미치는 영향을 특유의 논리로 분석하여 세계적인 화제작의 반열에 오르게 된다.

브린욜프슨과 맥아피는 "기계가 단순 노동자의 일을 대신하기 때문에 대부분의 나라에서 빈부 격차가 발생한다"고 주장했다. 요컨대 기술 발전으로 인간이 기계와의 싸움에서 패배한 것이 경제적 불평등을 심화하는 핵심 요인이라는 논리를 전개했다.

브린욜프슨과 맥아피는 "패턴 인식이나 복잡한 의사소통도 이제는 자동화될 수 있는 영역에 들어왔다"면서 "우리는 기계와의 경주에서 결코 이길수 없다"고 전제하고, "인간이 기계를 상대로 경주할 것이 아니라 함께 앞으로 나아갈 수 있는 전략이 무엇인지를 이해해야만 한다"고 강조한다. 두사람은 『기계와의 경쟁』에서 "우리는 기술적 실업에 직면하지 않도록 인간의 역량과 제도를 더욱 발전시켜나갈 수밖에 없다"고 역설한다.

2

2013년 9월 영국 옥스포드대학 연구진은 기술 발전이 일자리에 미치는 영향을 처음으로 계량화한 연구 성과로 자리매김한 논문인 「직업의 미래The Future of Employment」를 내놓았다. 이 논문은 미국의 702개 직업을 대상으로 컴퓨터에 의한 자동화computerisation에 어느 정도 영향을 받는지 분석했다. 직업에 영향을 미칠 대표적 기술로는 기계학습과 이동 로봇공학mobile robotics이 손꼽혔다. 이 두 가지 인공지능 기술은 반복적인 단순업무뿐만 아니라 고도의 인지 기능이 요구되는 직업도 대체할 것으로 밝혀졌다.

이 논문은 기계학습 같은 인공지능 기술 발전에 따라 자동화가 되기 쉬운 직업은 절반에 가까운 47%나 되고, 컴퓨터의 영향을 중간 정도 받을 직업은 20%, 컴퓨터 기술이 아무리 발전해도 쉽게 대체될 것 같지 않은 직업은 33%에 불과한 것으로 분석했다.

이런 노동 시장의 구조 변화는 두 가지 추세를 나타낸다.

첫째, 중간 정도 수준의 소득을 올리던 제조업이 인공지능으로 자동화되면서 일자리를 상실한 노동자들이 손기술만 사용하므로 자동화되기도 어렵고 소득 수준도 낮은 서비스업으로 이동한다.

둘째, 비교적 높은 수준의 지식과 경험이 요구되는 상위 소득 직업은 여전히 일자리가 늘어난다.

결과적으로 소득이 높은 정신노동 직업과 소득이 낮은 근육 노동 시장으로 양극화되고 중간 소득계층인 단순 반복 직업의 일자리는 사라지게 될 것으로 예상된다.

옥스퍼드대학의 논문은 21세기에 살아남을 일자리는 인공지능이 취약한 부분, 예컨대 패턴인식 기능이 요구되는 직업일 수밖에 없다는 결론을 내린다. 가령 환경미화원이나 경찰관처럼 세상을 깨끗하게 만드는 직업이 패턴인식 능력이 요구되어 로봇으로 대체하기 어렵다니 얼마나 다행스러운지.

2014년 1월 에릭 브린욜프슨과 앤드루 맥아피는 『제2의 기계 시대The Second Machine Age』를 펴내 노동의 미래에 대한 탁월한 저술로 자리매김한다. 2011년 출간된 『기계와의 경쟁』을 보완한 이 책은 정보기술의 발달이 사람의 일자리와 임금, 그리고 세계 경제에 미치는 영향을 분석하고, 기술적 실업에 대처하는 전략을 제안한다.

브린욜프슨과 맥아피는 산업혁명을 증기기관에 의한 1차 산업혁명, 전기에 기반을 둔 2차 산업혁명, 컴퓨터와 네트워크의 디지털 기술이 씨앗이 된 3차 산업혁명으로 구분한 다음에 1차 및 2차 산업혁명처럼 현재 진행 중인 3차 산업혁명도 완전히 꽃피울 때까지는 수십 년이 걸릴 것이라고 전망했다.

두 사람은 1차 및 2차 산업혁명을 통해 인류의 육체적 능력이 강화되었다면 3차 산업혁명의 기반인 디지털 기술로 인류의 정신적 능력이 향상되는 제2의 기계시대가 도래했다고 주장한다.

디지털 기술 발전의 세 가지 특징, 곧 제2의 기계시대가 와 있는지를 설명하는 세 가지 요소는 기하급수적 성장, 디지털화, 조합적combinatorial 혁신이다. 이미 시작된 기하급수적 성장(2장), 만물의 디지털화(3장), 재조합 혁신(4장)은 제2의 기계시대를 형성하는 세 가지 원동력을 분석한다. 다시 말해 제2의 기계시대의 두드러진 특징은 컴퓨터 계산능력의 대부분의 측면에서 지속되는 기하급수적 성장, 엄청나게 많은 양의 디지털 정보, 정보통신기술이라는 21세기 범용기술GPT, general purpose technology로 아이디어를 재조합하는 혁신 등 세 가지이다.

브린욜프슨과 맥아피는 "이 세 가지 특징 덕분에 인류가 역사상 가장 중요한 유례 없는 사건 중 두 가지를 일으킬 수 있었다"면서 "쓸모 있는 진정한 인공지능을 출현시키고 공통의 디지털 네트워크를 통해 세계 대부분의 사람을 연결한 것이다"고 강조한다. 요컨대 "제2의 기계시대는 무수한 기계지능들과 상호연결된 수십억 개의 뇌가 서로 협력하여 우리가 사는 세계를 이해하고 개선해간다는 특징을 갖게 될 것이다"라는 결론을 내린다.

제2의 기계시대에 발생하는 기술적 실업의 본질을 분석한 두 사람은 지식 노동자로 살아남으려면 인간이 컴퓨터보다 여전히 우위에 있는 3대 기능인 아이디어 떠올리기ideation, 큰 틀의 패턴인식, 복잡한 의사소통 같은 인지 영역에서 기량을 갈고 닦을 것을 권유한다.

『제2의 기계시대』는 "기술은 운명이 아니다. 우리의 운명은 우리 손에 달려 있다"라는 문장으로 마무리된다.

3

2016년 1월 스위스 휴양지 다보스에서 열린 세계경제포럼WEF은 4차 산업혁명 시대의 개막을 확인하면서 「일자리의 미래The Future of Jobs」라는 보고서를 펴냈다. 15개국 9대 산업 분야의 1,300만 종사자를 대표하는 371명의 국제적 경영인으로부터 수집한 자료로 작성된 이 보고서는 "오늘날 초등학생의 65%는 현재 존재조차 하지 않는 직업에 종사할 것"이라고 전망하고, 2020년까지 5년간 일자리의 변화를 초래할 기술 9개를 열거했다.

9대 기술을 경영인들이 응답한 비율이 높은 순서로 나열하면 ① 모바일 인터넷과 클라우드(가상 저장공간) 기술 ② 컴퓨터 처리 성능과 빅데이터 ③ 새로운 에너지 기술 ④ 만물인터넷 ⑤ 공유경제와 크라우드 소싱 ⑥ 로봇공학과 자율운송기술 ⑦ 인공지능 ⑧ 3차원 인쇄 ⑨ 첨단소재 및 생명공학 기술이다. 로봇기술과 인공지능이 일자리에 미치는 영향이 의외로 크지 않은 것으로 나타났다.

다보스 포럼 보고서는 4차 산업혁명으로 2020년까지 15개 국가에서 716만 개 일자리가 사라지고 새로운 일자리는 202만 개 생겨날 것으로 전망했다. 전체적으로 5년간 514만 개, 해마다 평균 103만 개 일자리가 줄어드는 셈이다.

소멸하는 일자리를 직종별(단위 1,000명)로 세분하면 ① 사무행정직(4,759) ② 제조생산직(1,609) ③ 건설(497) ④ 예술·디자인·엔터테인먼트·스포츠·미디어(151) ⑤ 법률직(109) ⑥ 설치 및 유지보수(40) 등 716만 5,000명이다.

새로 생겨날 일자리는 ① 경영 및 재무직(492) ② 관리직(416) ③ 컴퓨터 및 수학(405) ④ 건축 및 엔지니어링(339) ⑤ 영업직(303) ⑥ 교육 훈련(66) 등 202만 1,000명으로 전망된다.

다보스 포럼 보고서는 4차 산업혁명으로 노동시장이 파괴되어 대량실업이 불가피하고 경제적 불평등도 심화될 수 밖에 없으므로 정부와 기업이 서둘러 교육과 고용 정책을 혁신할 것을 주문했다. 이 보고서는 즉각적으로 시행해야 할 네 가지 방안과 장기적으로 추진해야 할 세 가지 방안을 추천했다.

먼저 단기적 방안은 다음과 같다.

① 인적자원HR 관리 기능의 혁신-기업은 기술 발전에 적응하기 위하여 인사노무 관리 체계를 재정립할 필요가 있다. ② 데이터 분석 기법의 활용-기업과 정부는 기술 발전에 따라 발생하는 대규모 데이터를 분석하여 미래 전략을 수립하는 능력을 갖추어야 한다. ③ 직무 능력 다양화에 대한 대처-새로운 기술의 출현으로 새로운 직무 능력이 다양하게 요구되므로 전문인력 양성을 서둘러야 한다. ④ 유연한 조직 체계 구축-기업은 외부 전문가를 활용할 수 있게끔 유연한 근로체계를 구축하도록 한다.

장기적 방안으로 추천된 네 가지는 다음과 같다.

① 교육체계의 혁신-20세기 교육제도의 유산인 문과 · 이과 분리 교육을 중단해야 한다. 요컨대 인문사회와 과학기술의 융합교육이 제도화되어야 한다. ② 평생교육의 장려-학교에서 배운 것으로 죽을 때까지 먹고살 수 없다. 새로운 기량을 지속적으로 습득할 수 있는 사회적 장치가 필요하다. ③ 기업 사이의 협조체제 구축-4차 산업혁명 시대의 복잡한 환경에서 기업은 경쟁보다 공생하는 전략이 생존에 필요불가결하다는 사실을 명심하지 않으면 안 된다.

『제2의 기계시대』에서 성장과 번영을 위한 권고(12장)로 제시된 방법 여섯 가지는 다음과 같다.

① 아이들을 잘 가르쳐라. ② 신생 기업의 열기를 다시 불러일으켜라. ③ 구직자와 기업을 더 많이 연결하라. ④ 과학자들을 지원하라. ⑤ 사회 하부구조를 개선하라. ⑥ 세금을 매기되, 현명하게 매겨라.

참고문헌

- 『노동의 종말The End of Work』 (제러미 리프킨, 민음사, 1996)
- 『기계와의 경쟁Race Against the Machine』 (에릭 브린욜프슨, 앤드루 맥아피, 틔움출판, 2013)
- 『로봇의 부상Rise of the Robots』 (마틴 포드, 세종서적, 2016)
- 『4차 산업혁명은 없다』 (이인식, 살림, 2017)
- 『인에비터블The Inevitable』 (케빈 켈리, 청림출판, 2017)
- 『생각하는 기계Machines That Think』 (토비 월시, 프리뷰, 2018)

2부

기계와 인간의 공진화

3장

기계지능, 어디까지 진화했는가

15

사람과 컴퓨터
- 시대를 앞서 인공지능과 인지과학을 전망하다

김평원 인천대학교 국어교육과 교수

사람과 컴퓨터
이인식 지음
까치

인공지능의 연구사를 통찰하고 정확하게 예견한 책

'사느냐 죽느냐, 그것이 문제로다'라는 말이 셰익스피어Shakespeare의 4대 비극 중 하나인 「햄릿Hamlet」에 나온다는 사실은 대부분의 식자들이 모두 알고 있는 교양 아닌 교양(상식적인 교양)이다. 그러나 의외로 「햄릿」의 줄거리와 주제를 아는 사람은 거의 없다. 아니 놀라울 정도로 희박하다. 2016년 3월 알파고AlphaGo와 이세돌 9단의 바둑 대결 이후 화제가 된 인공지능과 관련된 우리 사회의 담론도 이와 유사하다. 다양한 분야에서 인공지능이 활용되고 있다는 사실은 모두가 알고 있는 상식이 되었지만, 인공지능의 개념과 발전 과정을 명쾌하게 설명하는 것은 말처럼 그리 쉬운 일이 아니다.

한 분야를 천착하는 전문가가 주목을 받았던 '분화'의 시대가 저물고 지식 노동을 인공지능이 대체하는 '융합'의 시대를 맞이하고 있음에도, 인공지능의 정확한 개념을 설명할 수 있는 사람을 찾기는 쉽지 않다. 시대를 앞서 이미 1992년에 인공지능의 개념을 명쾌하게 설명하고 발전 과정을 전망한 『사람과 컴퓨터』(이인식, 까치)는 인공지능의 핵심을 천착하고 그 미래를 정확하게 예견하고 있었다.

저자인 이인식 지식융합연구소장은 인공지능의 연구사를 하향식(계산주의)과 상향식(연결주의)으로 나누어 쉽게 설명하고 있는데, 오늘날 주목을 받고 있는 '딥러닝deep learning'은 상향식에 해당한다. 하향식은 컴퓨터에 지능과 관련된 규칙과 정보를 저장하고, 컴퓨터가 외부에서 감지한 정보와 비교해 스스로 의사결정을 하도록 만든다. 하향식은 이미 정해진 규칙에 따라 작동하기 때문에 인간이 일상 생활 중 겪는 문제를 처리하는 능력에서 프로그래밍의 한계를 드러낼 수밖에 없다. 상향식은 인간의 뇌 속 신경세포가 정보를 처리하는 방식을 모방한 '신경망' 개념을 토대로 하기 때문에 프로그램 스스로 주어진 데이터를 반복적으로 분석해 그 의미를 찾고 예측한다는 점에서 매력적이다.

하향식 인공지능은 절대적 진리와 법칙이 존재하다는 객관주의적 인식론에 가깝고, 상향식 인공지능은 주관적 경험에 근거해 의미를 찾는 과정을 강조한 구성주의적 인식론과 유사하다고 평가할 수 있다. 즉, 하향식은 기억한 것을 응용하도록 가르치는 방식이고, 상향식은 혼돈 속에서 질서를 찾아 적용하도록 가르치는 방식이다. 세상의 모든 것을 지식으로 구축하여 가르치는 것은 불가능하기 때문에, 스스로 질서를 발견하도록 가르치는 것이 보다 유연한 방식임에는 틀림이 없다.

『사람과 컴퓨터』의 개념 설명은 일반인도 이해할 수 있도록 쉽게 풀어내고 있지만, 설명을 뒷받침하는 근거와 사례는 전공 서적 수준으로 깊고 다양하며 예견 역시 정확하다. 이 책이 출판되던 시기에는 하향식 컴퓨터가 주류를 이루었지만, 14년 뒤인 2006년 토론토 대학의 컴퓨터과학자 제프리 힌튼Geoffrey Hinton(1947~)이 딥러닝deep learning의 걸작품으로 여겨지는 심층신경망DNN·Deep Neural Network을 개발하면서 상향식 인공지능 연구가 성과를 내놓기 시작했기 때문이다. 2012년에는 스탠퍼드 대학의 앤드루 응Andrew Ng(1976~)이 딥러닝 프로젝트인 구글 브레인Google Brain에서 컴퓨터가 스스로 고양이를 식별하도록 학습시키는 데 성공하였다. 구글 브레인은 컴퓨터 프로세서 1만 6,000개와 10억 개 이상의 신경망을 사용해 유튜브에 있는 1,000만 개 이상 동영상 중에서 고양이 사진만을 골라낼 수 있었다. 2014년 페이스북은 97.25% 정확도로 사람 얼굴을 인식하는 딥러닝 기술인 딥페이스Deep Face를 선보였다. 2015년 5월 출시된 딥러닝 소프트웨어인 구글 포토Google Photos는 스마트폰 속 수천 장의 사진을 자동으로 분류하는 응용프로그램(앱)이다. 그 다음 등장한 것이 그 유명한 바둑 프로그램인 알파고이다.

전공서인 듯 전공서 아닌 전공서 같은 교양책

『사람과 컴퓨터』는 소화된 지식을 담고 있으며 사적인 경험담과 유추적인 글쓰기 방식을 철저하게 배제하고 있다. 번역본에 의존하지 않고 철저히 원전을 찾아 원저자의 의도를 면밀히 검토하는 편집증에 가까운 저자의 꼼꼼함은 텍스트에 내공을 불어넣는다. 비록 지식 습득의 대부분을 독학에 의존했지만 전공 분야 교수보다 더 깊은 내공을 뿜어내고 있다. 『사람과 컴퓨터』는 교양서이지만 일반인은 물론 학자에게도 유용한 지식을 담고 있다. 전공서인 듯 전공서 아닌 전공서 같은 교양책인 것이다.

『사람과 컴퓨터』의 저자 이인식 지식융합연구소장의 삶은 청년기의 엔지니어 활동과 중년 이후 저술가 활동으로 요약할 수 있다는 점에서 놀랍도록 다산 정약용의 삶과 닮아 있다. 문·이과의 지식을 융합하여 탁월한 식견으로 편집해내는 그는 21세기에 부활한 다산으로 평가할 수 있다. 이인식 소장은 전자공학 분야에서 탁월한 엔지니어로 활약했으며, 최고의 전성기 때 스스로 물러나 과학 저술가의 길을 걸어왔다.

『사람과 컴퓨터』는 이인식 소장의 수많은 과학 칼럼의 토대가 되는 개론서에 해당하는 책으로, 그의 수많은 저서 중에서 필자는 주저하지 않고 이 책을 가장 으뜸으로 꼽는다. 필자는 국어교사 시절 이 책에 영감을 받은 후 연구 노트로 삼아 읽고 또 읽으면서 융합 연구자로 성장하였다. 지금은 생체 신호(심전도, 뇌파, 근전도)를 활용한 언어 현상 연구, 시선 추적 및 퍼지 이론을 활용한 인지과학 연구 등을 주제로 한 SCI급 논문들을 해외 저널에 게재할 수 있는 국어교육학자로 성장하였다. 『사람과 컴퓨터』는 인공지능과 인지과학의 기본 개념을 정리한 연구 노트인 동시에 교양서로서, 융합 연구자는 물론 연구자를 꿈꾸는 일반인에게 가야할 길을 명확하게 안내해줄 수 있는 나침반이 되어줄 것이다.

피카레스크식으로 구성된 『사람과 컴퓨터』 사용법

『사람과 컴퓨터』는 ① 생체와 컴퓨터, ② 두뇌와 컴퓨터, ③ 눈과 컴퓨터, ④ 생명과 컴퓨터, ⑤ 마음과 컴퓨터 등 모두 5개의 테마로 묶여 있다. '사람과 컴퓨터'라는 큰 테마에서 '사람'의 범주를 생체, 두뇌, 눈, 생명, 마음으로 구분한 피카레스크 구성을 취하고 있는 것이다. 5개의 테마로 묶인 글은 각각 내적인 독립성을 갖추고 있기 때문에 독자의 관심사와 활용 분야에 따

[표] 『사람과 컴퓨터』 독서 후 얻은 연구 아이디어와 성과 사례

주제	독서 후 활용	결과(SCI급 저널)
① 생체와 컴퓨터	정신생리학의 개념을 터득하고, 글쓰기 말하기 활동으로 게임 중독 학생들을 치료하는 연구 아이디어를 얻음.	The influence of an educational course on language expression and treatment of gaming addiction for massive multiplayer online role-playing game (MMORPG) players, COMPUTERS EDUCATION 63(4) 208-217
② 두뇌와 컴퓨터	인공지능의 개념을 터득하고, 미디어 텍스트의 새로운 형식을 제안하는 연구 아이디어를 얻음.	Chameleon-like weather presenter's costume compositing Format based on color Fuzzy model, Soft Computing 22(5) 1491-1500
③ 눈과 컴퓨터	시지각 현상과 시각 정보 처리의 기초를 터득하고, 읽기 연구에 활용할 수 있는 아이디어를 얻음.	Audience real-time bio-signal-processing-based computational intelligence model for narrative scene editing, Multimedia Tools and Applications 76(23) 24833-24845
④ 생명과 컴퓨터	창발성의 원리를 이해하고, 30명 이상의 고등학생들의 집단 지능이 작용하는 연구 생태계를 개발할 수 있는 아이디어를 얻음.	The Wheel Model of STEAM Education Based on Traditional Korean Scientific Contents, Eurasia Journal of Mathematics Science and Technology Education 12(9) 2353-2371
⑤ 마음과 컴퓨터	인지과학의 기초를 터득하고 정서를 과학적으로 연구하는 아이디어를 얻음.	Effects of avatar character performances in virtual reality dramas used for teachers' education, Behaviour & Information Technology 36(7) 699-712

라 해당되는 내용만 읽어도 큰 문제가 없다. 옆의 표는 필자가 지난 20년간 『사람과 컴퓨터』를 읽고 활용한 사례를 정리한 것이다.

이를 통해 한 권의 책이 단 한 명의 독자에게 어떠한 영향을 끼쳤는가를 확인함과 동시에, 아직 책을 접하지 못한 독자들에게는 유용한 독서 안내가 될 것이다.

:: 김평원

인천대학교 국어교육과 교수. 고려대학교 국어교육과를 졸업하고 서울대학교 대학원 국어교육과에서 석사학위와 박사학위를 받았다. 인문 · 사회 · 자연 · 공학 등 여러 학문을 융합한 글쓰기와 말하기 전략을 연구하고 있으며 융합교육을 교육 현장에서 실천하고 있다. 일반인을 대상으로 K-MOOC 〈엔지니어 정약용 탐구〉 강좌를 운영하고 있으며, 한국공학한림원과 함께 교과 기반 코딩 교육을 위한 인공지능 자주차(자율주행자동차) 플랫폼을 개발하여 현장에 보급하고 있다.

16

괴델, 에셔, 바흐

이인식 지식융합연구소장

2017년 상하권 합본 개역판 출간. GEB 20주년 기념판 서문이 수록되어 있음.

나는 이 책에서 괴델, 에셔, 바흐라는 실로 영원한 황금 노끈을 꼰 것이다.

더글러스 호프스태터

괴델, 에셔, 바흐

더글러스 호프스태터 지음

박여성 · 안병서 옮김

까치

1

21세기 들어 한국 사회 전반에 걸쳐 융합convergence 바람이 거세게 불고 있다. 서로 다른 학문, 기술, 산업 영역 사이의 경계를 넘나들며 새로운 주제에 도전하는 융합은 새로운 가치 창조의 원동력이 되고 있다. 그러나 인문학과 과학기술의 융합을 주장하는 목소리들이 요란하지만 어쩌 매명을 위해 구호만 외친다는 느낌을 지울 수 없다. 그들 중에 어느 누구도 학문적으로 독창적인 이론이나 실적을 내놓지 못한 채 동어반복만 일삼고 있기 때문이다.

과학과 인문학이 융합하는 모습이 궁금한 독자들에게 미국의 인지과학자인 더글러스 호프스태터Douglas Hofstadter(1945~)의 『괴델, 에셔, 바흐Gödel, Escher, Bach』만큼 훌륭한 본보기도 없을 것 같다.

1979년 미국에서 출간되어 이듬해에 퓰리처상과 미국 도서 대상을 모두 받고 베스트셀러가 된 이 책을 접할 때마다 안타까움 절반, 반가움 절반인 마음이 된다. 안타까운 마음이 드는 까닭은 당대 최고의 과학저술가인 마틴 가드너Martin Gardner(1914~2010)가 "몇십 년마다 한 명쯤의 무명의 저자가 불쑥 나타나서 논의의 심오함이나 명증성, 다루는 주제의 광범위한 폭과 번뜩이는 재치, 나아가서 아름다움과 독창성에서 단숨에 획기적인 사건으로 기록되는 놀라운 책을 쓰는 경우가 있는데, 바로 이 책이 그런 책이다"라고 극찬한 것처럼 명저임에도 불구하고 출간 이후 스무 해가 지나서 1999년에야 번역판이 소개되었기 때문이다.

한편 반가운 마음을 주체할 수 없는 것은 800쪽 가량의 대작을 옮기고 펴내는 데 노고를 아끼지 않은 역자(박여성 교수)와 출판사(까치)의 열정이 가슴에 와닿기 때문이다. 까치 특유의 활자가 촘촘히 박힌 판형으로 990쪽(상·하권)에 달하는 방대한 내용을 한글로 옮긴 박여성 교수에게 격려의 말씀을 전하고 싶다. 여러 차례 출간을 권유했음에도 워낙 품과 비용이 많이 드는 번역 출간인 터라 심사숙고한 끝에 마침내 이런 명저를 과감히 펴낸 박종만 까치 대표의 출판 정신은 높이 평가받아야 할 줄로 안다.

1945년 뉴욕 태생인 호프스태터는 34살에 펴낸 이 책 한 권으로 세계적 명사의 반열에 올랐고, 『초마법적 주제Metamagical Themas』(1985), 『유동적 개념과 창조적 유추Fluid Concepts And Creative Analogies』(1995), 『나는 이상한 고리이다I Am a Strange Loop』(2007), 『표면과 본질Surfaces and Essences』(2013) 등

화제작을 잇달아 펴냈다. 호프스태터는 한국어판 서문에서 "인생에 남아도는 시간이란 없습니다. 그 짧은 일부분에서 이 책을 읽는 분들에게 세상을 보는 아름다운 시각이 전해진다면 그것은 저의 가장 큰 기쁨일 것입니다"라고 말한다. 물론 나는 그의 의견에 전적으로 공감한다.

그와 동갑내기인 나는 이 책과 각별한 인연이 있다. 1988년 대성산업(주) 상무이사로 재직하며 자나 깨나 컴퓨터 판매에 몰두하고 있을 때 우연히 이 책을 접한 것이 계기가 되어 1991년 9월에 20년의 직장 생활을 마감하고 과학 저술에 전념하게 되었기 때문이다. 1992년 2월에 펴낸 『사람과 컴퓨터』(까치)의 제5부에 인지과학을 다루면서 〈괴델, 호프스태터, 펜로즈〉라는 제목으로 그의 아이디어를 소개하기도 했다. 호프스태터와 같은 해에 출생한 박종만 까치 대표에게 이 책의 번역을 끈질기게 권유한 것도 동갑내기 천재에 대한 막연한 친밀감이 작용했는지도 모른다.

2

『괴델, 에셔, 바흐』는 20장으로 구성되어 있는데, 음악, 미술, 수리 논리학은 물론이고 인공지능과 분자생물학이 논의될 뿐만 아니라 선불교의 공안公案까지 등장한다. 한 마디로 자연과학과 인문학의 경계를 가로지르며 상상력의 정수를 모조리 모아놓은 듯한 역작임에 틀림없다.

호프스태터는 부제가 '영원한 황금 노끈an Eternal Golden Braid'인 이 책에서 흥미롭고 재기 넘치는 논리를 전개하여 오스트리아 수리논리학자인 쿠르트 괴델Kurt Gödel(1906~1978), 네덜란드 판화가인 마우리츠 코르넬리스 에셔Maurits Cornelius Escher(1898~1972), 독일 작곡가인 요한 세바스티안 바흐Johann Sebastian Bach(1685~1750)의 업적 사이에 숨어 있는 공통점을 찾아 황금 노끈처럼 영원하고 소중한 특유의 이론을 도출한다.

근대 음악의 아버지라 불리는 바흐는 62세가 되는 1747년에 프로이센 제국의 프레더릭 대왕에게 「음악적 봉헌Musikalisches Opfer」이라는 작품을 헌정한다. 카논canon과 두 개의 푸가fugue로 구성된 작품이다. 「음악적 봉헌」에는 일반적인 카논과는 전혀 다른 성격의 카논이 하나 포함되어 있다. 이 카논은 키(음조)가 C 마이너에서 출발하여 계층구조를 따라 더 높은 키로 올라갔으나 진실로 신기하게도 다시 처음의 키인 C 마이너로 돌아오게끔 작곡되어 있다.

호프스태터는 이 카논에서처럼, 우리가 계층구조를 가진 체계에서 어떤 수준을 따라서 위쪽(또는 아래쪽)을 향하여 이동하다가 느닷없이 본래 출발했던 곳에 다시 돌아와 있는 우리 자신을 발견하게 되는 현상을 일러 이상한 고리strange loop라고 명명한다. 말하자면 우리가 이동한 행적은 '고리' 모양이며, 출발했던 곳에 되돌아 온 것은 '이상한' 현상이기 때문에 이상한 고리라고 불렀으며, 이상한 고리 현상이 발생하는 체계에서는 상이한 계층 사이에 '뒤엉킴tangle'이 나타나기 때문에 뒤엉킨 계층구조tangled hierarchy라고 명명하였다.

호프스태터는 바흐의 카논에 이어 이상한 고리 현상이 발견되는 두 번째 보기로 에셔의 그림을 꼽았다. 특히 에셔가 1961년에 발표한 작품인 「폭포Waterfall」는 '불가능한 물체impossible object'라 불리는 삼각형 3개를 연결하여 그린 석판화이다. 1958년에 영국의 물리학자인 로저 펜로즈Roger Penrose(1931~)가 발견한 불가능한 물체, 일명 '삼각 막대기tribar'는 3차원의 세계를 2차원의 평면에 그린 그림인데, 삼각형의 각 부분에서는 오류를 발견할 수 없으나 실제로는 만들 수 없다. 에셔의 「폭포」는 불가능한 물체를 미술 작품으로 그려놓은 것이기 때문에 폭포의 물길을 따라서 계속하여 내려가다 보면 놀랍게도 처음에 출발했던 곳으로 되돌아오게 된다. 고리의 각 부분에서는 한 곳도 잘못된 부분이 발견되지 않지만 전체적인 시각으로 보면 고리 전체가 불가능하기 때문에 패러독스를 느끼지 않을 수 없게 된다.

이상한 고리의 세 번째 보기는 괴델이 1931년 25살에 「불완전성 정리in-completeness theorem」의 증명을 위하여 수학적 체계에서 사용한 에피메니데스 패러독스Epimenides paradox에서 발견된다. 괴델은 '나는 증명될 수 없다I am not provable'는 자기 자신을 증명할 수 없는 논리식을 구성하여 불완전성 정리를 증명했다. 이 논리식은 에피메니데스 패러독스와 같은 맥락에서 이해될 수 있다. 기원전 6세기 경에 크레타 섬에 살았던 것으로 알려진 에피메니데스는 '모든 크레타 사람은 거짓말쟁이이다All Cretans are liars'라는 불멸의 명제를 후세에 남겼다. 이른바 '거짓말쟁이 패러독스liar paradox'이다. 요컨대 에피메니데스가 한 말은 동시에 참말도 되고 거짓말도 된다. '나는 증명될 수 없다'는 괴델의 논리식 역시 거짓이라면 증명이 가능하지만 참일 경우 증명이 불가능하다. 따라서 참이지만 증명이 불가능한 명제가 존재하므로 모든 수학적 체계는 본질적으로 불완전한 것이다.

3

호프스태터는 음악(바흐의 카논), 미술(에셔의 폭포), 수학(괴델의 정리)에서 이상한 고리의 본보기를 찾아내서 음계, 계단, 고대의 패러독스와 같이 매우 단순하고 오래된 인류의 직관에 의해 이상한 고리 현상이 발생하고 있다고 주장한다.

음악, 미술, 수학에서 이상한 고리의 본보기를 찾아낸 호프스태터는 에셔의 1948년 작품인 「그림 그리는 손Drawing Hands」을 독특하게 풀이하여 사람의 의식이 뇌에서 발생하는 이유를 설명하였다. 왼손이 오른손을 그리고 동시에 오른손이 왼손을 그리는 「그림 그리는 손」은 두 개의 계층적인 수준, 곧 그리는 수준과 그려지는 수준이 서로 뒤엉킨 계층구조(이상한 고리)를 만들고 있다. 한편 그림 속의 왼손과 오른손을 그리는 것은 물론 에셔의 손이다. 눈에 보이는 「그림 그리는 손」을 위쪽 수준, 눈으로 볼 수 없는 에셔의 손을 아래쪽 수준이라고 한다면, 아래쪽 수준은 위쪽 수준을 지배할 수 있지만 위쪽 수준은 아래쪽 수준에 영향을 주지 못한다.

이와 마찬가지로 사람이 생각할 때에는 위쪽 수준인 마음에서 사고과정이 이루어지는 듯 하지만 아래쪽 수준인 뇌의 지원을 반드시 받게 된다. 여기서 중요한 것은 에셔의 손을 우리가 볼 수 없는 것처럼 뇌가 동작하는 것을 보지 못하기 때문에 인간이 사고할 때에는 뇌가 개입하지 않는 것으로 착각하기 쉽다는 사실이다. 다시 말해서 마음과 뇌가 두 개의 수준으로 계층구조를 형성할 때 비로소 인간의 사고가 가능하다는 뜻이다. 사람의 마음과 몸을 분리시키는 이원론을 거부하는 기발한 발상인 셈이다.

이러한 맥락에서 호프스태터는 의식과 같은 높은 수준의 개념은 마음속에 이상한 고리가 형성될 때 뇌에서 창발emergent 한다는 결론을 내린다.

나는 우리의 뇌 속에서 창발하는 현상, 예컨대 생각, 희망, 이미지, 유추 그리고 의식과 자유의사에 대한 설명은 일종의 이상한 고리에 그 기초를 두고 있다고 믿는다.

호프스태터는 마음을 컴퓨터의 소프트웨어, 뇌를 하드웨어로 비유하고 뇌가 떠받들고 있는 마음에서 의식이 창발하는 것처럼 컴퓨터 역시 하드웨어의 지원을 받는 소프트웨어에서 의식을 만들어내는 이상한 고리와 같이 뒤엉킨 수준이 발생할 수 있다고 주장한다. 요컨대 기계가 의식을 얼마든지 가질 개연성이 있다는 뜻이다.

이상한 고리 개념은 기계가 지능을 가질 수 없다는 주장을 정면으로 반박한 것이었기 때문에 『괴델, 에셔, 바흐』는 인공지능의 가능성을 특이한 시각에서 적극적으로 옹호한 저서로 평가되었다.

호프스태터는 한국어판 서문에서 "나와 한국어 독자 여러분도 괴델과 에셔 그리고 바흐가 엮어놓은 영원한 황금 노끈으로 서로의 인연을 묶은 것입니다"라고 하면서 "내가 설치해놓은 미시세계의 정교한 구조물과 루이스 캐럴의 알쏭달쏭한 환상 세계를 공감하면서 이 책의 여러 곳에 나오는 형식과 내용 사이의 긴장과 해소, 수학적 엄정성과 문학적 익살 사이의 미묘한 조화를 집요하게 추적해가면서 읽어주시기 바랍니다"라고 당부한다. 그의 인사말은 다음 문장으로 끝난다.

"자! 이제, 구하십시오, 그러면 찾을지니Quaerendo invenietis!."

참고문헌

- 『사람과 컴퓨터』(이인식, 까치, 1992)

- 『괴델Gödel』(존 캐스티, 몸과 마음, 2002)

- *Metamagical Themas*, Douglas Hofstadter, Basic Books, 1985

- *Fluid Concepts And Creative Analogies*, Douglas Hofstadter, Basic Books, 1995

- *I Am a Strange Loop*, Douglas Hofstadter, Basic Books, 2007

- *Surfaces and Essences*, Douglas Hofstadter, Basic Books, 2013

17

생각하는 기계

이인식 지식융합연구소장

사람과 같은 수준의 지능을 가진 인공지능이
나오려면 수십 년은 더 기다려야 할 것이다.

데미스 허사비스

생각하는 기계
토비 월시 지음
이기동 옮김
프리뷰

1

2016년 3월 인공지능 바둑 프로그램인 알파고AlphaGo가 이세돌 9단과의
5번기에서 4승 1패로 압승함에 따라 한국사회는 물론 온 세계가 충격의 소
용돌이에 빠졌다.

인공지능은 사람이 지식과 경험을 바탕으로 하여 새로운 상황의 문제를
해결하는 능력, 방대한 자료를 분석하여 스스로 의미를 찾는 학습 능력, 시
각 및 음성인식 등 지각 능력, 자연언어를 이해하는 능력, 자율적으로 움직
이는 능력을 컴퓨터로 실현하는 분야이다. 한마디로 인공지능은 사람처럼

생각하고 느끼며 움직일 줄 아는 기계를 개발하는 컴퓨터과학이다.

인공지능은 상반된 두 가지 방식, 곧 상향식과 하향식으로 접근한다. 하향식 또는 계산주의computationalism는 컴퓨터에 지능과 관련된 규칙과 정보를 저장하고 컴퓨터가 외부 환경에서 감지한 정보와 비교하여 스스로 의사결정을 하도록 한다. 1956년 미국에서 인공지능이 독립된 연구분야로 태동한 이후 하향식 방법을 채택했으나 1960년대 후반 한계가 드러났다. 1970년대 말엽에 인공지능 이론가들이 뒤늦게 깨달은 사실은 컴퓨터가 지능을 가지려면 가급적 많은 지식을 보유하지 않으면 안된다는 것이었다. 20여년의 시행착오 끝에 얻은 아주 값진 교훈이었다. 이런 발상의 전환에 힘입어 성과를 거둔 결과는 전문가 시스템expert system이다. 의사나 체스 선수처럼 특정 분야 전문가들의 문제 해결 능력을 본뜬 컴퓨터 프로그램이다.

하향식은 2011년 2월 미국 TV 퀴즈쇼에서 퀴즈왕들에게 완승을 거둔 왓슨Watson처럼 전문가 시스템 개발에는 성과를 거두었지만 보통 사람들이 일상생활에서 겪는 문제를 처리하는 능력을 프로그램으로 실현하는 데는 한계를 드러냈다. 아무나 알 수 없는 것(전문지식)은 소프트웨어로 흉내내기 쉬운 반면에 누구나 알고 있는 것(상식)은 그렇지 않다는 사실이 밝혀진 셈이다. 왜냐하면 전문지식은 단기간 훈련으로 습득이 가능하지만 상식은 살아가면서 경험을 통해 획득한 엄청난 규모의 지식을 차곡차곡 쌓아놓은 것이기 때문이다. 하향식의 이런 한계 때문에 1980년대 후반부터 상향식이 주목을 받았다.

상향식 또는 연결주의connectionism는 신경망neural network으로 접근한다. 사람의 뇌 안에서 신경세포(뉴런)가 정보를 처리하는 방식을 모방하여 설계된 컴퓨터 구조를 신경망이라고 한다. 따라서 신경망 컴퓨터는 사람 뇌처럼 학습과 경험을 통해 스스로 지능을 획득해가는 능력을 갖게 된다. 이른바 기계학습machine learning 분야에서 상향식이 하향식보다 유리한 것도 그 때문이다. 기계학습은 주어진 데이터를 반복적으로 분석하여 의미를 찾고 미래를 예측하는 인공지능이다.

신경망 연구는 21세기 들어 획기적인 성과를 내놓기 시작한다. 2006년 캐나다의 컴퓨터 과학자인 제프리 힌튼Geoffrey Hinton(1947~)이 딥러닝deep learning의 결작품으로 여겨지는 심층신경망DNN, Deep Neural Network을 선보였기 때문이다.

딥러닝은 신경망 이론을 바탕으로 설계된 기계학습 분야의 하나이다. 딥러닝은 여러 차례 뛰어난 기계학습 능력을 과시했다. 2012년 6월 구글의 딥러닝 프로젝트인 구글 브레인Google Brain은 컴퓨터가 스스로 고양이를 식별하도록 학습시키는 데 성공했다. 컴퓨터 프로세서 16,000개와 10억 개 이상의 신경망을 사용하여 유튜브에 있는 1,000만 개 이상 동영상 중에서 고양이 사진을 골라낸 것이다.

2015년 5월 출시된 딥러닝 소프트웨어인 구글포토Google Photos는 스마트폰 속의 수천 장 사진을 자동으로 분류하는 응용프로그램(앱)이다. 구글의 데미스 허사비스Demis Hassabis(1976~)가 개발한 알파고 역시 사람 뇌의 학습능력을 본뜬 딥러닝 소프트웨어이다.

오늘날 인공지능은 인간 지능의 특정 부분을 제각각 실현하고 있지만, 인간 지능의 모든 기능을 한꺼번에 수행하는 기계는 아직 갈 길이 멀다. 이른바 인공일반지능AGI, artificial general intelligence은 하향식과 상향식이 결합해야만 실현될 전망이다. 인공일반지능 기계는 다름 아닌 사람처럼 생각하는 기계이다. 그런 기계는 데미스 허사비스의 말처럼 "수십 년은 더 기다려야" 개발될 것으로 전망된다.

2

2016년 1년 내에 한국사회는 거의 모든 국민이 인공지능에 관심을 갖지 않을 수 없는 상황이었다. 전문가의 연구 주제인 인공지능이 일반 대중의 입에 오르내리게 된 이유는 두 가지이다.

하나는 1월에 제46차 다보스 포럼 연례 총회에서 처음으로 국제적 화두로 제안된 4차 산업혁명의 핵심기술이 인공지능으로 알려졌기 때문이다. 4차 산업혁명은 그 후로 지속적으로 한국사회의 미래가 걸린 패러다임인 것처럼 정치인 · 언론인 · 경제인의 인구에 회자되었다.

인공지능이 한국사회를 송두리째 뒤흔들어놓은 두 번째 계기는 물론 3월에 서울에서 열린 알파고와 이세돌 9단의 5번기 결과이다.

한편 2016년에 미국에서 9월, 10월, 12월에 각각 주목할 만한 인공지능 관련 보고서가 발간되었다. 9월에 스탠퍼드 대학은 「2030년 인공지능과 생활Artificial Intelligence and Life in 2030」을 발표했고, 미국 백악관은 10월에 「인공지능의 미래를 위한 준비Preparing for the Future of Artificial Intelligence」를, 12월에 「인공지능, 자동화, 경제Artificial Intelligence, Automation and the Economy」를 펴냈다.

2014년 가을 스탠퍼드 대학은 '인공지능에 관한 100년간 연구One Hundred Year Study on Artificial Intelligence(AI 100)'를 시작했다. 그러니까 AI 100 프로젝트는 100년 뒤인 2114년까지 지속되는 연구이다. AI 100 프로젝트는 2016년 9월 그 첫 번째 성과물로 「2030년 인공지능과 생활」이라는 보고서를 펴낸 것이다. AI 100보고서는 5년마다 수정 · 보완될 예정이다.

「2030년 인공지능과 생활」은 15년 뒤인 2030년까지 인공지능의 발전과 이에 따른 사회적 충격을 분석한다. 미국의 전형적인 도시를 중심으로 △교통, △가사 및 서비스 로봇, △ 건강관리(헬스케어), △교육, △빈곤지역(low-resource community), △공공의 안전 및 보안, △고용 및 직장, △엔터테인먼트 등 8개의 영역에서 인공지능이 수백만 명의 일상생활에 미치는 영향을 전망한다.

「2030년 인공지능과 생활」 보고서는 "언론에서 인공지능의 미래를 환상적으로 예측하는 것과는 달리 인공지능이 인류에게 즉각적인 위협이 될 것이라고 볼 만한 이유를 찾아내지 못했다"면서 "만일 사회가 공포와 의심으로 인공지능에 접근하면 인공지능의 발전을 늦추는 빌미가 되어 결국 인공지능 기술의 안전과 신뢰도를 확보할 수 없게 될 것"이라고 우려를 표명한다.

한국사회에서는 인공지능을 4차 산업혁명의 핵심기술로 여기고 있지만 2030년 인공지능의 산업 측면을 다룬 이 보고서에서는 4차 산업혁명이라는 단어를 단 한 번도 사용하지 않고 있다.

미국 백악관은 2016년 10월과 12월에 각각 인공지능 보고서를 발간했다. 10월에 백악관 직속 국가과학기술위원회NSTC가 발표한 「인공지능의 미래를 위한 준비」는 "인공지능기술의 발전은 보건 · 교육 · 에너지 · 환경과 같은 핵심적인 영역에서 새로운 시장과 새로운 발전 기회를 제공하고 있다"면서, 인공특수지능ASI, artificial specialized intelligence은 특정 분야에서 인간의 능력을 앞서고 있지만 인공일반지능AGI은 "향후 20년, 곧 2035년까지 실현될 가능성이 거의 없다"고 전망한다.

이어서 12월에 미국 대통령실EOP이 펴낸 「인공지능, 자동화, 경제」는 인공지능 기반 자동화가 미국의 노동시장과 경제에 미칠 파급효과를 심층 분석하고 미국 정부의 정책적 대응에 필수적인 전략을 제시한다.

미국 백악관의 「인공지능의 미래를 위한 준비」는 58쪽, 「인공지능, 자동화, 경제」는 55쪽의 짧지 않은 보고서이지만, 한국에서 인공지능에 의해 초래되는 불가피한 사회 변화처럼 여기는 4차 산업혁명이라는 단어가 두 번째 보고서(7쪽)에 다보스 포럼을 언급한 대목에서 딱 한 번 나올 따름이다.

이런 맥락에서 2017년 7월에 펴낸 미래산업 관련 저서에 『4차 산업혁명은 없다』는 제목을 붙이게 된 것이다.

세계 첨단기술의 요람인 미국에서 통용되지 않는 개념이 한국사회에서는 대통령 · 국회의원 · 장관 · 교수 · 사회명사의 입, 공영방송의 텔레비전 화면, 유력언론의 경제면에 시도 때도 없이 오르락내리락 하는 이유가 뭘까.

3

기계학습 바둑 프로그램 알파고가 이세돌 9단을 몰아세우는 장면을 목격한 사람들은 인공지능에 두려움을 느낌과 동시에 궁금증을 가질 법도 하다. 특히 인공지능 찬반 논쟁에 관심이 많은 대학생들에게 견해를 달리하는 두 권의 명저를 추천하고 싶다. 먼저 인공지능의 가능성을 지지하는 대표적 저서로는 미국의 인지과학자인 더글러스 호프스태터Douglas Hofstadter(1945~)가 1979년에 펴낸 『괴델, 에셔, 바흐Gödel, Escher, Bach』가 손꼽힌다.

수학자(괴델), 화가(에셔), 작곡가(바흐)의 위대한 업적을 한데 묶어서 인간의 의식이 뇌에서 발생하는 이유를 설명하고, 뇌가 떠받들고 있는 마음에서 의식이 창발emergence하는 것처럼 컴퓨터 역시 하드웨어의 지원을 받는 소프트웨어에서 의식을 만들어낼 수 있다고 주장한다. 요컨대 기계가 의식을 얼마든지 가질 개연성이 있다는 뜻이다.

기계가 지능을 가질 수 있다고 확신하는 사람들에게 가장 강력한 공격을 퍼부은 책은 영국의 물리학자인 로저 펜로즈Roger Penrose(1931~)가 1989년에 출간한 『황제의 새 마음The Emperor's New Mind』이다. 펜로즈는 인지과학자들이 일반적으로 동의하고 있는 의식의 개념조차 인정하지 않는다. 게다가 사람 뇌에 의해 수행되는 모든 행동에 의식적인 사고가 반드시 필요한 것도 아니라고 주장한다. 이 책에서 펜로즈는 의식이 뇌세포에서 발생하는 양자역학적 현상에 의해 생성되기 때문에 인공지능의 주장처럼 컴퓨터로 사람 마음을 결코 복제할 수 없다고 강조한다. 그의 독창적인 양자의식quantum consciousness 이론은 신경과학자들로부터 마음의 수수께끼를 풀기는커녕 오히려 신비화시켰다는 비난과 함께 조롱까지 당했으나 대중적으로 주목을 받아 그의 난해한 저서가 뜻밖에도 세계적인 베스트셀러가 되는 행운을 누렸다. 물론 우리나라는 제외하고.

인공지능에 대해 극적으로 상반되는 두 권의 명저는 1992년 2월에 펴낸 『사람과 컴퓨터』에 〈괴델, 호프스태터, 펜로즈〉(437~469쪽)라는 제목으로 나란히 소개했다.

인공지능에 관한 전문 서적은 1992년부터 지속적으로 출간되고 있지만 2006년 딥러닝 출현을 계기로 신경망 이론을 다룬 책들도 인기를 끌고 있다. 딥러닝에 관심을 가진 초심자들에게는 2015년 일본의 전문가가 펴낸 『인공지능과 딥러닝』을 추천하고 싶다. 이 책은 인공지능의 개념, 역사, 딥러닝을 일본 저자들 특유의 실용적 안목으로 설명하고 있어 잘 읽히는 미덕이 있다.

기계학습에 대해 관심이 있는 독자라면 미국의 페드로 도밍고스Pedro Domingos가 2015년 9월에 펴낸 『마스터 알고리즘The Master Algorithm』을 강추한다.

인공지능이 인류의 미래에 미칠 영향에 관심이 많은 엔지니어에게는 2017년에 호주의 인공지능 전문가인 토비 월시Toby Walsh(1964~)가 출간한 『생각하는 기계Machines That Think』가 큰 도움이 될 것 같다. 월시는 2018년 6월에 카이스트 주최로 서울에서 열린 인공지능 세미나에서 "인공지능 무기는 핵만큼이나 인류 생존을 위협할 수 있다"고 발언하여 화제가 되기도 했다.

참고문헌

- 『사람과 컴퓨터』 (이인식, 까치, 1992)

- 『자연주의적 유신론』 (소홍렬, 서광사, 1992)

- 『인공지능의 철학』 (이초식, 고려대출판부, 1993)

- 『심리철학과 인지과학』 (김영정, 철학과현실사, 1996)

- 『황제의 새 마음The Emperor's New Mind』 (로저 펜로즈, 이화여대출판부, 1996)

- 『인공지능 이야기The Cambridge Quintet』 (존 카스티, 사이언스북스, 1999)

- 『괴델, 에셔, 바흐Gödel, Escher, Bach』 (더글러스 호프스태터, 까치, 1999)

- 『특이점이 온다The Singularity Is Near』 (레이 커즈와일, 김영사, 2007)

- 『창조의 순간The Creative Mind』 (마거릿 보든, 21세기북스, 2010)

- 『마음의 아이들Mind Children』 (한스 모라벡, 김영사, 2011)

- 『몸의 인지과학The Embodied Mind』 (프란시스코 바렐라, 김영사, 2013)

- 『제2의 기계시대The Second Machine Age』 (에릭 브린욜프슨·앤드루 맥아피, 청림출판, 2014)

- 『마음의 미래The Future of the Mind』 (미치오 카쿠, 김영사, 2015)

- 『인공지능과 딥러닝』 (마쓰오 유타카, 동아엠엔비, 2015)

- 「인공지능, 어디까지 발전할까」 (이인식,《월간조선》, 2016년 4월호)

- 『앨런 튜링The Imitation Game』 (짐 오타비아니, 푸른지식, 2016)

- 『인간 vs 기계』 (김대식, 동아시아, 2016)

- 『마스터 알고리즘The Master Algorithm』 (페드로 도밍고스, 비즈니스북스, 2016)

- 『지능의 탄생』 (이대열, 바다출판사, 2017)

- 『슈퍼인텔리전스Superintelligence』 (닉 보스트롬, 까치, 2017)

- 『4차 산업혁명은 없다』 (이인식, 살림, 2017)

- 『인공지능의 시대, 인간을 다시 묻다』 (김재인, 동아시아, 2017)

- 『라이프 3.0 Life 3.0』 (맥스 테그마크, 동아시아, 2017)

- 『딥러닝 제대로 정리하기』 (카미시마 토시히로, 제이펍, 2018)

- 『트랜스휴머니즘To Be A Machine』 (마크 오코널, 문학동네, 2018)

- 『인공지능의 존재론』 (이중원 엮음, 한울아카데미, 2018)

18

창조의 순간

이인식 지식융합연구소장

창조의 순간
마거릿 A. 보든 지음
고빛샘 외 옮김
21세기북스

컴퓨터를 통해 창의성을 구현하는데 성공하든 실패하든, 그 시도의 결과는 인간의 창의성을 이해하는 데 많은 도움을 줄 것이다.

마거릿 보든

1

사람처럼 생각하는 기계를 개발하는 인공지능의 획기적인 발전으로 음악을 작곡하거나 그림을 그리는 로봇예술가가 출현함에 따라 인공창의성artificial creativity이 대중적 관심사가 되고 있다. 인공창의성 또는 계산 창의성computational creativity은 사람의 창의성을 본뜬 컴퓨터 프로그램을 개발하는 인공지능 연구 분야이다. 인공창의성은 컴퓨터 과학, 인지심리학, 예술이 융합하는 학제간 연구이다.

인공창의성 분야를 개척한 인물은 영국의 인지심리학자인 마거릿 보든Margaret Boden(1936~)이다. 1990년에 펴낸 『창조의 순간The Creative Mind』에서 인간의 창의성이란 무엇인지, 그리고 컴퓨터를 통해 인간의 창의성을 어떻게 이해할 수 있는지 설명하고 있다.

보든은 "창의성이란 '새롭고, 놀랍고, 귀한' 아이디어나 물건을 창조하는 능력을 뜻한다"면서 "창의성은 때로 익숙한 아이디어를 익숙하지 않은 방법으로 조합하는 것일 수도 있다. 또는 인간 머릿속의 개념 공간conceptual space에 대한 탐색과 변형일 수도 있다"고 주장한다. 요컨대 창의성에는 조합적combinational 창의성, 탐색적exploratory 창의성, 변형적transformational 창의성의 세 종류가 있다는 것이다.

보든은 조합적 창의성이 가장 뛰어난 컴퓨터 프로그램으로 JAPE를 소개한다. 1996년에 개발된 JAPE는 8세 아동 수준의 말장난을 만들어내는 농담 프로그램인데, 단순한 언어유희를 뛰어넘어 일시에 좌중의 배꼽을 잡게 만들 정도의 농담을 던지지는 못한다.

보든은 탐색적 창의성을 보여준 컴퓨터 프로그램으로 아론Aaron과 에미EMI를 손꼽는다.

아론은 1973년 영국의 추상파 화가인 해럴드 코언Harold Cohen(1928~2016)이 개발한 컴퓨터 화가이다. 일단 프로그램이 동작을 개시하면 아론이 모든 것을 결정한다. 아론은 두 종류의 지식을 보유하고 있다. 하나는 외부 세계의 대상에 대한 지식이고, 다른 하나는 이런 지식을 사용하여 그림을 그리는 방략에 관한 지식이다. 아론이 그림을 그리는 과정에서 두 종류의 지식은 끊임없이 상호작용한다. 말하자면 아론은 코언이 화가로서 얻은 경험에서 도출된 규칙으로 구성된 일종의 전문가 시스템expert system이다. 코언이 『구약성서』에 나오는 아론의 이름을 차용한 이유가 흥미롭다. 선지자 모세보다 세 살 위인 아론은 어눌한 동생을 대신하여 야훼가 모세에게 명령한 모든 말씀을 이스라엘 백성에게 전달하는 대변인 역할을 한다(〈출애굽기〉 4:14~16). 코언은 아론이 그가 만든 규칙에 의해 그림을 그리기 때문에 아론이 모세의 대변자인 것처럼 아론을 자신의 대리인으로 비유한 것이다. 미국의 인공지능 저술가인 파멜라 맥코덕Pamela McCorduck(1940~)이 1991년에 펴낸『아론의 부호Aaron's Code』에서 언급한 것처럼 "코언은 아론의 부호 한 줄 한 줄을 작성하면서 르네상스적인 방식으로 과학이 예술에 이바지하도록 한다." 아론은 인간의 예술적 창의성과 컴퓨터 기술을 융합한 최초의 걸작품으로 평가된다.

에미는 '음악적 지능의 실험Experiments in Musical Intelligence'을 뜻하는 약자이다. 미국의 작곡가인 데이비드 코프David Cope(1941~)가 41세 되는 1982년부터 15년간 10만 줄의 컴퓨터 부호를 작성하는 노력 끝에 완성한 에미는 퍼스널 컴퓨터에 사용되는 프로그램이지만 바흐, 비발디, 모차르트의 교향곡과 같은 음악을 작곡할 수 있다. 가령 에미는 모차르트가 작곡한 교향곡 41개를 분석하여 42번째 교향곡을 만들었다. 모차르트 사후 200여 년이 지나서 그가 부활하여 신곡을 발표한 듯한 착각을 불러일으킬 정도였다.

아론과 에미의 성공은 컴퓨터 프로그램의 창조적인 능력, 곧 인공창의성에 대해 논란을 일으켰다. 보든은 컴퓨터가 절대로 창의적일 수 없다고 주장하는 사람들의 논리적 근거를 다음과 같이 소개한다.

컴퓨터가 내놓는 결과물은 프로그래머의 창의성 덕분이지 기계의 창의성에 힘입은 것이 아니다. 기계는 의식도 없고 욕구나 선호도 없으며 가치를 평가하지도 못한다. 따라서 스스로 만들어낸 작품을 감상하거나 자신의 실행 능력을 평가할 수 없다. 예술작품은 인간의 경험이나 인간 사이의 소통 경험을 표현해낸 것이기에 그것을 대신한다는 것은 어불성설이다.

2

컴퓨터 프로그램으로 예술을 창조하고 감상하는 인간의 정신과정을 따라 잡는 것은 불가능할지 모른다. 왜냐하면 사람이 예술을 대할 때 마음속의 수많은 개념과 경험이 대부분 무의식적으로 미묘하게 연합되기 때문이다. 그러나 마음의 연합과정을 부분적으로 본뜬 컴퓨터 프로그램이 개발되어 인공창의성 연구에 돌파구가 되었다.

미국의 인지과학자인 더글러스 호프스태터Douglas Hofstadter(1945~)는 1979년에 출세작인 『괴델, 에셔, 바흐Gödel, Escher, Bach』를 펴내고 마음의 창조적 과정에서 일어나는 연합과정을 연구하기 위해 1990년에 카피캣Copycat을 개발했다. 흉내쟁이를 의미하는 카피캣은 유추analogy 능력을 가진 컴퓨터 프로그램이다. 유사한 점을 찾아내서 다른 사물을 미루어 추측하는 것을 유추라 한다.

호프스태터가 유추능력에 관심을 가진 까닭은 유추가 예술과 과학에서 창조적 능력의 가장 공통된 원천이기 때문이다. 많은 과학적 통찰력은 '심장은 기본적으로 펌프와 유사하다'는 표현처럼 강력한 유추의 형태로 나타난다. 예술가들에게 유추는 상상력의 한계를 뛰어넘는 수단이 된다. 가령 시인은 '달은 하늘 위에서 흔들거리는 유령선이다'라는 표현처럼 유추를 이용하여 전혀 관계가 없는 개념을 연결시킨다.

그러나 카피캣의 유추 능력은 제한되어 있다. 알파벳 연속체 사이의 유추에 국한되기 때문이다. 카피캣에게 'abc가 abd로 바뀌면 pqr은 무엇으로 바뀌는가' 하고 물으면 대부분의 사람들처럼 'pqs'라고 대답한다. 이어서 'xyz는 무엇으로 바뀌는가'라고 물으면 놀랍게도 'wyz'라는 답을 내놓는다. 보통 사람들은 대개 'xyd'라고 대답하기 때문에 카피캣의 유추능력은 놀라운 것이 아닐 수 없다.

카피캣이 wyz라는 답을 내놓은 추리 과정은 흥미롭다. abc와 xyz는 알파벳의 시작과 끝이다. d는 c의 다음이지만 z의 다음 글자는 없다. 그러므로 정상적으로는 정답이 없다.

카피캣은 c와 d의 관계에 주목한다. d는 알파벳의 첫 글자에서 앞으로 나아가는 순서(ab)에서 c의 다음에 오는 글자이다. 그렇다면 알파벳의 끝 글자에서 뒤로 가는 순서(yz)에서 x 다음에 오는 글자는 무엇인가. 그것은 w이다.

호프스태터가 카피캣을 개발한 목적은 예술가의 창조적 능력을 모방하는 데 있지 않고, wyz라는 답을 내놓는 것처럼 창조성에 필수적인 사고의 유동성을 보여주는 것이다. 카피캣이 알파벳 연속체를 판단하는 기능은 그림이나 음악을 평가하는 것과는 물론 거리가 멀다. 그러나 카피캣은 컴퓨터 프로그램이 유추에 의해 미적 판단을 할 가능성이 있음을 보여준다. 이러한 맥락에서 호프스태터는 사람의 뇌에 필적할 만한 성능을 가진 컴퓨터가 개발되면 사람의 창조적 사고 과정을 컴퓨터 프로그램으로 모방할 수 있다고 확신한다.

호프스태터는 이러한 생각을 1995년에 펴낸 『유동적 개념과 창조적 유추Fluid Concepts and Creative Analogies』에 이론으로 체계화했으며, 보든도 2004년에 『창조의 순간』 개정판을 내면서 카피캣에 관한 설명을 추가했다.

아론의 한계를 뛰어넘으려는 시도는 생물이 진화하는 과정을 프로그램에 응용하는 진화예술evolutionary art의 형태로 나타난다. 대표적인 성과는 뮤테이터Mutator와 멜로믹스Melomics가 손꼽힌다.

영국의 조각가인 윌리엄 래덤William Latham(1961~)이 1992년에 선보인 뮤테이터는 '돌연변이 유발 유전자', 곧 다른 유전자의 돌연변이를 일으키는 유전자를 뜻한다. 래덤은 수정란이 두 개의 딸세포로 분열되는 단순한 과정을 반복하여 복잡한 형태의 성체가 되는 메커니즘에서 영감을 얻고 이런 세포분열 과정을 이용하여 그림을 그리는 프로그램을 개발했다. 요컨대 뮤테이터는 한 개의 간단한 그림으로 시작하여 인간의 상상력을 뛰어넘는 기묘한 모양을 그려낸다.

스페인 과학자들이 개발한 멜로믹스는 '선율의 유전체학genomics of melo-dies'을 뜻한다. 생물의 발생 과정을 본뜬 멜로믹스는 사람의 도움 없이 작곡할 수 있다. 2011년 10월 멜로믹스로 작곡된 음반인 이아머스Iamus가 발표되었다. 이아머스는 2012년 7월 런던 교향악단이 연주하여 '컴퓨터가 작곡하고 교향악단이 연주한 최초의 음악 작품'으로 자리매김했다.

뮤테이터와 멜로믹스는 생물 진화에 의한 변형을 통해 스스로 창작했다는 측면에서 아론의 한계를 뛰어넘었다고 할 수 있다. 하지만 사람처럼 자신의 창작 과정을 심미적 기준으로 평가하는 능력을 갖고 있지 않기 때문에 컴퓨터는 결코 인간의 창조성을 본뜰 수 없다는 주장도 여전히 설득력을 갖게 된다.

그러나 전문가 시스템, 진화예술에 이어 2006년부터 기계학습machine

learning이 인공창의성의 세 번째 접근방법으로 활용되면서 컴퓨터는 인간의 고유영역으로 여겨졌던 창작 활동에도 도전하는 위협적인 존재가 되었다. 기계학습은 주어진 데이터를 반복적으로 분석하여 의미를 찾고 미래를 예측하는 인공지능 분야이다. 2006년 인공지능 역사에 혁명적 변화를 몰고 온 딥러닝deep learning이 발표됨에 따라 인공창의성 분야도 괄목할 만한 성과를 내게 된다. 딥러닝은 사람의 뇌처럼 학습과 경험을 통해 스스로 지능을 획득하는 기계학습 기법이다.

딥러닝 기술이 인공창의성에 활용된 대표적인 사례는 딥 드림DeepDream, 넥스트 렘브란트The Next Rembrandt 프로젝트, 마젠타Magenta 프로젝트이다.

2015년 7월 구글이 발표한 딥 드림 프로그램은 딥러닝 기법으로 기존의 그림들을 학습시켜 똑같은 그림을 여러 화가의 작품처럼 변환할 수 있을 뿐만 아니라 다양한 이미지를 재해석하고 합성하여 추상화로 그려낸다.

2016년 4월 공개된 넥스트 렘브란트 프로젝트는 마이크로소프트가 네덜란드의 렘브란트미술관, 델프트 공과대학과 함께 18개월 동안 진행한 인공창의성 작업이다. 17세기 최고의 화가인 렘브란트의 초상화 작품 346점을 딥러닝 기술로 분석하고 렘브란트의 화풍을 그대로 재현한 그림을 생성하여 3차원 프린터로 출력한 것이다. 전문가들도 이런 그림을 보고 렘브란트의 진짜 작품으로 착각할 정도인 것으로 알려졌다.

구글은 2016년 6월 예술을 창작하는 인공지능 프로젝트인 마젠타를 공개했다. 기계학습으로 작곡된 80초짜리 피아노곡을 마젠타 프로젝트의 첫 결과물로 함께 발표하였다.

2016년 8월 10일 경기도 수원에서 경기필하모닉 오케스트라가 에밀리하월Emily Howell이 작곡한 교향곡을 연주하여 관객을 매료시켰다. 에밀리 하월은 데이비드 코프가 개발한 컴퓨터 프로그램이다. 2009년 2월에 에밀리 하월의 작품이 실린 첫 음반이 발표되었다.

에밀리 하월이 작곡한 '모차르트 이후의 교향곡 1악장'의 연주를 듣고 관객의 35%가 모차르트 교향곡보다 더 아름다웠다고 응답한 것으로 나타났다.

에밀리 하월은 인류 역사상 손꼽히는 천재 음악가인 모차르트의 작품을 연상시킬 정도로 놀라운 작곡 솜씨를 발휘함에 따라 인공지능이 작곡하는 음악의 가능성을 보여준 셈이다. 물론 사람의 창조적 사고 과정을 그대로 본 뜬 컴퓨터 프로그램의 개발이 가능할지 여부는 두고 볼 일이다. 그러나 컴퓨터가 그리거나 작곡한 것들이 예술가의 작품만큼 인간의 용기, 사랑, 지혜 또는 고통을 제대로 표현하지 못한다고 해서 무시해서는 안 될 것 같다.

마거릿 보든의 표현을 빌리면 "컴퓨터에 의해 만들어졌다는 이유만으로 거부하면 우리는 흥미롭고 아름다운 수많은 작품을 잃게 될 것"이다. 컴퓨터가 창조한 그림, 음악, 소설이 예술가의 작품 못지않게 우리의 삶을 풍요롭게 해주지 말란 법이 없을 테니까.

참고문헌

- 〈모차르트의 42번 교향곡〉, 『제2의 창세기』 (이인식, 김영사, 1999)
- 『미학의 뇌 The Aesthetic Brain』 (안잔 채터지, 프린트 아트 리서치 센터, 2018)
- *Aaron's Code*, Pamela McCorduck, Freeman, 1991

4장

인간과 기계의 경계를 허물다

19

뇌의 미래

이인식 지식융합연구소장

컴퓨터 조작, 자동차 운전 그리고 사람들 사이의 소통이 생각만으로 이루어지는 세상에 살고 있다고 상상해보자.

미겔 니코렐리스

뇌의 미래
미겔 니코렐리스 지음
김성훈 옮김
김영사

1

2009년 개봉된 할리우드 영화 「아바타Avatar」는 주인공의 생각이 아바타(분신)의 몸을 통해 그대로 행동으로 옮겨지는 장면을 보여준다. 뇌를 기계 장치에 연결하여 손을 사용하지 않고 생각만으로 제어하는 기술은 뇌-기계 인터페이스BMI, brain-machine interface라고 한다.

BMI는 두 가지 접근방법이 있다. 하나는 뇌의 활동 상태에 따라 주파수가 다르게 발생하는 뇌파를 이용하는 방법이다. 먼저 머리에 띠처럼 두른 장치로 뇌파를 모은다. 이 뇌파를 컴퓨터로 보내면 컴퓨터가 뇌파를 분석하여 적절한 반응을 일으킨다. 컴퓨터가 사람의 마음을 읽어서 스스로 작동하는 셈이다.

다른 하나는 특정 부위 신경세포(뉴런)의 전기적 신호를 이용하는 방법이다. 뇌의 특정 부위에 미세전극이나 반도체 칩을 심어 뉴런의 신호를 포착한다.

BMI 기술은 초창기부터 두 가지 방법이 경쟁적으로 연구 성과를 쏟아냈다.

1998년 3월 최초의 BMI 장치가 선보였다. 미국의 신경과학자인 필립 케네디Phillip Kennedy가 만든 이 BMI 장치는 뇌졸중으로 쓰러져 목 아래 부분이 완전히 마비된 환자의 두개골에 구멍을 뚫고 이식되었다. 케네디의 BMI 장치에는 미세전극이 한 개 밖에 없었지만 환자는 생각하는 것만으로 컴퓨터 화면의 커서를 움직이는 데 성공했다. 케네디와 환자의 끈질긴 노력으로 BMI 실험에 최초로 성공하는 기록을 세운 것이다.

1999년 2월 독일의 신경과학자인 닐스 비르바우머Niels Birbaumer는 몸이 완전 마비된 환자의 두피에 전자장치를 두르고 뇌파를 활용하여 생각만으로 1분에 두 자 꼴로 타자를 치게 하는 데 성공했다.

1999년 6월 브라질 출신의 미국 신경과학자인 미겔 니코렐리스Miguel Nicolelis(1961~)는 케네디의 환자가 컴퓨터 커서를 움직이는 것과 똑같은 방식으로 생쥐가 로봇 팔을 조종할 수 있다는 실험 결과를 내놓았다. 이어서 2000년 10월 니코렐리스는 부엉이원숭이를 상대로 실시한 BMI 실험에 성공했다. 원숭이 뇌에 머리카락 굵기의 가느다란 탐침 96개를 꽂고 원숭이가 팔을 움직일 때 뇌의 신호를 포착하여 이 신호로 로봇 팔을 움직이게 한 것이다. 또 원숭이 뉴런의 신호를 인터넷으로 약 1,000km 떨어진 장소로 보내서 로봇 팔을 움직이는 실험에도 성공했다. BMI 기술로 영화 「아바타」에서처럼 멀리 떨어진 곳의 기계장치를 원격 조작할 수 있음을 보여준 셈이다.

2003년 6월 니코렐리스는 붉은털원숭이의 뇌에 700개의 미세전극을 이식하여 생각하는 것만으로 로봇 팔을 움직이게 하는 데 성공했다. 2004년 니코렐리스는 32개의 전극으로 사람 뇌의 활동을 분석하여 신체 마비 환자들에게 도움이 되는 BMI 기술 연구에 착수했다.

2004년 9월 미국의 신경과학자인 존 도너휴John Donoghue는 뇌에 이식하는 반도체 칩인 브레인게이트BrainGate를 개발했다. 팔·다리를 움직이지 못하는 청년의 뇌에 브레인게이트를 심어 생각만으로 컴퓨터 커서를 움직여 전자우편을 보내고 게임도 즐길 수 있게 하는 데 성공했다.

BMI 전문가들은 2020년이면 생각 신호thought signal로 조종되는 무인차량이 군사 작전에 투입될 것으로 전망한다. 가령 병사가 타지 않은 탱크를 사령부에 앉아서 생각만으로 운전할 수 있다는 것이다.

세계 최고 BMI 전문가인 니코렐리스 역시 이와 비슷한 전망을 내놓았다. 2011년 3월 펴낸 『뇌의 미래Beyond Boundaries(경계를 넘어서)』에서 니코렐리스는 "2020~2030년에 사람의 뇌와 각종 기계장치가 연결된 네트워크가 실현될 것"이라고 주장했다.

2

2014년 6월 12일 열린 2014 브라질 월드컵 개막전에서 브라질 대통령이나 축구영웅 펠레가 시축하지 않고 하반신이 마비된 29세의 브라질 청년이

외골격exoskeleton을 착용하고 걸어 나와 공을 찼다. 이 외골격은 뇌파로 제어되는 일종의 입는 로봇이다. 시축 행사는 니코렐리스가 이끄는 국제 공동 연구인 '다시 걷기 프로젝트Walk Again Project'에 의해 추진되었다. 니코렐리스는 시축 장면을 '브라질의 문샷moon shot', 곧 '달 탐사선 발사'라고 표현했다. 그는 자신이 개발한 기술로 조국의 영광스러운 장면이 연출되는 순간에 전율했을는지 모른다.

니코렐리스는 『뇌의 미래』에서 "인류는 생각만으로 제어되는 자신의 아바타를 이용하여 접근이 불가능하거나 위험한 환경, 예컨대 원자력 발전소나 심해, 우주 공간 또는 사람의 혈관 안에서 임무를 수행할 수 있다"고 전망했다. 이를 위해서는 뇌-기계-뇌 인터페이스BMBI 기술이 실현되어야 한다. BMBI는 사람 뇌에서 기계로 신호가 한쪽 방향으로만 전달되는 기술과는 달리 사람 뇌와 기계 사이에 양쪽 방향으로 정보가 교환된다.

니코렐리스는 BMBI가 실현되면 "듣지도, 보지도, 만지지도, 붙잡지도, 걷지도, 말하지도 못하는 수백만 명에게 신경기능을 회복시켜줄 것"이라고 주장했다. 니코렐리스는 『뇌의 미래』에서 뇌-기계-뇌 인터페이스 기술이 완벽하게 실현되면 인류는 궁극적으로 몸에 의해 뇌에 부과된 '경계를 넘어서는beyond boundaries' 세계에 살게 될 것이며 결국 사람 뇌를 몸으로부터 자유롭게 하는 놀라운 순간이 찾아올 것이라고 주장했다. 그리고 뇌가 몸으로부터 완전히 해방되면 사람의 뇌끼리 서로 연결되는 네트워크, 곧 뇌 네트brain-net가 구축되어 말을 하지 않고도 생각만으로 소통하는 뇌-뇌 인터페이스BBI, brain-brain interface 시대가 올 것이라고 내다보았다.

미국의 물리학자인 미치오 카쿠Michio Kaku(1947~)는 2014년 2월에 펴낸 『마음의 미래The Future of the Mind』에서 뇌 네트를 '마음 인터넷Internet of the mind'이라 부를 것을 제안했다.

BBI 기술이 쌍방향 소통 수단으로 실현되어 인류가 마음 인터넷으로 생각과 감정을 텔레파시telepathy처럼 실시간으로 교환하게 되면 미국의 이론 물리학자인 프리먼 다이슨Freeman Dyson(1923~)이나 영국의 로봇공학자인 케빈 워릭Kevin Warwick(1954~)이 일찌감치 꿈꾼 대로 2050년에 텔레파시 사회가 도래할 가능성이 갈수록 커지는 것 같다. 1997년 펴낸『상상의 세계Imagined Worlds』에서 다이슨은 21세기 후반 인류가 텔레파시 능력을 갖게 될 가능성을 언급했으며, 2002년 펴낸『나는 사이보그이다I, Cyborg』에서 워릭은 2050년 지구를 지배하는 사이보그들이 생각을 신호로 보내 의사소통하게 될 것이라고 주장했다.

3

인류가 텔레파시 능력을 갖게 될 가능성이 갈수록 커지고 있다. 2013년 뇌-뇌 인터페이스의 실현 가능성을 보여준 실험 결과가 세 차례 발표된 것이다.

첫 번째 실험결과는 듀크대학의 니코렐리스가 동물 뇌 사이에 BBI를 실현한 것이다. 온라인 국제학술지《사이언티픽 리포트Scientific Reports》2월 28일자에 실린 논문에서 니코렐리스는 "듀크대의 쥐와 브라질에 있는 쥐 사이에 인터넷을 통해 뇌를 연결하고 신호를 전달하는 실험에 성공했다"고 보고했다. 듀크대 쥐는 붉은빛을 보면 레버(지레)를 누르고, 브라질 쥐는 듀크대 쥐가 보내는 신호에 의해 뇌가 자극되면 레버를 누르게끔 훈련을 시켰다. BBI 실험을 10회 반복한 결과 일곱 번이나 브라질 쥐가 듀크대 쥐의 뇌 신호에 정확히 반응하여 레버를 눌렀다. 이는 두 생물의 뇌 사이에 신호가 전달되어 정확히 해석될 수 있음을 처음으로 보여준 역사적 실험이다.

두 번째 실험 결과는 미국 하버드대 의대의 유승식 교수와 고려대의 박신석 교수가 동물의 뇌와 사람 뇌 사이에 BBI를 실현한 것이다. 온라인 국제 학술지《플로스원PLOS ONE》4월 4일자에 실린 논문에서 유교수는 "사람의 뇌파를 초음파로 바꾸어 쥐의 뇌에 전달해 쥐꼬리를 움직이게 하는 실험에 성공했다"고 밝혔다. 머리에 뇌파를 포착하는 두건을 쓴 사람이 쥐의 꼬리를 움직여야겠다는 생각을 한다. 컴퓨터가 이때 발생하는 뇌파를 분석하여 초음파 신호로 바꾼다. 이 초음파 신호는 무선으로 공기를 통해 쥐의 뇌로 전송되었으며 약 2초 뒤 꼬리가 움직였다.

세 번째 실험 결과는 미국 워싱턴대 컴퓨터과학 교수인 라제시 라오Rajesh Rao와 심리학 교수인 안드레아 스토코Andrea Stocco가 사람과 사람 뇌 사이에 BBI를 실현한 것이다. 라오는 뇌파를 포착하는 두건을 쓰고 스토코는 경두개자기자극TMS, transcranial magnetic stimulation 헬멧을 착용했다. TMS는 두개골을 통해 자장을 뇌에 국소적으로 통과시켜 신경세포를 자극하는 기술이다.

인터넷으로 연결된 두 사람은 비디오 게임을 했다. 라오는 비디오 게임의 화면을 보면서 손을 사용하지 않고 단지 조작할 생각만 하는 역할을 맡았다. 이때 라오의 뇌파는 컴퓨터에 의해 분석되어 인터넷을 통해 스토코의 머리로 전송되었다. 스토코 머리의 TMS 헬멧은 라오가 보낸 뇌 신호에 따라 신경세포를 자극했다. 라오가 게임을 조작하려고 생각했던 그대로 스토코의 손이 움직여 키보드를 누르려 했다. 물론 스토코는 자신의 손이 움직이는 것을 사전에 알아차리지 못했다. 8월 12일의 이 실험은 사람 사이의 뇌끼리 정보를 전달할 수 있음을 최초로 보여준 역사적 사건이다.

2014년 격월간 《사이언티픽 아메리칸 마인드Scientific American Mind》 11~12월호에 기고한 글에서 라오와 스토코는 2013년 8월 12일의 실험이 아직 스토코의 생각이 라오에게 전달되는 쌍방향 BBI 수준은 아니지만, 머지 않은 장래에 복잡한 생각도 뇌에서 뇌로 직접 주고받게 될 것이라고 전망했다.

니코렐리스는 『뇌의 미래』의 머리말에서 "컴퓨터 조작, 자동차 운전 그리고 사람들 사이의 소통이 생각만으로 이루어지는 세상에 살고 있다고 상상해보자"면서 "그런 미래가 오면, 집에서 바다를 바라보며 편안한 의자에 앉아, 키보드를 치거나 입 한 번 뻥긋하지 않고 인터넷을 통해 전 세계 그 누구와도 자유로이 대화를 나눌 수 있게 될지도 모른다. 근육을 사용할 필요가 전혀 없다. 모든 것이 생각만으로 이루어지는 것이다."라고 전망했다.

뇌-뇌 인터페이스 기술이 쌍방향 소통 수단으로 실현되어 인류가 마음 인터넷으로 생각과 감정을 텔레파시처럼 실시간으로 교환하게 되면, 정녕 전화는 물론 언어도 쓸모없어지는 세상이 오고야 말 것인지.

참고문헌

- 『상상의 세계Imagined Worlds』 (프리먼 다이슨, 사이언스북스, 2004)
- 『나는 왜 사이보그가 되었는가I, Cyborg』 (케빈 워릭, 김영사, 2004)
- 『커넥톰, 뇌의 지도Connectome』 (승현준, 김영사, 2014)

- 『마음의 미래The Future of the Mind』 (미치오 카쿠, 김영사, 2015)

- *Brain-Computer Interfaces: Principles and Practice*, Jonathan Wolpaw, Oxford University Press, 2012

- *Brain-Computer Interfacing: An Introduction*, Rajesh Rao, Cambridge University Press, 2013

20

마음의 미래

이인식 지식융합연구소장

앞으로 인간의 의식은 육체에서 벗어나는 데 그치지 않고, 순수한 에너지 형태로 존재하며 우주공간을 자유롭게 떠돌아다닐지도 모른다. 이것이야말로 인간이 상상할 수 있는 궁극의 꿈이다.

미치오 카쿠

마음의 미래   미치오 카쿠 지음   박병철 옮김   김영사

1

화성에 살고 있는 생명체는 아주 작은 물방울로 이루어진 구름이다. 물방울들은 물리적 접촉 대신 전장 및 자장에 의해 서로 정보를 교환한다. 전자기장이 근육과 신경 노릇을 하므로 수십 억개의 물방울이 마치 하나의 독립된 개체처럼 행동한다. 화성 생명체는 물을 찾아 지구로 날아온다. 화성인들은 5천년 동안 줄기차게 지구를 습격하여 마침내 식민지를 건설한다. 화성인과 지구인은 전쟁을 계속하여 둘다 멸종 위기를 맞는다. 장구한 세월이 흐른 뒤 새로운 형태의 인류가 출현한다. 놀랍게도 새 인류의 뇌 안에

는 화성인의 물방울이 자리 잡는다. 사람들은 뇌 세포 안의 물방울 덕분에 무선으로 뇌에서 뇌로 정보를 주고받는다. 인류가 화성의 생물체처럼 텔레파시telepathy 능력을 갖게 되는 것이다.

영국의 과학소설가인 윌리엄 올라프 스태플든William Olaf Stapledon(1886~1950)의 처녀 장편인 『최후이자 최초의 인간Last and First Men』의 줄거리이다. 1930년 출간된 이 소설은 21세기 과학의 주요 관심사인 인공지능, 생명공학, 신경공학, 정보기술, 우주 여행을 다루고 있어 과학적 상상력의 극치를 보여준 걸작으로 평가된다.

텔레파시(정신감응)는 두 사람 사이에 오감을 사용하지 않고 생각이나 감정을 주고받는 심령현상이다. 심령이란 마음속의 영혼, 곧 육체를 떠나서 존재한다고 여겨지는 마음의 주체이다. 심령현상은 영혼에 의해 나타나는 신비하고 불가사의한 정신 현상이다. 1882년 영국심령연구학회Society for Psychical Research가 창립되던 해에 창시자의 한 사람인 프레데릭 마이어스Frederic Myers(1843~1901)가 그리스어로 먼 거리tele와 느낌pathe을 뜻하는 단어를 합쳐 만든 용어로서 텔레파시는 '떨어진 곳에서 느끼기'라는 의미를 지닌다.

SPR 발족을 계기로 텔레파시가 과학적 연구 대상이 되면서 실험이 실시되었다. 초창기에는 방 안의 송신자가 다른 방의 수신자에게 두 자리의 숫자, 시각적 영상, 낱말 따위를 보내는 원시적 방법으로 텔레파시를 연구했다. 1930년 미국의 식물학자인 조세프 라인Joseph Rhine(1896~1980)이 듀크대학에서 심령연구를 하면서부터 텔레파시에 대한 궁금증이 서서히 밝혀지기 시작한다. 만일 심령현상을 과학의 주제로 삼아 연구하는 분야인 초심리학parapsychology이 텔레파시의 증거를 제시한다면 오늘날 과학이 자연의 본질과 인간의 능력에 대해 파악한 지식이 지극히 불완전한 것으로 판명될지도 모른다.

물론 초심리학은 텔레파시 능력을 아직 밝혀내지 못했다. 그러나 미국의 물리학자인 미치오 카쿠Michio Kaku(1947~)는 2014년에 펴낸 『마음의 미래The Future of the Mind』에서 "텔레파시는 서서히 다가오고 있다"고 주장했다. 그는 뇌와 뇌를 연결하는 뇌-뇌 인터페이스BBI, brain-brain interface를 이용하면 '마음 인터넷Internet of the mind'이라 불리는 뇌 네트brain-net를 구축할 수 있기 때문에 "미래에는 모든 사람이 마음을 통해 세상과 소통하게 될 것"이라고 전망한 것이다.

2

『마음의 미래』는 텔레파시 말고도 초심리학의 여러 연구 주제를 논의한다. 1999년 8월 출간된 『제2의 창세기』(김영사)에 실린 〈심령현상의 진실을 찾아서〉 일부를 소개한다.

초심리학에서 연구하는 심령현상은 다섯 분야로 구분된다.

첫째 초감각적 지각ESP, extrasensory perception이다. 사람이 오감을 사용하지 않고 논리적 추론없이 정보를 얻는 능력이다. ESP에는 텔레파시, 투시clairvoyance, 예지precognition가 있다. 투시는 마음으로 멀리 떨어진 곳의 물체나 사건에 관한 정보를 얻는 능력이다. 투시는 다른 말로 먼곳 보기remote viewing라 한다. 투시는 사람이 아니라 무생물로부터 정보를 얻는다는 점이 텔레파시와 다르다.

텔레파시와 투시는 실시간으로 일어난다. 정보의 발생과 획득이 거의 동시에 이루어진다는 의미이다. 그러나 예지는 미래의 사건에 관한 정보를 사전에 인지하는 능력이다. 예지는 특정의 사건을 알게 되므로 투시와 유사함과 동시에 타인의 정서를 경험하므로 텔레파시처럼 보인다. 요컨대 ESP는 텔레파시, 투시 또는 예지에 의하여 정보를 획득하는 심령능력이다.

초심리학에서 연구하는 두 번째 심령능력은 염력psychokinesis이다. 사람이 육체적 힘을 사용하지 않고 마음만으로 물체, 사건 또는 사람을 움직이는 능력이다. 매크로 염력macro-PK과 마이크로 염력micro-PK의 두 종류가 있다. 매크로 염력은 숟가락을 구부리는 것처럼 큰 물체에 작용하는 염력인 반면에 마이크로 염력은 전자장치를 사용하며 마음으로 원자에 영향을 미치는 능력이다. 초감각적 지각과 염력으로 나타나는 현상을 통틀어 사이psi라 한다.

〈심령현상의 진실을 찾아서〉의 일부를 인용한 까닭은 『마음의 미래』에 염력에 대해 다음과 같은 대목이 나오기 때문이다.

오랜 옛날부터 사람들은 염력을 '오직 신만이 가진 능력'으로 치부해왔다. 염력은 당신의 소원을 실현해주는 힘이며, 하찮은 인간이 함부로 가져서는 안될 신성한 능력이었다. 그러나 지금 과학자들은 염력을 현실 세계에서 구현하고 있다.

미치오 카쿠는 마음으로 물체를 조종하는 심령현상인 염력이 뇌-기계 인터페이스BMI, brain-machine interface · 기술에 의해 실현되고 있다고 설명한다.

초심리학의 나머지 세 분야는 사이 현상보다 과학적 설명이 쉽지 않다. 〈심령현상의 진실을 찾아서〉로 다시 돌아가기로 한다.

첫째 사람의 유령 또는 귀신이 나타나는 현상이다. 시끄러운 소리를 내는 장난꾸러기 유령인 폴터가이스트poltergeist, 특정 장소에 주기적으로 유령이 출몰하는 현상haunting 등의 연구도 포함된다. 초기의 심령 연구자들은 유령을 사람이 죽은 뒤에도 영혼이 살아있음을 보여주는 증거라고 생각했기 때문에 초심리학의 연구대상에 포함시켰다.

둘째 임사체험NDE, near-death experience이다. 죽을 고비에 임했던 경험을 말한다. NDE는 초심리학과 의학의 경계에 있는 분야이다. 종종 임사체험과 함께 일어나는 현상인 유체이탈경험OBE, out-of-body experience도 연구대상이다. OBE는 육체와는 별개의 것으로 믿어진 영체astral body가 육체로부터 분리되는 것을 경험하는 현상이다. 요컨대 OBE는 마음이 몸으로부터 분리 가능함을 암시하므로 초심리학의 관심사가 된다.

끝으로 심령요법psychic healing은 치료하는 사람이 정통의학과 무관한 방법으로 환자의 신체에 영향을 미쳐 질병을 고치는 분야이다. 심령요법은 치료자와 환자가 서로 몸에 지닌 특유의 에너지를 교환하는 것으로 전제한다.

〈심령현상의 진실을 찾아서〉의 결론은 "심령현상은 우리 주변에서 흔히 경험할 수 있다. 그러나 대부분의 문화권에서 심령현상은 마술사나 무당과 결부되어 미신으로 간주되었다"라는 것이다. 그러나 『마음의 미래』에는 텔레파시와 염력은 물론 임사체험과 유체이탈이 핵심 주제로 다루어지고 있다. 유체이탈의 가능성을 다음과 같이 전망하는 대목도 나온다.

앞으로 인간의 의식은 육체에서 벗어나는 데 그치지 않고, 순수한 에너지 형태로 존재하며 우주공간을 자유롭게 떠돌아다닐지도 모른다. 이것이야말로 인간이 상상할 수 있는 궁극의 꿈이다.

유체이탈은 2009년 개봉된 두 편의 할리우드 영화에서 현실처럼 묘사된다. 「서로게이트Surrogates」는 2017년에 인류 전체가 진짜 몸을 버리고 스스로 로봇이 되기를 원하는 세상을 보여주고, 「아바타Avatar」는 2154년 주인공이 인간의 몸을 버리고 다른 행성에서 외계인의 몸으로 살아가는 상황을 설정한다. 미치오 카쿠는 2011년에 펴낸 『미래의 물리학Physics of the Future』에서도 "서로게이트와 아바타에 등장하는 기술을 지금 당장 구현할 수는 없지만 미래에는 가능할 수도 있다"면서 유체이탈이 실현될 수 있음을 암시했다.

3

『마음의 미래』는 여느 뇌과학 책이나 인공지능 저술과 달리 초심리학의 주제를 거론할 뿐만 아니라 사람 마음의 거의 모든 측면을 다룬다.

1부에서 뇌과학의 역사와 미래를 살펴본 다음에 2부는 '기억을 저장하고, 생각을 읽고, 꿈을 촬영하고, 마음으로 물체를 움직이는 새로운 기술'을 소개한다. 꿈을 동영상으로 찍어서 실시간 인터넷으로 전송하는 브레인메일brain-mail의 등장도 점치고 있다.

3부에는 꿈, 두뇌세척brainwashing, 신경신학neurotheology, 인공마음artificial mind 및 실리콘 의식silicon consciousness, 뇌의 역설계reverse engineering와 함께 심지어 외계인의 마음까지 논의되어 있다.

인공지능은 '인공마음 및 실리콘 의식'에서 다루어지는데, 2014년에 출간된 책임에도 2006년부터 캐나다의 컴퓨터과학자인 제프리 힌튼Geoffrey Hinton(1947~)이 선보인 딥러닝deep learning 기술이 단 한 번도 언급되지 않아 그 이유가 여간 궁금한 게 아니다.

미치오 카쿠는 "인공지능은 지난 60여 년 동안 오르막과 내리막을 세 번이나 되풀이하면서 온갖 우여곡절을 겪었다."면서 "세 번째 오르막도 곧 내리막으로 치닫게 되지는 않을까?"하고 독자들에게 질문을 던진다. 2017년 5월 문재인 정부가 들어서면서부터 이른바 제4차 산업혁명이 국정지표로 제시되고 그 핵심기술로 인공지능이 부각되었기 때문에 이 질문은 그냥 지나쳐버릴 성질의 것은 아닌 줄로 안다.

미치오 카쿠는 책 _끄트머리_에 특별히 '부록'을 만들고 양자의식quantum consciousness을 소개함으로써 인공지능의 미래에 대한 개인적 소신을 넌지시 밝히는 것처럼 여겨진다.

『제2의 창세기』에 양자의식을 다룬 칼럼도 같이 실려 있어 그 일부를 소개한다.

영국의 물리학자인 로저 펜로즈Roger Penrose(1931~)는 1989년에 인공지능을 가장 호되게 공격한 문제작으로 평가되는 『황제의 새 마음The Emperor's New Mind』을 펴냈다. 이 책에서 펜로즈는 인공지능의 주장처럼 컴퓨터로 인간의 마음을 결코 복제할 수 없다고 강조하면서, 그 이유로 의식이 뇌의 세포에서 발생하는 양자역학적 현상에 의하여 생성되기 때문이라고 했다.

펜로즈의 양자의식 이론은 큰 반향을 일으켰으나 그의 주장에는 큰 구멍이 있었다. 뇌의 어느 곳에서 양자역학이 요술을 부리는지를 몰랐기 때문이다. 그러나 1993년 행운이 찾아왔다. 그의 책을 읽은 미국의 스튜어트 하메로프Stuart Hameroff(1947~)가 영국으로 건너온 것이다. 마취학 교수인 하메로프는 1987년에 펴낸 『최후의 컴퓨팅Ultimate Computing』이라는 저서에서, 의식이 미세소관microtubule에서 일어나는 양자역학적 과정으로부터 생겨난다는 가설을 내놓은 바 있다.

미세소관은 신경세포(뉴런)를 비롯한 거의 모든 세포에서 골격 역할을 하는 세포내 소기관으로서, 단백질로 만들어진 길고 가느다란 관이다.

펜로즈와 하메로프는 만나자마자 의기투합했다. 펜로즈는 양자의식 이론을 갖고 있었으나 이를 뒷받침하는 생물학적 구조를 찾아내지 못한 반면에 하메로프는 뇌 안에서 양자역학적 구조를 발견했지만 이를 의식과 연결시킨 이론적 토대가 취약했기 때문에 두 사람의 만남은 극적이었다.

펜로즈는 미세소관을 의식의 뿌리로 지명하고 이를 바탕으로 1994년에 그의 의식 이론을 가다듬은 저서인 『마음의 그림자들Shadows of the Mind』을 펴냈다. 그는 이 책에서 뇌가 문제를 해결할 때 미세소관 수준과 뉴런 수준의 두 개 수준이 필요하지만, 뉴런 수준은 마음의 물리적 기초인 미세소관 수준의 그림자에 불과할 따름이라고 주장했다.

『마음의 미래』의 끄트머리에서 미치오 카쿠는 "양자적 효과 때문에 로봇과 인간은 결코 같아질 수 없다고 생각한다"면서 의식을 가진 컴퓨터는 결코 개발될 수 없다는 펜로즈의 손을 들어준다.

사족 한마디. 1999년에 펴낸 『제2의 창세기』에 실린 칼럼과 15년 뒤에 출간된 『마음의 미래』의 부록이 거의 똑같은 내용이어서 개인적으로 반갑고 기쁘기 그지없다.

참고문헌

- 『황제의 새 마음The Emperor's New Mind』 (로저 펜로즈, 이화여대출판부, 1996)

- 『제2의 창세기』 (이인식, 김영사, 1999)

- 『불가능은 없다Physics of the Impossible』 (미치오 카쿠, 김영사, 2008)

- 『지식의 대융합』 (이인식, 고즈윈, 2008)

- 『미래의 물리학Physics of the Future』 (미치오 카쿠, 김영사, 2012)

- 『뇌의 미래Beyond Boundaries』 (미겔 니코렐리스, 김영사, 2012)

- 『커넥톰, 뇌의 지도Connectome』 (승현준, 김영사, 2014)

- *Ultimate Computing*, Stuart Hameroff, Elsevier Science, 1987

- *The Rediscovery of the Mind*, John Searle, MIT Press, 1992

- *Shadows of the Mind*, Roger Penrose, Oxford University Press, 1994

21

인공생명

이인식 지식융합연구소장

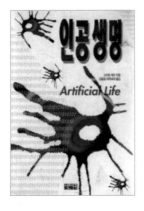

코페르니쿠스의 지동설처럼 인공생명은 우리
에게 우주에서의 인간의 위치와 자연에서의
인간의 역할을 재검토할 것을 요구하고 있다.

크리스토퍼 랭턴

인공생명
스티븐 레비 지음
김동광 옮김
사민서각

1

글쟁이로서 특별히 관심을 갖거나 뜻밖의 행운을 가져다 준 글감이 없을
수 없다. 개인적으로 인지과학, 나노기술, 청색기술 못지않게 운명적으로
원고지 안으로 들어온 주제가 다름 아닌 인공생명artificial life이다.

1987년 9월, 미국 뉴멕시코에 있는 로스앨러모스 국립연구소에 100여
명의 과학기술자들이 모여 인공생명이라는 새로운 학문의 탄생을 공식적
으로 천명한 워크숍을 가졌다. 이 모임을 주관한 인물은 1980년대 중반까
지 미국 과학기술계에 알려지지 않은 무명인사였던 크리스토퍼 랭턴Christo-

pher Langton(1948~)이다. 랭턴은 이 워크숍에서 발표된 26편의 논문을 엮어 1989년에 『인공생명Artificial Life』을 펴냈다. 미국의 후배에게 이 책의 신속한 구매를 부탁해서 1991년 2월 1일 받아들고 온몸에 전율을 느꼈던 기억이 아직도 생생하다.

대성산업(주) 상무 시절 틈만 나면 655쪽의 논문집을 붙들고 국내에 용어조차 소개되지 않은 인공생명 공부에 전력투구했다. 그 결과물이 1991년 《컴퓨터월드》 7월호에 200자 원고지 476매로 발표한 「생명과 컴퓨터」이다. 이 글은 1992년 2월 펴낸 『사람과 컴퓨터』(까치)에 실려 있다.

「생명과 컴퓨터」는 △비선형세계와 컴퓨터 △자기조직하는 생명 △자기증식하는 기계 △인공생명의 해부 등 네 가지 주제로 구성된다. '비선형세계와 컴퓨터'에는 혼돈과학, 비선형계의 수학, 솔리톤, 복잡성과학이 언급되고, '자기조직하는 생명'에는 열역학의 질서이론, 프리고진의 무산구조, 생명과 무산구조가 소개된다. '자기증식하는 기계'에는 튜링의 자동자 이론, 폰 노이만의 자동자, 세포자동자와 생명이 심도 있게 분석되고 끝으로 '인공생명의 해부'는 자동기계의 역사, 동물과 기계의 행동, 인공생명의 개념, 알고리즘과 인공생명, 생체분자와 인공생명, 인공생명의 의미를 다룬다.

인공생명은 「생명과 컴퓨터」의 주제에서 보듯이 생물학과 컴퓨터 과학은 물론이고 혼돈과학, 프랙탈 기하학, 복잡성과학을 포괄하는 융합학문이다.

랭턴은 1990년 2월에 뉴멕시코의 산타페에서 두 번째 인공생명 워크숍을 열고 발표 논문 31개를 묶어서 854쪽의 『인공생명 제2권Artificial Life II』을 1992년에 출간했다. 랭턴은 1992년 6월에 역시 산타페에서 세 번째 인공생명 워크숍을 개최하고 27편의 발표논문이 실린 『인공생명 제3권』을 1994년에 펴냈다. 두 권의 인공생명 논문집 역시 서재에 꽂혀 있음은 물론이다.

2

랭턴에 따르면 인공생명은 '생명체의 특성을 나타내는 행동을 보여주는 인공물의 연구'라고 정의된다. 이를테면 살아 있는 것 같은 행동을 보여줄 수 있는 인공물의 개발을 겨냥하는 학문이다. 그렇다면 생물처럼 새끼를 낳고 진화하는 기계를 어떻게 만들 것인가, 하는 질문을 하게 된다. 이 질문에 해답을 내놓은 첫 번째 인물은 헝가리 태생으로 컴퓨터 설계의 기초를 확립한 미국의 존 폰 노이만John von Neumann(1903~1957)이다. 1948년에 폰 노이만은 자기증식self-reproduction 기계, 곧 스스로 자기의 복제품을 생산할 수 있는 기계가 설계 가능함을 보여주는 세포자동자cellular automata 이론을 발표한다.

자동자(오토마톤)는 본래 생물의 행동을 흉내 내는 자동기계를 뜻하였으나 컴퓨터의 출현으로 사람의 뇌처럼 정보를 처리하는 기계를 의미하게 되었다. 이러한 자동자의 개념을 더욱 확장시킨 것이 폰 노이만의 세포자동자 이론이다. 그는 계산능력 뿐만 아니라 자기증식 능력도 가진 기계를 상상한 것이다.

증식기능은 생물과 무생물을 구별하는 본질적 특성의 하나이다. 세포자동자 이론에 의해 이러한 증식기능을 기계로 실현할 수 있는 가능성이 엿보임에 따라 생물체를 구성하는 물질을 완전히 배제하고 오로지 생물체의 논리적 구조에 입각하여 생물체의 행동을 연구하는 계기가 마련된 것이다.

세포자동자 이론이 전세계 과학자들의 이목을 끌게 된 것은 1970년 당대 최고의 과학저술가인 미국의 마틴 가드너Martin Gardner(1914~2010)가 월간 《사이언티픽 아메리칸》의 고정칼럼에 '생명Life'을 소개한 뒤부터였다. '생명'은 영국의 수학자인 존 콘웨이John Conway(1937~)가 1968년에 폰 노이만의 이론으로 발명한 세포자동자이다. 네모난 칸으로 구성된 격자 모양의 판 위에서 혼자 하는 일종의 게임이다. 각 칸의 운명이 아주 간단한 규칙에 따라 생존, 죽음, 탄생의 세 가지로 결정되기 때문에 게임이 진행되면서 매우 다양한 형태가 나타난다. 이와 같이 단순한 규칙에 의하여 생명체처럼 복잡한 행동과 구조가 생성될 수 있음을 멋들어지게 보여줌에 따라 세포자동자는 1970년대 초반에 젊은 컴퓨터 과학자들의 대화에 곧잘 등장하는 단골 상투어로 자리 잡게 되었다.

그러나 컴퓨터를 이용하여 생명체의 행동을 연구하려는 움직임은 1970년대 중반부터 시들해졌다. 컴퓨터 연구 인력이 대부분 실질적인 응용 분야 쪽으로 방향을 바꾸었기 때문이다. 따라서 1970년대 중반부터 1980년대 초반까지 컴퓨터에 기초한 생명 연구는 서로 격리된 채 고집스럽게 탐구를 계속해온 극소수의 학자들에 의하여 그 명맥이 유지되었을 따름이다.

상황이 급변한 것은 1980년대 중반 이후이다. 생명체의 행동을 컴퓨터로 실현하기 위하여 여러 분야에서 산발적으로 진행되어 온 연구를 하나로 통합시킨 새로운 학문이 태동하였기 때문이다. 다름 아닌 인공생명이다. 1987년 9월 랭턴이 인공생명이란 용어를 만들어내고 이 학문의 탄생을 선언하는 워크숍을 개최한 것이다.

랭턴은 단순한 논리적 규칙에 의해서 세포자동자가 보여주는 행동, 곧 자기증식 기능을 이용하면 생명을 컴퓨터 안에서 인공적으로 합성해낼 수 있을지도 모른다는 생각을 하고 생애를 건 연구에 몰두하였다. 그리고 시행착오를 거듭한 끝에 컴퓨터를 사용하여 자기증식하는 고리를 만들어낸다. 산호초처럼 생긴 이 고리는 큐Q자 모양의 생명체가 증식을 거듭하여 생성된 수많은 Q자가 서로 연결된 세포자동자이다.

폰 노이만이 생명체처럼 증식하는 기계의 설계 가능성을 이론적으로 증명했지만 그것을 컴퓨터 화면 위에서 처음으로 실현해 보인 사람은 랭턴이기 때문에, 폰 노이만이 인공생명의 아버지라면 랭턴은 그 산파역이라는 비유에 전문가 대부분이 동의하고 있다.

생물학에서는 생명체를 하나의 생화학적 기계로 본다. 그러나 인공생명에서는 생명체를 단순한 기계가 여러 개 모여서 구성된 집합체로 간주한다. 가령 단백질 분자는 살아있지 않지만 그들의 집합체인 유기체는 살아 있다. 따라서 인공생명에서는 생명을 이러한 구성요소의 상호작용에 의해서 복잡한 집합체로부터 출현하게 되는 현상이라고 설명한다. 다시 말해서 생명을, 생물체를 구성하는 물질 그 자체의 특성으로 보는 대신에 그 물질을 적절한 방식으로 조직했을 때 물질의 상호작용으로부터 창발emergence하는 특성으로 전제하는 것이다. 요컨대 생명은 수많은 무생물 분자가 집합된 조직으로부터 솟아나는 창발적 행동이라는 뜻이다.

창발적 행동은 인공생명의 기본이 되는 핵심 개념이다. 따라서 인공생명에서는 구성요소의 상호작용이 생명체의 행동을 보여줄 수 있도록 구성요소를 조직할 수만 있다면 그 기계가 생명을 갖게 될 것으로 확신한다. 그러므로 인공생명에서는 생명체를 구성하는 요소의 행동을 이해하는 일이 무엇보다 중요하다. 그러나 구성요소 사이의 상호작용이 본질적으로 비선형이기 때문에 선형계에서처럼 구성요소의 행동을 개별적으로 이해하는 것은 무의미하다. 따라서 인공생명에서는 구성요소를 조직하여 전체의 행동을 합성해내는 접근방법을 채택할 수밖에 없는 것이다. 여기서 인공생명과 생물학이 생명을 연구하는 방법이 정반대임을 알 수 있다.

생물학은 하향식top-down 방식이지만 인공생명은 상향식bottom-up이다. 생물학은 개체, 기관, 조직, 세포의 순서로 계층을 내려가면서 구성 물질을 분석한다. 그러나 인공생명은 비선형적으로 상호작용하는 구성요소를 적절한 방식으로 조직하면서 집합체의 행동을 합성한다. 말하자면 생물학은 환원주의reductionism에 의존하지만 인공생명은 전일주의holism에 입각하여 생명의 이해에 접근하는 셈이다.

3

인공생명은 생물학과 컴퓨터 과학이 융합된 분야로서 연구 영역은 매우 광범위하며 접근방법 또한 매우 다양하다. 그러나 한 가지 공통점은 컴퓨터를 도구로 사용하여 생명의 창조를 시도하고 있다는 것이다.

주요한 관심 분야는 자기복제 프로그램, 진화하는 소프트웨어, 로봇공학의 세 가지로 간추릴 수 있다.

자기복제 프로그램의 대표적인 본보기는 컴퓨터 바이러스이다. 컴퓨터 사용자를 괴롭히는 골칫덩어리임에는 틀림없지만 컴퓨터 바이러스가 생명체의 주요한 특성을 대부분 충족시키고 있기 때문에 인공생명 연구에 유용하게 사용될 수도 있다는 것이다. 생물학적 바이러스가 질병을 일으키지만 의약품 개발에 사용되는 것과 같은 맥락이라 할 수 있다.

생물처럼 진화하는 소프트웨어로는 미국의 존 홀란드John Holland(1929~ 2015)가 1975년에 완성한 유전 알고리즘genetic algorithm이다. 유전 알고리즘 은 유전자 재조합과 돌연변이에 의해 생물이 진화하는 자연선택 원칙에 입 각하여 만든 소프트웨어이다.

1992년에 미국의 과학저술가인 스티븐 레비Steven Levy(1951~)가 펴낸 『인공생명Artificial Life』은 로드니 브룩스Rodney Brooks(1954~)의 로봇공학 연 구 성과에 많은 지면을 할애하고 있다. 레비의 표현을 빌리면 브룩스는 '방 안에서 걷지 못하는 천재보다는 곤충처럼 들판을 헤집고 다니는 천치'를 만들어내는 연구를 진행한다. 이른바 곤충로봇insectoid을 설계하는 접근방 법으로 내놓은 브룩스의 아이디어는 로봇공학의 고정관념을 송두리째 뒤 흔들어 놓았다. 곤충 수준의 지능을 가진 로봇에 대해 그 쓰임새를 의심하 는 사람들이 적지 않지만 브룩스의 연구진들은 모기 크기의 로봇을 우주 탐사에 보낼 꿈을 꾸고 있다. 수백만 마리의 모기로봇이 협동하여 우주 탐 사 임무를 성공적으로 수행할 수 있을 것으로 확신하기 때문이다. 모기로 봇 집단의 지능, 곧 떼지능swarm intelligence이 창발할 것으로 기대하기 때문 이다.

인공생명이 제기하는 문제는 한두 가지가 아니다. 생명이란 무엇인가? 인공생명을 생명이라 할 수 있는가? 생물처럼 증식하고 진화하는 인공생 명이 개발된다면 인간과는 어떤 관계를 형성해야 할 것인가?

랭턴은 1989년에 펴낸 『인공생명』의 머리말에서 다음과 같이 인공생명 의 의미를 강조하고 있다.

인공생명은 과학적 또는 기술적 도전 그 이상의 것이다. 인공생명은 또한 인류의 가장 근본적인 사회적, 윤리적, 철학적, 종교적 신념에 대한 도전이기도 하다. 코페르니쿠스의 지동설처럼 인공생명은 우리에게 우주에서의 인간의 위치와 자연에서의 인간의 역할을 재검토할 것을 요구하고 있다.

참고문헌

- 『사람과 컴퓨터』 (이인식, 까치, 1992)

- 『기계 속의 생명The Garden in the Machine』 (클라우스 에메케, 이제이북스, 2004)

- 『지식의 대융합』 (이인식, 고즈윈, 2008)

- *Artificial Life*, Christopher Langton, Addison-Wesley, 1989

- *Artificial Life II*, Christopher Langton, Addison-Wesley, 1992

- *Artificial Life III*, Christopher Langton, Addison-Wesley, 1994

- *Artificial Life IV*, Rodney Brooks, MIT Press, 1994

- *Artificial Life V*, Christopher Langton, MIT Press, 1997

- *Artificial Life VI*, Christopher Langton, MIT Press, 1998

- *Artificial Life VII*, Mark Bedau, MIT Press, 2000

- *The Philosophy of Artificial Life*, Margaret Boden, Oxford University Press, 1996

22

마음의 아이들

이인식 지식융합연구소장

로봇이 지구를 물려받을 것인가? 그렇다. 그러나 그들은 우리들의 자식일 것이다.

마빈 민스키

마음의 아이들

한스 모라벡 지음

박우석 옮김

김영사

1

로봇의 미래를 전망한 저서 중에서 『마음의 아이들Mind Children』만큼 자주 거론되는 것도 드물다. 1988년에 펴낸 이 책 한 권으로 미국의 인공지능 전문가인 한스 모라벡Hans Moravec(1948~)은 일약 세계적인 로봇 이론가의 반열에 올랐다.

『마음의 아이들』이 로봇공학의 고전이 된 까닭은 21세기 후반에 인간보다 지능이 뛰어난 로봇이 지배하는 '후기 생물postbiological 사회'가 도래할 것이라는 대담하고 충격적인 주장을 펼쳤기 때문이다.

모라벡은 로봇 기술의 발달 과정을 생물 진화에 견주어 설명한다. 그의 아이디어는 1999년 출간된 두 번째 저서인 『로봇Robot』에 구체화되어 있다.

모라벡에 따르면 20세기 로봇은 곤충 수준의 지능을 갖고 있지만, 21세기에는 10년마다 세대가 바뀔 정도로 지능이 향상될 전망이다. 이를테면 2010년까지 1세대, 2020년까지 2세대, 2030년까지 3세대, 2040년까지 4세대 로봇이 개발될 것 같다.

먼저 1세대 로봇은 동물로 치면 도마뱀 정도의 지능을 갖는다. 20세기의 로봇보다 30배 정도 똑똑한 로봇이다. 크기와 모양은 사람처럼 생겼으며, 용도에 따라 다리는 두 개에서 여섯 개까지 사용 가능하다. 물론 바퀴가 달린 것도 있다. 평평한 지면뿐만 아니라 거친 땅이나 계단을 돌아다닐 수 있고, 대부분의 물체를 다룰 수 있다. 집안에서 목욕탕을 청소하거나 잔디를 손질하고, 공장에서 기계 부품을 조립하는 일을 척척 해낸다. 맛있는 요리를 할 수 있을 테고, 테러범이 숨겨놓은 폭탄을 찾아내는 임무도 잘 수행할 것이다.

2020년까지 나타날 2세대 로봇은 1세대보다 성능이 30배 뛰어나며 생쥐 정도로 영리하다. 1세대와 다른 점은 스스로 학습하는 능력을 갖고 있다는 것이다. 가령 부엌에서 요리할 때 1세대 로봇은 한쪽 팔꿈치가 식탁에 부딪히더라도 다른 행동을 취하지 못하고 미련스럽게 계속 부딪힌다. 그러나 2세대 로봇은 팔꿈치를 서너 번 부딪히는 동안 다른 손을 사용해야 한다고 판단하게 된다. 주변 환경에 맞추어 스스로 적응하는 능력을 보유하고 있기 때문이다.

3세대 로봇은 원숭이만큼 머리가 좋고 2세대 로봇보다 30배 뛰어나다. 주변 환경에 대한 정보와 함께 그 안에서 자신이 어떻게 행동하는 것이 좋은지 판단할 수 있는 소프트웨어를 갖고 있다. 요컨대 어떤 행동을 취하기

전에 생각하는 능력이 있다. 부엌에서 요리를 시작하기 전에 3세대 로봇은 여러 차례 머릿속으로 연습을 해본다. 2세대는 팔꿈치를 식탁에 부딪힌 다음에 대책을 세우지만, 3세대 로봇은 미리 충돌을 피하는 방법을 궁리한다는 뜻이다.

2040년까지 개발될 4세대 로봇은 20세기의 로봇보다 성능이 100만 배이상 뛰어나고 3세대보다 30배 똑똑하다. 이 세상에서 원숭이보다 30배 가량 머리가 좋은 동물은 다름 아닌 사람이다. 말하자면 사람처럼 생각하고 느끼고 행동하는 기계인 셈이다.

일단 4세대 로봇이 출현하면 놀라운 속도로 인간의 능력을 추월하기 시작할 것이다. 모라벡에 따르면 2050년 이후 지구의 주인은 인류에서 로봇으로 바뀌게 된다. 이 로봇은 소프트웨어로 만든 인류의 정신적 자산, 즉 지식·문화·가치관을 송두리째 물려받아 다음 세대로 넘겨줄 것이므로 자식이라할 수 있다. 모라벡은 이러한 로봇을 마음의 아이들mind children이라 부른다.

인류의 미래가 사람의 몸에서 태어난 혈육보다 사람의 마음을 물려받은 기계, 곧 마음의 아이들에 의해 발전되고 계승될 것이라는 모라벡의 주장은 실로 충격적이지 않을 수 없다. 그럼에도 모라벡의 아이디어는 적지 않은 학자들의 지지를 받고 있다. 예컨대 인공지능 이론의 선구자인 미국의 마빈 민스키Marvin Minsky(1927~2016)는 1994년 미국 과학 월간지 《사이언티픽 아메리칸》 10월호에 「로봇이 지구를 물려받을 것인가?Will Robots Inherit the Earth?」라는 제목의 글을 발표하고, 모라벡에게 전폭적으로 공감하는 의견을 개진하였다.

21세기 후반, 사람보다 훨씬 영리한 기계인 로보 사피엔스Robo sapiens가현생인류인 호모 사피엔스Homo sapiens 대신에 지구의 주인 노릇을 하는 세상은 어떤 모습일까. 아마도 사람은 없어도 되지만 로봇이 없으면 돌아가지 않는 세상이 될는지 누가 알랴.

2

로봇공학의 발전을 극적으로 보여주는 사례는 미국 국방부(펜타곤)가 개최한 로봇 자동차 경주 대회이다. 로봇 자동차는 펜타곤이 심혈을 기울여 개발하는 무인지상차량AGV, autonomous ground vehicle이다. 1985년부터 개발된 AGV는 싸움터에서 사람의 도움을 전혀 받지 않고 자율적으로 굴러다니면서 스스로 정찰 업무를 수행하고, 장애물을 피해 나가면서 목표물을 공격하는 로봇자동차이다. 펜타곤은 로봇 자동차의 개발을 지원하고 독려하기 위해 '다르파 도전DARPA Grand Challenge' 대회를 세 차례 열었다. 펜타곤의 다르파(방위고등연구기획국)는 전쟁에 필요한 첨단 기술 연구를 기획하고 민간 기관에 자금을 지원하는 기구이다.

2004년 3월 13일 열린 첫 번째 대회의 출전 자격은 스스로 상황을 판단하여 속도와 방향을 결정할 뿐만 아니라 장애물을 피해 갈 줄 아는 무인차량에만 주어졌다. 미국 서부의 사막에서 483km를 열 시간 안에 완주하는 무인차량에는 우승 상금 100만 달러가 수여될 예정이었다. 상세한 코스는 대회 시작 두 시간 전에 공개되었다. 25종의 로봇 자동차가 출전했으나 결승선을 통과하기는커녕 코스의 5% 이상을 내달린 차량조차 나타나지 않았다.

2005년 10월 8일 다시 열린 두 번째 대회는 미국 서부의 사막에서 열 시간 안에 212km를 횡단하는 경주였다. 우승 상금은 200만 달러로 올랐다. 23종의 로봇 자동차가 출전하여 무려 다섯 대가 결승선에 도착했다. 우승은 평균 시속 30.7km로 여섯 시간 54분 만에 완주한 차량에 돌아갔다.

2007년 11월 3일 열린 세 번째 대회는 특별히 '다르파 도시 도전Urban Challenge'이라고 명명되었으며, 그 무대를 사막에서 대도시로 옮겼다. 무인 자동차들은 도시를 흉내 내서 만든 96km(60마일) 구간을 여섯 시간 안에 완주해야 했다. 실제 도로처럼 코스에는 건물과 가로수 등 장애물이 나타났는데, 다른 차량들과 뒤섞여 교통신호에 따라 주행하면서 제한속도를 지키는 등 교통법규도 준수하고 잠깐 동안 주차장에도 들어가야 했다. 사람이 거리에서 차를 운전할 때와 거의 똑같은 조건이 주어진 것이다. 35개 차량이 예선전을 치렀으며 상금도 3등까지 수여되어 경쟁이 치열했다. 우승자는 200만 달러, 2등은 100만 달러, 3등은 50만 달러를 받게 되었다. 여섯 대가 완주에 성공하여 사람이 운전대를 잡지 않는 승용차, 곧 자율주행차량이 거리를 누빌 날도 머지 않았음을 예고하였다.

한편 2008년 4월 미국 국가정보위원회NIC가 작성하여 버락 오바마 미국 대통령이 취임 직후 일독해야 할 보고서로 제출된 바 있는 「2025년 세계적 추세Global Trends 2025」에는 미국의 국가 경쟁력에 파급효과가 막대할 것으로 보이는 현상파괴적 민간기술disruptive civil technology 여섯 가지가 선정되어 있는데, 로봇도 포함되어 있다. 이 보고서에는 로봇 기술의 주요 일정이 다음과 같이 명시되어 있다.

2014년-로봇이 전투상황에서 군인과 함께 싸운다(무인 지상차량, 곧 로봇병사가 적에게 사격을 가한다)

2020년-손을 사용하지 않고 생각신호thought signal만으로 조종되는 무인 지상차량이 작전에 투입된다.

2025년-완전 자율로봇이 처음으로 현장에서 활약한다.

이 보고서만 보더라도 2050년경에 사람처럼 생각하고 움직이는 로봇이 나타날 것이라는 모라벡의 예측이 결코 허무맹랑한 것이 아님을 미루어 짐작할 수 있다.

3

『마음의 아이들』이 출간 직후 단숨에 고전의 반열에 오르게 된 것은 모라벡이 마음 업로딩mind uploading을 실현 가능한 기술로 다루었기 때문이다.

사람 뇌 속에 들어 있는 사람의 마음을 컴퓨터와 같은 기계장치로 옮기는 과정을 마음 업로딩이라고 한다.

마음 업로딩을 연구한 과학 논문을 최초로 발표한 인물은 미국의 생물 노화학자인 조지 마틴George Martin이다. 1971년 마틴은 마음 업로딩을 생명 연장기술로 제안한 논문을 학술지에 기고했다. 이를 계기로 디지털 불멸digital immortality이라는 개념이 등장했다.

마음 업로딩이 대중적 관심사가 된 것은 『마음의 아이들』에서 모라벡이 사람의 마음을 기계 속으로 옮겨 사람이 말 그대로 바뀌는 시나리오를 다음과 같이 상세히 묘사했기 때문이다.

수술실에 누워 있는 당신 옆에는 당신과 똑같이 되려는 컴퓨터가 대기하고 있다. 당신의 두개골이 먼저 마취된다. 그러나 뇌가 마취된 것이 아니기 때문에 당신의 의식은 말짱하다. 수술을 담당한 로봇이 당신의 두개골을 열어 그 표피를, 손에 수없이 많이 달린 미세한 장치로 스캔(주사)한다. 주사하는 순간마다 뇌의 신경세포 사이에서 발생하는 전기신호가 기록된다. 로봇의사는 측정된 결과를 토대로 뇌 조직의 각 층이 보여주는 행동을 본뜬 컴퓨터 프로그램을 작성한다. 이 프로그램은 즉시 당신 옆의 컴퓨터에 설치되어 가동된다. 이러한 과정은 뇌 조직을 차근차근 도려내면서 각 층에 대해 반복적으로 시행된다. 말하자면 뇌조직의 층별로 움직임이 모의실험simulation되는 것이다. 수술이 끝날 즈음 당신의 두개골은 텅 빈 상태가 된다. 물론 당신은 의식을 잃지 않고 있지만 당신의 마음은 이미 뇌로부터 빠져나가 기계로 이식되어 있다. 마침내 수술을 마친 로봇의사가 당신의 몸과 컴퓨터를 연결한 코드를 뽑아버리면 당신의 몸은 경련을 일으키며 죽음을 맞게 된다. 그러나 당신은 잠시 아득하고 막막한 기분을 경험할 뿐이다. 그리고 다시 한 번 당신은 눈을 뜨게 된다. 당신의 뇌는 비록 죽어 없어졌지만 당신의 마음은 컴퓨터에 온전히 옮겨졌기 때문이다. 당신은 새롭게 변형된 셈이다.

모라벡의 시나리오에 따르면 인간의 마음이 기계에 이식됨에 따라 사멸하지 않게 된다. 마음이 죽지 않는 사람은 결국 영생을 누리게 되는 셈이다.

마음 업로딩의 실현 가능성을 주장한 과학자는 한둘이 아니다. 미국의 미래학자인 레이 커즈와일Ray Kurzweil(1948~)은 2000년 격월간《현대심리학Psychology Today》1월호에 기고한 에세이에서 30년 안에, 그러니까 2030년까지 우리 자신의 지능 · 성격 · 감정 · 기억 등을 몽땅 스캔해서 컴퓨터 안에 집어넣을 수 있다고 전망했다.

재미과학자인 세바스찬 승Sebastian Seung(1967~, 한국명 승현준)도 2012년 2월에 펴낸『커넥톰Connectome』에서 "마음 업로딩을 천국으로의 승천에 비교하는 것은 결코 과장이 아니다"면서 "업로딩에 대한 믿음은 우리가 죽음의 공포를 극복하는 것을 돕는다. 일단 업로딩이 되면, 우리는 불멸하게 될 것"이라고 단언한다.

1989년 7월에 미국의 후배로부터『마음의 아이들』을 소포로 받고 온 몸에 전율을 느끼던 기억이 아직도 생생하다. 214쪽의 두껍지 않은 원서를 단숨에 독파하고 1991년 월간《컴퓨터 월드》7월호에 발표한「생명과 컴퓨터」에 소개하였다. 200자 원고지로 476매인 이 글은 1992년 2월 출간된『사람과 컴퓨터』(까치)에 수록되었다. 1994년《과학동아》12월호에「마음의 아이들」이라는 제목의 칼럼을 발표했으며, 이 글은 서강대학교 국어교재에 수록되기도 했다.『마음의 아이들』과의 인연은 여기서 끝나지 않았다. 당시 박은주 김영사 대표의 의뢰를 받아 2011년 9월 원서 출간 이후 20여 년이 지나 번역되어 나오게끔 기획하는 기회를 갖게 된 것은 나에게 크나큰 행운이었음을 밝혀두고 싶다.

참고문헌

* 『로봇 만들기Flesh and Machines』 (로드니 브룩스, 바다출판사, 2005)

* 『나는 멋진 로봇 친구가 좋다』 (이인식, 랜덤하우스, 2005)

* 『특이점이 온다The Singularity Is Near』 (레이 커즈와일, 김영사, 2007)

* 『하이테크 전쟁Wired For War』 (피터 싱어, 지안출판사, 2011)

* 『트랜스휴머니즘To Be A Machine』 (마크 오코널, 문학동네, 2018)

* *Robot*, Hans Moravec, Oxford University Press, 1999

23

트랜스휴머니즘

이인식 지식융합연구소장

포스트휴먼은 더는 질병, 노화, 필연적 죽음을
겪지 않을 것이다.

맥스 모어

트랜스휴머니즘
마크 오코널 지음
노승영 옮김
문학동네

1

현생인류인 호모 사피엔스의 후계자는 누구일까. 과학기술이 인류의 진
화 과정에 영향을 미칠 경우 출현하게 될 미래인류Homo futuris는 포스트휴
먼posthuman 또는 트랜스휴먼transhuman이라 불린다.

　포스트휴먼은 '현존 인간을 근본적으로 넘어서서 현재 우리의 기준으로
는 애매모호하게 인간이라 부르기 어려운 인간'을 뜻한다. 트랜스휴먼은
현생인류가 포스트휴먼이 되어가는 과정에 있는 존재이다.

　현존 인간의 한계를 뛰어넘는 존재를 꿈꾼 대표적인 인물은 독일의 철학

자인 프리드리히 니체Friedrich Nietzsche(1844~1900)이다. 그는 『차라투스트라는 이렇게 말했다Also sprach Zarathustra』(1883~1885)에서 초인Übermensch을 상상했다. 영어로는 '넘어가는 인간overman'을 뜻하는 초인은 진화의 사다리에서 인간의 뒤를 잇는 존재이다. 니체는 "인간은 밧줄이다. 짐승과 초인 사이에 묶인 밧줄, 거대한 심연 위에 가로놓인 밧줄이다"라고 썼다. 초인에게서 힘, 용기, 품위를 본 니체는 인류가 초인과 같이 존경할 만한 포스트휴먼이 되어야 한다고 생각한 것으로 분석된다.

인류의 생물학적 진화는 종료되었다는 전제 하에 그 이후의 세계를 탐구한 대표적인 과학자는 영국의 진화생물학자인 할데인J. B. S. Haldane(1892~1964)과 영국의 존 버널John Bernal(1901~1971)이다. 1923년에 할데인이 펴낸 『다이달로스 또는 과학과 미래Daedalus; or, Science and The Future』는 과학기술로 인간의 능력이 향상되는 미래를 제시하여 사회적 반향을 불러일으키면서 베스트셀러가 되었다. 1929년에 펴낸 『세계, 육체, 악마The World, the Flesh and the Devil』라는 소책자에서 버널은 인류의 진보를 가로막는 세 가지의 적으로 세계(가난과 홍수 같은 물리적 장애), 육체(질병, 노화, 죽음과 같은 신체적 약점), 악마(마음속의 탐욕, 질투, 광기)를 열거하고 인류가 이를 극복하기 위하여 자기복제self-replication하는 기계, 곧 자식을 낳는 기계를 만들어내게 될 것이라고 예상했다.

1948년에 영국의 시인이자 극작가인 T. S. 엘리엇Thomas Stearns Eliot(1888~1965)은 노벨문학상을 수상할 즈음에 집필한 희곡에서 트랜스휴먼이라는 용어를 처음 만들어낸 것으로 알려진다. 엘리엇은 인간의 여정을 인간이 트랜스휴먼이 되는 과정이라고 말했다.

1957년에 영국의 진화생물학자인 줄리언 헉슬리Julian Huxley(1887~1975)

가 펴낸 『계시 없는 종교Religion without Revelation』 개정판에 트랜스휴머니즘transhumanism이라는 단어가 처음으로 등장한다. 과학기술을 활용하면 인간의 생물학적 한계를 초월하여 몸과 마음의 능력을 향상시킬 수 있다는 생각을 트랜스휴머니즘 또는 인간 능력 증강human enhancement이라 일컫는다.

1962년에 미국의 물리학자인 로버트 에틴거Robert Ettinger(1918~2011)는 인체의 냉동보존술cryonics을 처음으로 제안한 문제작인 『냉동인간The Prospect of Immortality(불멸에의 전망)』을 펴낸다. 1972년에 에틴거는 인체 냉동보존술로 영원불멸의 존재인 슈퍼맨(초인)이 출현하기를 소망하는 그의 꿈이 담긴 『인간에서 초인으로Man into Superman』를 펴냈다. 이 책은 인공지능, 맞춤아기, 체외발생ectogenesis, 뇌-기계 인터페이스 등 당대에는 상상하기조차 어려웠던 인간 능력 증강 기술을 언급하여 트랜스휴머니즘의 대표적인 이론서로 손꼽힌다.

1988년에 미국의 로봇공학 전문가인 한스 모라벡Hans Moravec(1948~)은 『마음의 아이들Mind Children』을 펴내고 세계적 명사가 된다. 이 책에서 모라벡은 인간의 생물학적 진화는 이미 완료되었으며, 미래사회는 사람보다 수백 배 뛰어난 인공두뇌를 가진 로봇에 의하여 지배되는 후기생물post biological 사회가 될 것이므로 인류의 문화는 사람의 혈육보다는 사람의 마음을 모두 넘겨받는 기계, 곧 '마음의 아이들'에 의해 승계되고 발전될 것이라는 충격적인 주장을 펼쳤다. 특히 사람의 마음을 송두리째 기계로 옮기는 마음 업로딩mind uploading 또는 전뇌全腦 에뮬레이션whole brain emulation 과정을 상세히 소개하여 트랜스휴머니즘의 핵심이론서로 자리매김했다.

트랜스휴머니즘을 최초로 이론적으로 체계화한 인물은 영국의 철학자이자 미래학자인 맥스 모어Max More(1964~)이다. 1988년에《엑스트로피 매거진Extropy Magazine》을 창간한다. 엑스트로피는 엔트로피entropy의 반대를 뜻하는 단어로 만들어졌다. 1990년에 발표한「엑스트로피 원칙The Extropian Principle」에서 모어는 트랜스휴머니즘을 '인간을 포스트휴먼 상태로 이끄는 방법을 모색하는 철학의 일종'이라고 정의했다. 모어는 트랜스휴머니즘이 휴머니즘의 많은 요소, 이를테면 이성과 과학에 대한 존중이나 진보에 대한 믿음을 공유한다고 설명했다.

1998년에 스웨덴 태생의 영국 철학자인 닉 보스트롬Nick Bostrom(1973~)은 세계 트랜스휴머니스트 협회WTA를 창설하고, 2002년에「트랜스휴머니스트 선언The Transhumanist Declaration」을 채택했다. 2009년 3월에 개정된 내용에 따르면 8개 항목으로 구성된 이 선언에서 보스트롬은 인간의 미래가 과학기술에 의해 지대한 영향을 받게 될 것이며, 인류가 노화와 인지 결손을 극복할 뿐만 아니라 행성 지구 밖의 우주로 활동 영역을 확장할 가능성이 크다고 천명했다. 특히 마지막 8항에서 인류는 기억 및 집중력 지원 기술, 생명 연장요법, 생식기술, 인체 냉동보존술 등 다양한 인간 능력 증강 기술을 활용하여 트랜스휴먼이 될 것이라고 명시했다.

그러나 트랜스휴머니즘에 거부감을 나타내는 사람들도 적지 않다. 인간의 능력을 확장하거나 생물학적 본성을 변형하는 데 과학기술을 사용하는 것을 반대하는 입장을 일러 생명보수주의bioconservatism라고 한다. 대표적인 생명보수주의 이론가는 미국의 정치사상가인 프랜시스 후쿠야마Francis

Fukuyama(1952~)이다. 2002년에 펴낸 『우리의 포스트휴먼 미래Our Posthuman Future』에서 후쿠야마는 사람의 마음, 기억, 정신세계, 영혼을 함부로 조작하면 인류는 결국 파국을 맞게 될 것이라고 경고했다.

2004년 미국의 외교 전문 격월간지인 《포린 폴리시Foreign Policy》 9~10월호에는 세계적인 사상가 8명에게 인류의 안녕에 가장 위협이 되는 아이디어를 한 개씩 적시해줄 것을 요청한 결과가 실렸는데, 후쿠야마는 트랜스휴머니즘을 '세상에서 가장 위험한 아이디어'로 꼽았다. 그는 "트랜스휴머니즘의 첫 번째 희생이 되는 것은 평등이다"고 주장하면서 미국 독립선언문에는 "모든 인간은 평등하게 창조되었다"고 적혀 있다고 상기시켰다. 이어서 "우리가 좀더 우수한 존재로 자신을 변형시키기 시작한다면 능력이 증강된 존재는 어떤 권리를 주장할 것인가"라고 물으면서 과학기술로 능력이 향상된 트랜스휴먼과 그렇지 못한 보통 인간 사이에 권리의 불평등 현상이 심화될 것이므로 트랜스휴머니즘은 가장 위험한 아이디어라고 주장한 것이다. 이를테면 후쿠야마는 과학기술의 윤리적 측면을 성찰할 필요성을 강조한 셈이다.

2005년에 보스트롬은 계간 《진화 및 기술 저널Journal of Evolution and Technology》 제1호(4월)에 트랜스휴머니즘의 역사를 정리한 글을 발표하면서, 후쿠야마의 주장처럼 과학기술의 윤리적 쟁점을 반드시 따져보지 않으면 안 된다고 언급했다. 2009년 3월에 보스트롬이 트랜스휴머니즘의 윤리적 측면을 분석한 학자들의 논문 18편을 묶어 『인간 능력 증강Human Enhancement』을 펴낸 것도 그런 맥락에서 주목의 대상이 된다.

2017년에 아일랜드 출신의 저술가인 마크 오코널Mark O'Connell이 펴낸『트랜스휴머니즘To Be A Machine』은 세계적인 트랜스휴머니즘 이론가들을 직접 취재해서 발로 쓴 현장 보고서이다.

오코널은 "트랜스휴머니즘은 생물학적 조건에서 완전히 벗어나자고 주장하는 해방운동이다"면서 "이 표면적 해방은 사실 궁극적이고 철저하게 기술의 노예가 되는 것이다"고 설명한다. 트랜스휴머니즘 운동의 바탕에는 "인간은 기계장치이며 더 효율적이고 강력하고 유용한 장치가 되는 것이야말로 우리의 의무이자 운명이라는 생각이 있다"고 덧붙인다. 요컨대 "트랜스휴머니즘은 우리의 몸과 마음을 한물간 기술이자 뜯어고쳐야 할 구닥다리 형식으로 치부한다"라는 것이다.

오코널이 특별히 많은 지면을 할애한 주제는 인체냉동보존술, 마음 업로딩, 사이보그학cyborgology이다.

오코널이 찾아간 알코르 생명연장재단Alcor Life Extension Foundation에는 117명의 냉동인간이 부활을 기다리고 있다. 알코르는 '트랜스휴머니스트들이 죽을 때 가는 곳'이다. 냉동보존된 시신은 '통념적 기준에 따른 사망자가 아니며-말하자면 시신이 아니며-삶과 죽음 사이, 즉 시간 자체의 바깥에 있는 어떤 상태에 보존되는 사람'이다.

오코널이 만난 알코르의 최고 경영자는 맥스 모어이다. 모어는 "포스트휴먼은 더는 질병, 노화, 필연적 죽음을 겪지 않을 것이다"고 말한다.

모어의 안내를 받으며 알코르 시설을 둘러본 오코널은 "냉동보존술은 사업의 관점에서나 (우리 모두를 기다리는) 운명을 회피하는 전술의 관점에서

나 적어도 이론적으로는 가능한 모형이다"라는 결론을 내린다.

오코널의 두 번째 관심사인 마음 업로딩 또는 전뇌 에뮬레이션은 한스 모라벡이 『마음의 아이들』에서 제시한 시나리오에 생생히 묘사되어 있다. 전뇌 에뮬레이션의 목표는 기질독립적substrate-independent 마음을 만들어내는 것이다. '개개인 특유의 정신과 경험 기능이 생물학적 뇌 이외의 다양한 작동 기질에서 유지될 수 있게 되는 것'을 기질독립적 마음이라 한다. 요컨대 기질독립적 마음 또는 탈신체화disembodiment된 마음 개념은 트랜스휴머니즘 운동의 지상 목표라고 할 수 있다. 마음 업로딩에서처럼 마음이 기술적으로 가능한 한 어떤 신체 형태든 선택할 수 있는 자유를 트랜스휴머니즘에서는 형태적 자유morphological freedom라고 부른다. 형태적 자유는 '자기 몸에 대해 원하는 것을 무엇이든 할 수 있고 인간을 뛰어넘는 존재가 될 수 있는 절대적이고 양도불가능한 권리'를 의미한다. 이를테면 형태적 자유는 트랜스휴머니즘 운동을 주도하는 사람들이 추구하는 최고의 가치인 셈이다.

오코널은 사이보그 전문가들도 취재한다. 2001년에 미국의 컴퓨터 이론가인 크리스 그레이Chris Gray가 펴낸 『사이보그 시티즌Cyborg Citizen』에서처럼 사이보그는 포스트휴먼의 첫 번째 후보가 될 것임에 틀림없다.

오코널은 사이보그 연구자가 "천연 팔다리보다 뛰어난 의수족이 개발되면 전혀 거리낌없이 자신의 팔다리를 제거하고 더 발전한 기술로 대체할 것이라고 말했다"고 전한다.

『트랜스휴머니즘』의 뒷부분에는 졸탄 이슈트반Zoltan Istvan,(1973~)이라는 이색적인 인물이 소개된다. 헝가리 이민자의 아들인 이슈트반은 자수성가로 백만장자가 되어 2015년에 미국 대통령 선거에도 출마했지만 트랜스휴머니즘 운동에서 가장 주목받는 인물로 부상했다. 앞으로 졸탄의 활약상을 지켜보는 것도 트랜스휴머니즘 연구자들에게는 쏠쏠한 재미가 될 것 같다.

오코널은 "나는 예나 지금이나 트랜스휴머니스트가 아니다"면서도 "하지만 내가 그들의 현재를 살아가지 않는다고 장담하지는 못하겠다"고 책의 끄트머리에서 복잡한 심경을 털어놓는다.

참고문헌

- 『부자의 유전자, 가난한 자의 유전자Our Posthuman Future』 (프랜시스 후쿠야마, 한국경제신문, 2003)

- 『특이점이 온다The Singularity Is Near』 (레이 커즈와일, 김영사, 2007)

- 『급진적 진화Radical Evolution』 (조엘 가로, 지식의숲, 2007)

- 『냉동인간The Prospect of Immortality』 (로버트 에틴거, 김영사, 2011)

- 『마음의 아이들Mind Children』 (한스 모라벡, 김영사, 2011)

- 『우리는 어떻게 포스트휴먼이 되었는가How We Became Posthuman』 (캐서린 헤일스, 플래닛, 2013)

- 『포스트휴먼The Posthuman』 (로지 브라이도티, 아카넷, 2015)

- 『사이보그 시티즌Cyborg Citizen』 (크리스 그레이, 김영사, 2016)

- 『슈퍼인텔리전스Superintelligence』 (닉 보스트롬, 까치, 2017)

- 『포스트휴먼이 온다』 (이종관, 사월의책, 2017)

- 『인공지능의 존재론』 (이중원 엮음, 한울아카데미, 2018)

- 『생각하는 기계Machines That Think』 (토비 월시, 프리뷰, 2018)

- *Redesigning Humans*, Gregory Stock, Houghton Mifflin, 2002

- *Human Enhancement*, Nick Bostrom(ed), Oxford University Press, 2009

- *Transhumanism*, David Livingstone, Sabilillah Publications, 2015

- *The Singularity*, Uziel Awret(ed), Imprint Academic, 2016

3부

공학기술의
미래를 말하다

5장

공학기술의 끝나지 않는 질문

24

매트릭스로 철학하기

이인식 지식융합연구소장

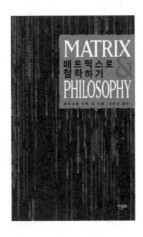

「매트릭스」는 일종의 로르샤흐 검사의 구실을
하는 영화이지 않는가?

슬라보예 지젝

매트릭스로 철학하기

슬라보예 지젝 지음

이운경 옮김

한문화

1

1999년 부활절 주말에 미국에서 개봉된 영화 「매트릭스The Matrix」는 여느
훌륭한 예술작품들처럼 다양한 문제제기의 원천이 되었다. 감독은 미국의
워쇼스키 형제Wachowski Brothers이다. 형은 1965년생, 아우는 1967년생이다.
워쇼스키 형제는 2003년 속편인 「매트릭스 2-리로디드The Matrix Reloaded」
와 「매트릭스 3-레볼루션The Matrix Revolutions」을 잇따라 내놓아 매트릭스 시
리즈는 철학, 종교, 문학, 과학 등 서로 다른 관점에서 곱씹어 보지 않으면

그 내용을 파악하기 어려운 문제작으로 떠올랐다.

매트릭스_{matrix}라는 단어는 '모체, 기반, 자궁, 모형, 주형, 행렬(수학), 입력 도선과 출력도선의 회로망(컴퓨터)'을 뜻한다. 이 단어는 미국의 작가인 윌리엄 깁슨_{William Gibson}(1948~)에 의해 새로운 의미를 갖게 된다. 깁슨은 1984년에 펴낸 출세작인 디스토피아 소설『뉴로맨서_{Neuromancer}』에서 전 지구적으로 수억 명이 연결된 컴퓨터 통신 네트워크를 매트릭스라고 명명하고, 그러한 통신망에 의해 형성되는 새로운 공간을 사이버스페이스_{cyberspace}라고 명명하였다. 깁슨의 매트릭스 안에는 많은 초인적인 인공지능이 존재한다. 소설 제목으로 쓰인 뉴로맨서도 그들 가운데 하나이다. 신체의 각 부분을 로봇의 부속품처럼 마음대로 교환할 수 있는 이 소설의 주인공들은 자신의 뇌에 이식된 소켓에 전극을 꽂음으로써 사이버스페이스로 들어간다. 깁슨은『뉴로맨서』에서 가상현실_{virtual reality}을 지칭하기 위해 사이버스페이스와 매트릭스라는 용어를 새로 만들어 처음 사용한 것이다.

「매트릭스」에서 영화배우 키아누 리브스는 낮에는 컴퓨터 프로그래머로 일하면서 밤이면 인터넷 속의 다른 세계를 살아가는 해커인 네오를 연기한다. 네오가 처음 접선한 여자인 트리니티, 세례자 요한 역할의 모피어스, 궁극적 진실의 계시자인 오라클, 유다를 연상시키는 사이퍼 등이 나오는 영화의 무대는 2199년 인공지능 기계와 인류의 전쟁으로 폐허가 된 지구이다.

미래의 지구는 다음과 같이 그려진다. 마침내 인공지능 컴퓨터들은 인류를 정복하여 인간을 자신들에게 에너지를 공급하는 노예로 삼는다. 거의 모든 인간은 달걀처럼 생긴 컨테이너에서 죽은 사람을 액화시킨 찌꺼기를 영양액으로 받아먹으면서 에너지를 생산하여 컴퓨터에 공급한다. 땅속 깊이에서 수십억 명의 인간들이 컴퓨터의 건전지(배터리)로 사육되는 것이다.

말하자면 인간은 오로지 기계에 의해서, 기계를 위해 태어나고 생명이 유지되고 이용된다. 그러나 대부분의 인간은 이런 상황을 모른 채 행복하게 산다. 인공지능이 인간에게 속임수를 쓰기 때문이다. 인공지능이 1999년의 세계를 똑같이 본뜬 가상현실, 곧 매트릭스를 창조한 것이다. 인공지능은 사람의 뇌 속을 조작하여 실제와 구별하기 어려운 환상인 가상현실을 창조하기 때문에 2199년 컴퓨터의 노예로 살면서도 200년 전인 1999년 미국의 전형적인 대도시에 살고 있다고 착각하는 것이다.

하지만 모피어스 등 소수의 사람들은 인공지능이 만든 디지털 환상으로부터 자유롭다. 그들은 네오를 달걀에서 빼내 매트릭스의 압제에 도전하는 저항세력을 구축한다. 매트릭스를 탈출한 네오와 모피어스는 인공지능의 제거 대상이 되어 쫓기는 신세가 된다. 결국 네오는 총알 세례를 받고 죽지만, 트리니티가 "넌 죽을 수 없어. 내가 널 사랑하니까"라고 말하면서 키스를 하자 약 3초 만에 부활한다. 네오는 예수 그리스도처럼 세계를 구원하기 위해 다시 살아나는 것이다. 요컨대 「매트릭스」는 뇌 속의 기억을 조작하여 인간을 지배하려는 컴퓨터와 이에 맞서는 인간들 사이의 대결을 그린 영화이다.

모피어스는 네오에게 매트릭스에 대해 다음과 같이 설명한다.

매트릭스는 사방에 있네. 우리를 전부 둘러싸고 있지. 심지어 이 방안에서도. 창문을 통해서나 텔레비전에서도 볼 수 있지. 일하러 갈 때나 교회갈 때, 세금을 내러 갈 때도 느낄 수가 있어. 매트릭스는 바로 진실을 볼 수 없도록 우리 눈을 가려온 세계라네.

매트릭스로 상징되는 테크놀로지는 우리의 일상생활을 샅샅이 통제하고 있는 것이다. 「매트릭스」는 우리가 벌써 첨단기술의 포로가 되었다는 사실을 새삼스럽게 일깨워주고 있음에 틀림없다.

2

「매트릭스」의 주인공인 네오가 등장하는 첫 장면에서 관객들은 그가 프랑스의 포스트모더니즘 철학자인 장 보드리야르Jean Baudrillard(1929~2007)가 1981년에 펴낸 『시뮬라크르와 시뮬라시옹Simulacre et Simulation』의 속을 파내 자신의 해킹 프로그램을 보관하고 있는 모습을 보게 된다. 불어인 시뮬라시옹은 시뮬레이션simulation, 곧 '모의실험' 또는 '모조품 만들기'를 뜻하며 시뮬라크르simulacre는 시뮬레이션의 산물인 '모조품'을 의미한다.

보드리야르에 따르면 시뮬라시옹에 의해 우리가 사는 세상이 위조될 수 있으며, 머지않아 현실과 비현실 사이의 경계를 구분할 수 없는 시대가 도래한다. 「매트릭스」의 주인공이 살고 있는 세계 역시 컴퓨터 시뮬레이션으로 만들어낸 가짜(시뮬라크르)이다.

모피어스는 매트릭스를 빠져나온 네오에게 "현실 세계에 온 것을 환영하네"라고 말하면서 다시 한 번 보드리야르의 책을 직접 인용한다. 그동안 네오가 컴퓨터 시뮬레이션인 매트릭스에 의해 만들어진 디지털 환상 속에서 살았음을 상기시켜 준 것이다.

「매트릭스」에서 시뮬레이션은 컴퓨터 자판을 두드리는 소리로 시작된다. 자판을 두드려 화면에 나타낸 가짜 공간이 다름 아닌 가상현실(VR)이다. 컴퓨터에 의해 생성된 3차원 환경에 사용자가 몰입하여 그 세계를 구성하는 가상의 대상들과 현실세계에서처럼 상호작용하게끔 하는 기술이 가상현실이다.

VR이라는 용어는 미국의 재런 러니어Jaron Lanier(1960~)가 처음 만들었다. 러니어는 작곡가가 되려고 고등학교를 중퇴했으나 결국 컴퓨터에 미치게 된 괴짜였다. 1989년 VR이라는 단어를 만들어내자 그 해《뉴욕타임스》가 대서특필하여 29세에 일찌감치 세계적 명사의 반열에 오르게 되었다.

가상현실, 곧 사이버공간으로 들어가기 위해서는 인터넷 안경Internet glasses과 같은 특수장치가 필요하다. 인터넷 안경을 쓰고 눈만 한두 번 깜빡이면 곧바로 인터넷에 연결된다. 인터넷 안경은 입체 시각 능력을 부여하므로 착용자는 컴퓨터 화면의 2차원 이미지를 현실세계의 3차원 대상인 것처럼 착각하게 된다.

우리가 가상의 현실임을 알면서도 진짜인 것처럼 느낄 수 있으려면 사람의 오감을 그대로 재현하는 기술이 무엇보다 중요하다. 오감인식 기술 중에서 시각과 청각 기술은 크게 발전한 반면 촉각 기술은 뒤늦게 개발되었다. 사이버공간에서 사람의 촉각 능력을 그대로 재현하는 기술을 연구하는 분야는 햅틱haptics이다. 촉각을 재현하는 기술은 햅틱 기술, 촉각을 전달하는 장치는 햅틱 인터페이스라고 한다.

햅틱 장갑을 손에 끼고 가상현실 속으로 들어가서 컴퓨터에 나타난 이미지의 모서리에 손을 대면 촉감을 느낄 수 있을 뿐만 아니라, 그 이미지를 움직이려 할 때 그 이미지로 표현된 실제 대상의 질감 때문에 손끝에 와 닿는 물리적 힘이 실제처럼 사용자에게 지각된다.

한편 현실세계에 가상현실을 혼합하는 기술인 증강현실augmented reality도 다양하게 활용된다. 증강현실(AR)은 실제 환경에 가상 사물을 합성하여 원래의 환경에 존재하는 사물처럼 보이도록 하는 컴퓨터 기술이다. 증강현실은 사용자가 눈으로 보는 현실세계의 이미지에 가상물체의 이미지를 겹쳐 하나의 영상으로 보여주기 때문에, 완전한 가상세계를 전제로 하는 가상현실과는 달리 사용자가 실제 환경도 볼 수 있다. 따라서 증강현실은 가상현실보다 현실감이 더 뛰어날 수밖에 없다.

2016년 7월 출시되어 세계 곳곳에서 폭발적인 인기를 끈 '포켓몬고Pokemon Go'는 증강현실 기술을 스마트폰에 응용한 게임이다.

가상현실과 증강현실의 발전으로 보드리야르의 주장처럼, 진짜 현실 거의 전부가 위조된 가짜 현실로 대체되는 공간에 살면서 실제현실과 가상현실(시뮬라시옹), 이를테면 원본과 모조품을 더 이상 구분할 수 없게 될 날도 멀지 않은 것 같다.

「매트릭스」에서 네오가 처음으로 가상현실 훈련 프로그램을 경험하게 되었을 때 모피어스는 네오에게 다음과 같이 말한다.

> 현실이 뭐지? 현실을 어떻게 정의내리나? 만일 느끼고, 맛보고, 냄새 맡고, 보는 그런 것들을 현실이라고 하는 거라면, 현실은 그저 뇌에서 해석해 받아들인 전기 신호에 불과해.

3

대학 중퇴자 형제가 연출한 「매트릭스」만큼 철학자들에게 논쟁거리를 듬뿍 안겨준 영화도 흔치 않을 것 같다. 철학자 17명의 공동 집필로 2002년 출간된 『매트릭스로 철학하기Matrix and Philosophy』에서 대표 저자인 슬라보예 지젝Slavoj Zizek(1949~)은 "「매트릭스」는 일종의 로르샤흐 검사Rorschach test의 구실을 하는 영화이지 않은가?"라고 묻는다. 로르샤흐 검사는 사람의 심리 상태를 진단하는 방법이다. 이 책의 서문에는 "철학자들은 실존주의 · 마르크스주의 · 페미니즘 · 불교 · 허무주의 · 포스트모더니즘 등 각자의 관심 분야의 틀로 이 영화를 읽는다"고 적혀 있다.

『매트릭스로 철학하기』를 공동 집필한 저자들은 「매트릭스」에서 제기된 질문에 대한 답을 얻기 위해 "플라톤 · 아리스토텔레스 · 아퀴나스 · 데카르트 · 칸트 · 니체 · 사르트르 · 셀라스 · 노지크 · 보드리야르 그리고 콰인을 이용"하며, "형이상학 · 인식론 · 윤리학 · 미학 · 마음의 철학 · 종교 철학 그리고 정치 철학 등 철학의 다양한 주요 분야를 탐구해야 한다. 이 과정에서 여러 다양한 질문들이 제기된다. 그러나 이러한 질문들은 결국 단 하나의 요구만을 남긴다. 바로 '깨어나라!'는 것"이다.

『매트릭스로 철학하기』의 차례만 훑어보아도 이 책의 서문에서 밝힌 것처럼 "이 책은 철학자들만을 위한 것이 아니라 '우리를 미치게 만드는 마음속의 가시Splinter in the mind, driving us mad'를 지녀 본 적이 있는 우리 모두를 위한 책"임을 짐작할 수 있을 것 같다.

01 네오와 소크라테스 그리고 그들을 곤경에 빠뜨린 의문들

02 「매트릭스」는 데카르트를 반복한다: 삶은 악령의 기만

03 보기, 만지기, 밀기 … 진실은 어디에?

04 인공낙원 대신 진실의 사막을 걷겠다: 네오와 도스토예프스키의 지하생활자

05 예기치 않게 삼켜버린 쓴 약: 「매트릭스」와 사르트르의 『구토』가 보여주

『매트릭스로 철학하기』의 목차를 보고 나면 이 책의 서문에서 "이 책이 당신의 철학 공부의 끝이 아니라 시작이 되었으면 한다"라는 당부에 고개를 끄덕일 수밖에 없는 것 같다.

　우리나라 철학자들도 「매트릭스」가 제기한 질문에 응답하기 위해 2003년 11월에 일곱 명이 공동 집필한 『철학으로 매트릭스 읽기』를 펴냈다. 편집자는 머리말에서 '현상학·논리학·인식론·미학·정신분석학·동양철학 등 전공자들의 시각에서 영화를 읽어낸 것이라고 밝혔다.

참고문헌

- 『뉴로맨서Neuromancer』 (윌리엄 깁슨, 열음사, 1996)

- 『가상현실의 철학적 의미The Metaphysics of Virtual Reality』 (마이클 하임, 책세상, 1997)

- 『공간의 역사The Pearly Gates of Cyberspace』 (마거릿 버트하임, 생각의나무, 2002)

- 『우리는 매트릭스 안에 살고 있나Taking The Red Pill』 (글렌 예페스, 굿모닝미디어, 2003)

- 『철학으로 매트릭스 읽기』 (이정우 외, 이룸, 2003)

25

우리들
- 과학주의의 악몽

석영중 고려대학교 노어노문학과 교수

우리들
예브게니 자먀찐 지음
석영중 옮김
열린책들

'디스토피아 소설' 하면 대부분의 독자는 헉슬리의 『멋진 신세계』와 오웰의 『1984』를 떠올릴 것이다. 그러나 현대 디스토피아 소설의 실질적인 원조는 이 두 작품 보다 먼저 발표된 러시아 작가 자먀찐E. Zamyatin(1884~1937)의 『우리들We』(1921)이다. 조선학을 전공한 자먀찐은 과학기술에 대한 전문지식과 문학적 상상력을 버무려서 최악의 전체주의 사회를 빚어냈다. 과학과 자본과 권력이 엮일 때 도래할 수 있는 암울한 미래의 비전은 이후 무수한 SF 디스토피아 소설에 영감을 주었다.

자먀찐은 요즘 시각에서 보면 문과와 이과의 융합 인재라 할 수 있다. 그는 페테르부르크 종합 기술 대학에서 조선학을 전공한 후 1916년 영국으로 파견되어 쇄빙선 알렉산드르 네프스키 호의 건조를 감독했다. 그러나 1917년 가을에 귀국한 뒤에는 공학 대신 문학에 투신했다. 볼셰비즘Bolshevism의 지지자로서 소설, 서평, 에세이 등을 집필하는 한편 예술 회관에서 혁명 노선에 입각한 각종 강연과 연설을 주도했다.

혁명 초기에 자먀찐이 가졌던 기대와 열정은 곧 혐오와 불안으로 바뀌었다. 그에게 혁명은 변화이자 자유이자 도약이어야 했다. 혁명이란 "아인슈타인이나 로바쳅스키[2]가 일으킨 변화와 같은 것"이며 그에 부합하는 문학은 "규격화된 리얼리즘, 그 유클리드적 좌표계에서 과감하게 이탈하여 전위와 왜곡과 환상 속에 존재하는 에너지를 포착하는 것"이어야 했다. 그의 기대와는 달리 1920년대 중후반부터 모든 예술 실험에는 반혁명의 낙인이 찍히고 오로지 사회주의 리얼리즘만이 허용되는 극도로 경직된 분위기가 굳어져갔다. 생각과 표현에서 단 하나의 목소리만 허용하는 전체주의에 그는 경악했다. 그와 체제간의 불화는 피할 수 없는 것이 되었다.

문단의 이단아 자먀찐에 대한 비판의 소리는 1927년 『우리들』이 국외에서 러시아어로 출판되자 절정에 이르렀다. 먼 미래를 배경으로 하는 SF소설이지만 누가 보더라도 소비에트 사회에 대한 신랄한 풍자라는 것이 분명했다. 『우리들』의 출판 경로는 상당히 복잡하다. 러시아 작가가 러시아어로 쓴 소설임에도 1924년에 영역본이 먼저 출간되었다. 이어서 체코어와 프랑스어 번역본이 출판되었다. 그러다가 1927년에 프라하의 망명 월간지 《러

---

2   니콜라이 이바노비치 로바쳅스키Nikolay Ivanovich(1792~1856): 비유클리드 기하학의 창시자.

시아의 의지》에 러시아어 텍스트가 발표되었다. 편집자 슬로님은 그렇지 않아도 당국의 눈총을 받던 저자의 신변 보호를 위해 체코어에서 러시아어로 재번역한 것이라고 둘러댔지만 통하지 않았다. 소설은 소비에트 당국에 대한 공공연한 도전으로 간주되고 자먀찐은 더 이상 작품 활동을 할 수 없게 되었다. 1932년 파리로 망명한 그는 생활고와 병고에 시달리다가 1937년 3월 심장마비로 사망했다.

『우리들』은 200년 동안 계속된 전쟁에서 살아남은 인류가 지구 위에 건설한 가공의 "단일제국"을 배경으로 한다. 이름부터 철저한 획일화를 표방하는 이 나라에서 모든 국민은 똑같은 청회색 제복을 입고 똑같이 생긴 투명한 유리 건물에서 똑같은 인공 음식을 먹고 산다. 이름 대신 번호로 불리는 국민의 삶 전체는 "시간 율법표"에 따라 진행되며 심지어 연애와 성생활까지도 정부가 정해놓은 "기준"에 의거해 조정된다. 그들의 일거수일투족은 "보안요원"의 통제를 받으며, 독재자 "은혜로운 분"은 지상의 신으로 군림한다.

과학문명의 정점에 도달한 이 사회에서 모든 비합리적인 것, 감상적인 것은 이성과 효율로 대체되고 개인은 전체에 흡수된다. 학습은 오늘날의 AI에 해당되는 기계를 통해 이루어지고 문학과 예술 또한 규격화된 생산 공정을 거친다. 모든 번호가 입을 모아 부르는 수학찬가 "$2 \times 2 = 4$"는 그 어떤 음악보다도 아름답고 장엄한 애국가다. 모든 번호가 절대적으로 합리적이고 행복한 삶을 영위하는 대신 자유는 절대적으로 불가능하다. 자유는 "비조직적이고 야만적인 상태"일 뿐이다. 삶은 '나'에서 거대한 기계의 동등한 톱니바퀴인 '우리'로 전이된다.

주인공 D-503은 우주선 인테그랄의 조선기사로 단일제국의 충성스러운 일원이다. 그런데 어느 날 I-330 이라는 여성 번호와 알게 되면서 단일제국에서는 허용되지 않는 원초적이고 본능적인 사랑에 휘말린다. I-330은 그가 적응해온 체제와 가치를 전복시키면서 완전히 다른 세계, 자유로운 세계를 열어 보인다. 물론 I-330이 우연히 주인공의 삶에 등장한 것은 아니다. 그녀는 사실상 주인공의 우주선을 탈취하여 단일제국을 무너뜨리려는 혁명 세력의 조직원이다. 그들의 계획은 결국 수포로 돌아가고 I-330은 처형당한다. D-503은 뇌수술을 받고 다시 온건한 번호로 돌아간다.

단일제국의 전체주의는 '과학주의'scientism에서 출발한다. 양자의 관련성은 우선 이 세계가 '유리 세계'라는 점에서 극대화된다. 모든 건물이 유리로 지어진 제국은 즉각적으로 도스토옙스키의 "수정궁"Crystal Palace을 상기시킨다. 수정궁은 1851년의 런던 만국박람회장을 일컫는 이름이다. 당대 과학기술의 정점을 보여주는 만국박람회를 유치한 장소가 293,655장의 규격화된 판유리로 조립된 건물이었기 때문에 '수정궁'이라 불렸다. 도스토옙스키는 모든 사람이 한목소리로 상찬하는 수정궁에서 전체주의의 가능성을 읽었고 기술이 권력을 넘어 종교가 되는 미래사회를 내다보았다. "지구 전역에서 단 한 가지 생각을 가지고 온 수십만 수백만 사람들이 이 거대한 궁전에서 조용히 끈기 있게 입을 다물고 모여 있는 모습"에서 그는 "길들여진 양떼"를 발견했다. 모든 것이 다 들여다보이는 유리, 그 완벽한 투명함과 절대적인 명료함은 모든 문제의 완벽한 해결과 모든 행동의 완전한 예측 가능성, 확고부동한 논리의 승리를 상징한다. "무언가 최종적인 것이 성취되어 마무리되었다는 두려운 느낌", 어딘지 모르게 "종말론적인" 느낌은 여기에서 온 것이다.

단일제국의 국가 이념이라 할 수 있는 "2×2 = 4" 역시 도스토옙스키의 소설 『지하에서 쓴 수기』에서 이어받은 개념이다. 개인의 자유의지에 반대되는 모든 것을 도스토옙스키는 "2×2＝4"라 명명한다. "모든 게 도표와 수학에 따라 진행되고 오직 '2×2＝4' 만이 주위에 있을 때 인간 자신의 의지라는 것은 어디 있는가?"

"2×2＝4"가 단일제국으로 들어올 때 그것은 자유를 압살하는 행복의 동의어가 된다.

> 영원한 애인 2×2
> 정열로 영원히 결합된 4
> 이 세상에서 가장 열렬한 연인들--
> 절대로 떨어지지 않는 2×2

이것은 "절대로 실수하지 않는" "영원한 법칙"이다. "망설일 것도 오해할 것도 없다. 진리는 하나, 진리의 길도 하나다." 이 법칙을 따라 사는 번호보다 더 행복한 번호는 없다. 여기에 자유가 끼어들 틈은 없다. "자유라고 하는 명백한 실수에 대해 생각하는 것은 얼마나 부조리한가."

자먀찐은 학문으로서의 과학 및 과학의 업적을 폄하하거나 과학적 세계관 자체에 반대한 것이 아니다. 공학도인 그는 과학과 기술이 인간과 세계를 바라보고 이해하는 대단히 중요한 시각이라 생각했다. 그가 우려했던 것은 과학만이 유일한 진리이며 과학만이 세계를 이해하는 유일한 도구이며 과학만이 인간의 삶을 좌지우지할 수 있는 유일한 힘이라는 사고방식이었다. 그와 같은 사고방식이 권력과 결탁하면 과학 근본주의, 곧 과학주의가 된다. 자먀찐이 격렬하게 반대한 것은 바로 이 과학주의였다.

지난 세기 비평은 대체로 『우리들』을 사회주의에 대한 비판으로 간주하였다. 『우리들』의 출판이 구소련에서는 금지되었다가 페레스트로이카를 계기로 허용된 것도 이 때문이다. 그러나 현대 독자의 입장에서 볼 때 자먀찐은 그보다 훨씬 큰 사유의 세계로 독자를 초대한다. 이 사유 세계에서 핵심은 인간이다.

단일제국에서는 모든 것이 효율과 시스템으로 움직인다. 만일 어느 번호가 시스템에 어긋나는 비효율적인 행동을 할 경우 그에게는 "영혼" 혹은 "환각증"이 생긴 것으로 간주된다. "당신들이 완벽해지고 기계와 동등해질 때, 백 퍼센트 행복으로 향한 길이 열리게 된다." 요컨대 오늘날의 "인간 향상"과 매우 비슷하게 들리는 모종의 뇌수술로 환각증을 치료하면 인간은 완벽해 지고 기계와 동등하게 되고 영원히 행복하게 된다.

이런 식의 행복은 인간 존재의 소멸과 맞닿아 있다. 시스템의 완벽한 통제 하에 놓이게 된 인간은 삶의 일회성과 고유성으로부터 분리되고 역사성으로부터 이탈하며 한 세트의 고정된 법칙으로, 일종의 '보편인'으로 환원된다. 여기 어디에서도 인간 개개인에 대한 존엄성은 찾아 볼 수 없다. 기계적이고 합리적인 수단을 통해 인간의 모든 것을 수정하고 교정하고 향상시킬 수 있다는 생각은 인간은 지배될 수 있고 통제될 수 있고 심지어 만들어질 수도 있다는 생각과 위험하리만큼 가깝다. 인간을 불합리하고 모순적이고 예측 불가능한 존재가 아닌, 사용설명서가 첨부된 완제품으로 볼 때 결국 인간은 소멸할 것이다.

단일제국이 왜 악몽인지를 설명할 길은 없다. 그것을 일일이 설명해야 한다면 이미 그 때는 인간의 본성에 대한 공유된 정의가 사라져버린 터일 것이니 굳이 설명해야 할 필요도 없을 것이다. 다행스럽게도, 아직은 그러한 공유된 정의가 존재하며 인간 소멸에 대한 우려의 목소리도 존재한다. 대표적인 예로 유발 하라리의 『호모 데우스』를 들 수 있다. 『우리들』이 쓰여지고 약 1세기 뒤에 하라리는 자먀쩐과 유사한 시각에서 기술종교tech-no-religion를 성찰하는 『호모 데우스』를 썼다. 종교를 대신한 기술이 위대한 알고리즘과 유전자를 통해 행복과 번영, 그리고 심지어 영생까지도 약속할 때 이제까지 우리가 알아온 인간의 존속이 위협받게 된다는 내용이다. 하라리와 자먀쩐의 연결점은 제목에서부터 드러난다. "신처럼 된 인간"을 의미하는 "호모데우스"는 『우리들』에서 이미 언급된 바 있다. "우리의 신은 여기 낮은 곳에, 우리와 함께 있다. 보안국에, 취사장에, 작업장에, 화장실에 있다. 신은 우리처럼 되었다. 그러므로 우리는 신처럼 되었다."

"신처럼 된 인간"은 반어적이다. 인간은 신처럼 "위대하게" 되는 것이 아니라 인간 본성을 상실한 채 신처럼 위대한 시스템에 종속되어 소멸해 간다. 하라리는 예견한다. "시간이 갈수록 데이터베이스는 커질 것이고 통계는 더 정확해질 것이고 알고리즘은 더 개선될 것이다. 그 시스템이 나보다 나를 더 잘 알기만 하면 그날로 자유주의는 붕괴될 것이다." 개인은 "누구도 이해하지 못하는 거대한 시스템의 작은 칩"으로 전락한 뒤 "데이터 급류에 휩쓸려 흩어질 것이다." 하라리가 말하는 "작은 칩"이 자먀쩐의 "번호들"과 일치함을 묵과하는 것은 불가능할 것 같다.

참고문헌

* 『호모데우스』 (유발 하라리, 김영사, 2017)

* 『멋진 신세계』 (올더스 헉슬리, 문예출판사, 2010)

:: 석영중

고려대학교 노어노문학과 교수. 한국러시아문학회 회장, 한국슬라브학회 회장을 역임하였으며 현재 한국문학번역원 이사이다. 『인간 만세』 『자유 도스토예프스키에게 배운다』 『러시아 문학의 맛있는 코드』 『뇌를 훔친 소설가』 등 여러 권의 책을 썼으며, 옮긴 책으로 『지루한 이야기』 『우리 들』 『레퀴엠』 『뿌쉬낀 문학전집』(전6권) 등이 있다. 도스토예프스키의 문학 세계 분석을 비롯한 러 시아 문학 분야에서 다수의 논문을 발표하는 한편 네이버 열린연단 "도스토옙스키의 죄와 벌", 카이스트 TedxKAIST "톨스토이 뇌를 탐하다" 등 강연을 통해 대중과 활발히 소통하고 있다.

26

미래는 누구의 것인가

이인식 지식융합연구소장

> 구글은 우로보로스, 즉 자기 꼬리를 삼키는 뱀
> 이 되고 말지도 모른다.
>
> 재런 러니어

미래는 누구의 것인가
재런 러니어 지음
노승영 옮김
열린책들

1

인터넷의 부정적 측면에 대해 끈질기게 문제를 제기하는 대표적 논객은 미국의 재런 러니어Jaron Lanier(1960~)이다. 1989년 29세에 가상현실virtual real-ity이라는 용어를 만들어 낸 러니어는 작곡가가 되려고 고등학교를 중퇴한 뒤 컴퓨터에 미친 괴짜이다.

1989년 《뉴욕타임스》에 대서특필되어서 20대에 이미 세계적 명사의 반열에 올랐으며 가상현실의 대부로 자리매김하였다. 인터넷 발전에 공헌한 장본인이 인터넷의 문제점을 신랄하게 비판하는 터라 러니어의 주장은 울

림이 더욱 크게 받아들여진다.

2000년 러니어는 《와이어드Wired》 12월호에 실린 글에서 컴퓨터 기술을 무조건 신뢰하는 사회적 풍조를 사이버네틱 전체주의cybernetic totalism라고 명명하고 이로부터 비롯된 종말론을 공격했다. 러니어에 따르면 유전공학, 나노기술, 로봇공학의 발달로 사람보다 영리한 기계가 출현하면 "컴퓨터가 물질과 생명을 지배하는 최종적인 지적 주인이 되면서 우리가 죽기 전에 종말론적인 대격변이 일어나리라는 놀라운 믿음을 갖는" 종말론이 유행처럼 퍼져 나가고 있다.

러니어는 2050년 이후 지구의 주인이 인류에서 로봇으로 바뀌게 될 것이라는 "사이버네틱 전체주의 지식인들의 이데올로기는 수많은 사람을 고통스럽게 만드는 힘으로 작용하게 될 것"이라고 지적하고 사이버네틱 종말론이 역사상 가장 나쁜 몇 가지 이데올로기처럼 인류를 불행으로 몰아넣을지 모른다고 경고했다.

2006년에 러니어는 웹사이트 포럼인 에지www.edge.org에서 발행하는 《에지Edge》 5월 30일자에 「디지털 모택동주의digital Maoism」라는 제목의 글을 실었다. 부제는 '새로운 온라인 집단주의online collectivism의 위험 요소'이다.

사이버네틱 전체주의를 디지털 모택동주의라고 새롭게 명명한 러니어는 인터넷 사용자가 자발적으로 참여하여 스스로 정보를 제공하고 네트워크를 공유하는 새로운 형태의 월드와이드웹, 곧 웹 2.0의 부정적 측면을 날카롭게 지적하여 언론의 대단한 주목을 받았다.

가령 웹 2.0의 가능성을 입증한 사례로 손꼽히는 세계 최대의 온라인 무료 백과사전인 위키피디아는 누구나 자유롭게 사전의 항목을 작성, 수정, 편집할 수 있으므로 수많은 네티즌의 대규모 협동 작업이 일구어낸 성과로 여겨진다. 하지만 러니어는 네티즌이 익명으로 참여하기 때문에 개인의 목소리가 배제된 집단주의라고 비판한다.

이러한 온라인 협동 작업은 개인의 창의성이 거의 무시되므로 '와글와글하는 군중의 사고hive thinking'에 불과하다. 이를 테면 웹 2.0이 인터넷 찬양론자들의 주장처럼 집단지능collective intelligence을 표출시키기는커녕 네티즌의 군중심리만을 자극한다는 것이다.

2010년 1월 중순에 펴낸 『당신은 부속품이 아니다You Are Not a Gadget』에서 러니어는 인터넷 사용자들이 익명성의 뒤에 숨어서 집단으로 마녀사냥을 하게 된다고 주장하고 그 예로 영화배우 최진실(1968~2008)의 자살을 들었다.

러니어는 개인의 창의성을 말살하는 웹 문화를 극복하기 위해서는 무엇보다 인터넷에서 정보를 공짜로 사용할 수 없도록 하는 방법이 강구되어야한다고 주장한다. 개인의 지적재산권이 존중될 때 비로소 누구나 부속품이상의 존재가 될 수 있다는 것이다.

2

러니어는 『당신은 부속품이 아니다』에서 지적한 웹 문화의 문제점을 좀더구체화하고 해결책도 제시한 문제작을 펴낸다. 2013년에 출간된 『미래는누구의 것인가Who Owns the Future』는 러니어의 통찰이 여실히 빛나는 역작이다.

러니어는 "우리는 정보가 공짜라고 생각하지만, 공짜라는 환상에 대해우리가 지불하는 대가가 유효한 것은 전체 경제의 대다수가 아직은 정보

위주로 돌아가지 않을 때까지뿐이다"고 전제하면서 "디지털 기술이 삶에 필요한 모든 것의 가격을 낮추어 풍요로운 삶을 사실상 공짜로 누릴 수 있게 되고 돈, 일자리, 빈부 격차, 노후 계획 등을 전혀 걱정하지 않아도 될 지 모른다. 하지만 나는 이렇게 반듯한 그림이 전개되리라는 것에 회의적이다"고 자신의 입장을 피력한다.

인터넷에는 공짜 정보가 넘쳐난다. 구글을 검색하면 세계의 거의 모든 학술정보를 공짜로 구할 수 있다. 페이스북은 이 세상의 모든 사람과 공짜로 친구가 되는 기회를 제공한다. 위키피디아에는 무료로 열람할 수 있는 정보가 널려 있다. 네이버와 다음을 검색하면 맛집의 위치부터 여배우의 몸무게까지 공짜로 알아낼 수 있다. 한 마디로 인터넷은 공짜 정보의 바다이다.

러니어는 이런 공짜 서비스를 제공하는 구글, 페이스북, 네이버, 다음을 뭉뚱그려 세이렌 서버siren server라고 부른다. 그리스 신화에 등장하는 세이렌은 아름다운 여자의 얼굴에 독수리의 몸을 가진 새-여자이다. 세이렌은 여자의 유혹, 속임수의 상징이다. 아름다운 노래로 뱃사람들이 바다에서 길을 잃게 하여 죽음으로 몰아넣기 때문이다.

러니어는 "세이렌 서버는 대체로 거대한 시설이며 자체 발전소와 특별한 자연환경(이를테면 엄청난 발열을 냉각할 수 있는 외딴 강)을 갖추고 눈에 잘 띄지 않는 곳에 자리 잡는다"고 설명하고 "이 새로운 부류의 초강력 컴퓨터는 형태가 여러 가지이다"면서 사례를 열거한다. 세이렌 서버에는 초단타 매매 같은 금융 업무를 수행하는 컴퓨터, 보험 회사 컴퓨터, 선거를 관리하는 컴퓨터, 거대 온라인 쇼핑몰을 운영하는 컴퓨터, 소셜 네트워크나 검색 서비스에 쓰이는 컴퓨터, 국가 정보 기관에서 돌리는 컴퓨터가 있는데,

"이들 간의 차이는 종이 한 장에 불과하다"는 것이다.

러니어는 "놀랍게도 많은 사람들이 놀랍도록 많은 양의 가치를 네트워크에 제공하지만 부의 대다수는 원료를 제공하는 사람들이 아니라 이 원료를 모아 이용하는 사람들에게 흘러든다"면서 세이렌 서버가 사람들의 정보를 가공하여 큰 돈을 벌지만 정보 제공자에게는 정당한 대가가 주어지지 않는 현실을 비판한다. 세이렌 서버가 각종 정보와 서비스를 공짜로 제공하면서도 수익을 낼 수 있는 것은 물론 기업체의 광고 수입 덕분이다. 그러나 러니어는 "수많은 상품과 서비스가 소프트웨어 위주로 바뀌고 수많은 정보가 공짜가 되어 구글에 광고를 실을, 즉 진짜 돈을 가져다준 기업이 하나도 남지 않는다면 어떻게 될까?"라고 묻고 "구글은 우로보로스Ouroboros, 즉 자기 꼬리를 삼키는 뱀이 되고 말지도 모른다"고 답한다. 상상동물인 우로보로스는 '자기 꼬리를 먹는 것'을 의미한다.

러니어가 구글이나 페이스북을 세이렌 서버에 비유한 이유는 세이렌이 노래로 선원들을 유혹하여 배를 난파시키는 것처럼 공짜 정보로 사람들을 꾀어 이익을 챙기지만 결국에는 모든 산업을 무너뜨리는 파괴적 결말을 초래할 수 있다고 여겼기 때문이다.

3

세이렌 서버가 경제와 일자리에 미치는 영향은 우로보로스처럼 스스로의 돈줄까지 말아먹는 데 그치지 않는다. 세이렌 서버의 어떤 서비스가 공짜로 제공될 때마다 그 서비스를 유료로 제공하던 산업이 몰락하고 수많은 일자리가 사라지게 된다. 결국 세이렌 서버가 지배하는 사회에서는 극소수가 부와 권력을 독점하고, 경제를 떠받치던 건강한 중산층이 붕괴되어 정규 분포의 종형(종모양) 곡선이 승자 독식 곡선으로 바뀐다. 중산층이 탄탄한 경제에서는 사람들의 경제적 성과 분포가 종형 곡선과 비슷하다.

러니어는 "하지만 안타깝게도 새로운 디지털 경제에서 산출되는 결과는 종형곡선보다는 (옛 봉건제나 악덕 귀족경제처럼) 스타 체제를 닮는 경우가 더 많다"고 진단한다.

스타 체제 또는 승자 독식 분포는 1981년 미국의 노동경제학자인 셔윈 로젠Sherwin Rosen(1938~2001)이 발표한 논문인 「슈퍼스타 경제학The Economics of Superstars」에서 비롯된 개념이다.

로젠은 최고의 스타는 엄청난 보상을 받는 반면에 차점자 이하 나머지 거의 모두가 훨씬 작은 보상을 받는 승자독식 현상을 분석하여 슈퍼스타 경제학이라는 개념을 내놓았다.

『미래는 누구의 것인가』에서 러니어는 "세이렌 서버는 모 아니면 도 식 경쟁의 승자이며, 자신과 상호작용하는 컴퓨터에 모 아니면 도 식 경쟁을 강요한다."고 진단하고, 세이렌 서버의 승자 독식 체제에 대한 해결책으로 특유의 인본주의 정보경제humanistic information economy를 제시한다.

러니어에 따르면, 인본주의 정보경제에서는 출처provenance를 기본권으로 취급한다. 인본주의 컴퓨팅의 근본 개념은 출처에 가치가 있다는 것이다. 정보의 실체는 사람이며, 사람들은 자신이 기여하는, 또한 디지털 네트워크에 전송되거나 저장될 수 있는 가치에 대해 대가를 받아야 한다. 따라서 인본주의 컴퓨팅의 가장 중요한 특징은 양방향 링크이다.

러니어는 컴퓨터 기술 초창기의 선구자인 테드 넬슨Ted Nelson(1937~)을 언급하며 그가 내놓은 아이디어인 "양방향 링크가 있는 네트워크에서는 다른 노드가 어디로 연결되는지를 각 노드가 안다. 즉 여러분의 웹사이트를 링크한 모든 웹사이트를 알 수 있고, 여러분의 담보 대출을 매입한 모든 금융업자를 알 수 있고, 여러분의 음악을 이용한 모든 동영상을 알 수 있다"는 것이다. 요컨대 정보의 출처가 공개되므로 "개인은 세이렌 서버의 보이지 않는 운영자에게 부당하게 조작되지 않고 나름의 삶을 살아갈 수 있다."

러니어는 『미래는 누구의 것인가』에서 여기저기에 세이렌 서버에 대항하는 처방전을 늘어 놓고 있다. 가령 "모든 세이렌 서버가 여러분에 대해 수집한 정보에 대해 그 정보의 가치에 비례하여 대가를 지급해야 할 것이다"라든지 "각 사람의 부는 모든 세이렌 서버가 탐내는 제1의 데이터이다"라고 적고 있다.

『미래는 누구의 것인가』에서 러니어가 하고 싶은 말은 다음 문장에 요약되어 있는 것 같다.

인본주의 디지털 경제에서는 경제가 더 포괄적으로 바뀔 것이며, 집에서 로봇으로 드레스를 짓더라도 디자이너가 여전히 먹고 살 수 있을 것이다. 드레스를 입는 사람도 옷을 홍보함으로써 자기도 모르게 돈을 벌 것이다.

책 끄트머리에서 러니어는 "미래의 경제는 사용자 인터페이스 디자인이다"면서 "경제는 사용자 인터페이스 디자인의 규모를 키우고 체계화된 버전으로 탈바꿈해야 한다"라고 주장한다.

무엇보다 "공짜는 결국 나의 삶을 다른 누군가가 결정한다는 뜻임을 잊어버리기란 어쩌나 쉬운지!"라는 대목이 오랫동안 잊혀지지 않을 것 같다.

참고문헌

* *You Are Not a Gadget*, Jaron Lanier, Alfred Knopf, 2010

27
먹이
이인식 지식융합연구소장

모두의 예상을 뒤엎고 훨씬 더 가까운 시기에 누군가 자기복제력을 가진 인공 생명체를 창조하는 데 성공할지도 모른다. 만약 그렇게 된다면 그 결과는 예측하기 어렵다. 그것이 바로 이 소설의 주제이다.

마이클 크라이튼

먹이1, 2　　**마이클 크라이튼** 지음　　**김진준** 옮김　　**김영사**

1

1980년대 중반에 나노기술이 출현하기 전부터 극미한 분자세계에서 물질을 조작하는 장면이 시나브로 과학소설에 묘사되곤 했다.

1965년 프랭크 허버트Frank Herbert(1920~1986)의 소설 『모래언덕(사구)Dune』을 보면 나노기술의 핵심 개념인 원자 조작이 상세히 묘사되어 있다. 특히 소형화된 기계장치들은 영락없는 나노기계nanomachine이다.

1966년 개봉된 아이작 아시모프Isaac Asimov(1920~1992) 원작 영화인 「환상여행Fantastic Voyage」 역시 놀라운 상상력으로 나노의학의 세계를 펼쳐 보인다. 의사들이 잠수정을 타고 환자의 혈관 속으로 들어가서 뇌수술을 하는 장면이야말로 나노의학의 메타포로 손색이 없다.

1985년 그레그 베어Greg Bear(1951~)의 장편소설인 『블러드 뮤직Blood Music』이 발표되었다. 나노기술 문학의 효시로 평가되는 이 소설에는 누사이트noocyte라는 인공지능 세포가 나온다. 이 세포가 유행병처럼 번져 나가 인류를 파괴함과 동시에 초자연적인 변화를 일으켜 인간을 새로운 존재로 개조한다.

1986년 에릭 드렉슬러Eric Drexler(1955~)의 『창조의 엔진Engines of Creation』이 출간된다. 이 책은 나노기술의 이론을 소개한 최초의 저서로 평가된다. 이 책의 출간을 계기로 나노소설nanofiction이 힘을 받기 시작한다.

나노기술은 영화에서도 꾸준히 다루어졌다. 1987년 작품인 「이너스페이스Innerspace」는 축소된 사람이 인체에 투입되어 일어나는 포복절도할 사건을 다루며, 1989년 방영된 「스타 트렉Star Trek」은 나나이트nanite라는 작은 로봇들이 성장하고 진화하는 과정을 소개한다.

1989년 아이언 왓슨Ian Watson의 중편소설인 『나노웨어 타임Nanoware Time』에서는 외계인들이 인간에게 나노웨어를 선물한다. 일종의 나노로봇인 나노웨어가 뇌에 주입된 사람들은 초자연적인 힘을 갖게 된다. 나노웨어가 사람 뇌의 기능을 송두리째 바꿔놓기 때문이다.

그레그 베어는 1990년 『천사들의 여왕Queen of Angels』, 1997년 그 후속작인 『슬랜트Slant』를 펴냈다. 두 소설 모두 나노기술의 위력을 유감없이 보여준다. 『천사들의 여왕』에서 나노기계는 사람의 신체를 변경시킬 뿐만 아니라 정신적 질환까지 치료한다. 『슬랜트』에서 나노로봇은 소화기 분말처럼 깡통에서 퍼져 나간 뒤 건물창고의 물건들을 해체하고 원자를 재조립해서

로봇 무기를 만들어내기도 한다.

『천사들의 여왕』처럼 나노기술에 의해 완전히 바뀐 인류사회를 묘사한 걸작은 닐 스티븐슨Neal Stephenson(1959~)의 1995년 작품인『다이아몬드 시대The Diamond Age』이다. 이 소설에는 각종 나노기계가 등장한다. 사람의 두 개골 속에 설치되는 해골총, 공기 중에 떠다니는 초소형 비행장치, 근육·척추·뇌 안에서 활동하며 네트워크를 형성하여 정보를 주고받는 나노벌레 등이 출몰한다.

2002년 발표된 마이클 크라이튼Michael Crichton(1942~2008)의 장편소설인 『먹이Prey』는 드렉슬러의 이론을 액면 그대로 채택하여 나노기술의 미래를 펼쳐 보인다.

크라이튼은 얼토당토않은 과학적 상상력으로 글을 쓰는 다른 작가들과는 달리 당대의 최신 과학이론을 특유의 문학적 상상력으로 녹여내는 솜씨가 탁월한 작가이다. 예컨대『쥬라기 공원Jurassic Park』(1990)은 카오스 이론을, 『잃어버린 세계The Lost World』(1995)는 복잡성 과학을 곧이곧대로 빌려 쓰고 있다.

『먹이』역시 21세기 과학기술의 핵심 개념인 창발emergence, 인공생명artificial life, 떼지능swarm intelligence에 의존하고 있다. 크라이튼은『먹이』의 머리말에서 나노기술의 기본 이론을 설명하면서 자기복제 능력을 가진 인공생명체가 소설의 주제임을 밝혔다. 이런 맥락에서『먹이』는 단순한 소설이라기보다는 차라리 교양과학 서적으로 읽어도 무방할 만큼 너무나 과학적인 소설이라 아니할 수 없겠다.

나노기술 이론의 선구자인 에릭 드렉슬러는 『창조의 엔진』에서 당대의 과학이론으로는 도저히 실현 불가능한 어셈블러assembler의 아이디어를 내놓았다. 어셈블러는 분자를 원료로 사용하여 유용한 거시물질의 구조로 조립해내는 분자 크기의 장치이다. 만일 어셈블러가 어떠한 물체도 조립할 수 있다면 자기 자신도 만들어내지 말란 법이 없다. 말하자면 자기 자신도 복제할 수 있다. 이 나노로봇은 생물체의 세포처럼 자기 증식이 가능할 것이기 때문에 얼마 뒤에 두 번째 나노로봇을 얻게 되고, 조금 지나서는 네 개, 여덟 개 등 기하급수적으로 증식하게 될 것이다.

드렉슬러는 1991년 두 번째 저서인 『무한한 미래Unbounding the Future』에서 어셈블러가 대량으로 보급되면 분자제조molecular manufacturing가 실현되어 제조 산업에 혁명적인 변화가 일어날 것이라고 주장했다. 이어서 2013년에 펴낸 『급진적 풍요Radical Abundance』에서 드렉슬러는 분자제조 방식을 원자정밀제조APM, atomically precise manufacturing라고 명명하고, APM에 의해 농업혁명, 산업혁명, 정보혁명을 넘어 제4차 기술혁명이 일어날 것이라고 전망했다.

그러나 어셈블러의 자기복제 기능으로 말미암아 인간의 힘으로는 통제 불가능한 재앙이 발생할 수도 있다. 인체 안에서 활동하는 나노로봇이 돌연변이를 일으켜 암세포를 죽이기는커녕 제멋대로 증식한다면 생명이 위태로워질 것이다. 유독 쓰레기를 제거하기 위해 뿌려놓은 어셈블러가 자기복제를 멈추지 않으면 지구는 로봇 떼로 뒤덮일 것이다.

드렉슬러는 수백만 개의 자기증식 나노기계가 지구 전체를 뒤덮게 되는 상태를 잿빛 덩어리grey goo라고 명명했다. 이른바 그레이 구 상태가 되면 인류는 최후의 날을 맞게 된다는 것이다.

드렉슬러의 이론을 지지하는 사람들은 나노로봇이 특정 임무를 마치거나 소정의 활동시간이 경과한 뒤에, 자기증식이 정지되거나 스스로 자살하게 만드는 소프트웨어를 장착한다면 그레이 구의 재앙을 모면할 수 있다고 주장한다.

하지만 많은 과학자들은 자기복제가 가능한 나노로봇은 애당초 실현 불가능한 공상이라고 비웃는다. 특히 리처드 스몰리Richard Smalley(1943~2005)는 드렉슬러의 어셈블러는 과학과 환상의 세계에 양다리를 걸친 허무맹랑한 농담이라고 일소에 붙였다. 스몰리는 1996년 노벨화학상을 받은 나노기술의 선구자이다. 2001년 스몰리가 드렉슬러를 비판하는 글을 발표하여 두 사람은 치열한 공방전을 벌였으나 스몰리의 갑작스런 죽음으로 끝을 내지 못하고 말았다.

2000년 4월 미국의 컴퓨터 과학자인 빌 조이Bill Joy(1954~)는 세계적 반향을 불러일으킨 논문인 「왜 우리는 미래에 필요없는 존재가 될 것인가?Why the Future Doesn't Need Us」에서 드렉슬러의 아이디어에 전폭적인 공감을 나타냈다. 조이는 자기증식하는 나노로봇에 의해 인류가 종말을 맞게 될지 모른다고 우려했다.

조이의 논문을 완역해서 국내에 소개한 매체는 과학전문지나 시사월간지가 아닌 격월간 《녹색평론》(발행인 김종철)이었다. 2000년 11~12월호에 게재된 원고는 그대로 2002년 3월에 펴낸 『나노기술이 미래를 바꾼다』에 재수록되었다. 국내 전문가들의 글로 꾸며진 국내 최초의 나노기술 개론서에 조이의 논문이 재수록 되도록 성원을 아끼지 않은 김종철 《녹색평론》

발행인에게 다시 한 번 감사의 말씀을 드린다.

2002년 크라이튼이 드렉슬러의 이론을 철두철미하게 추종해서 집필한 『먹이』를 발표함에 따라 그레이 구 시나리오에 대한 대중적 관심이 고조되었다.

크라이튼은 한술 더 떠서 자기증식 로봇이 집단을 형성하면 떼지능이 창발할 것이라고 상상했다. 이러한 나노로봇 떼는 재빨리 변형이 가능하여 이미지, 소리 또는 사람의 윤곽 따위를 투영할 수 있다. 이들은 일종의 인공생명이지만 문자 그대로 살아 있는 괴물처럼 사람을 먹이로 해치우지 말란 법이 없을 것이다.

크라이튼은 나노로봇 떼가 사람을 먹어 치우는 결말을 통해, 나노기술이 프랑켄슈타인의 괴물이 될 수 있다는 경고를 하고 싶었는지 모른다.

나는 어느 편인가 하면 스몰리보다 드렉슬러를 지지하고 싶다. 왜냐하면 인간의 꿈과 상상력이 실현되는 것처럼 신나는 일은 없을 테니까.

3

에릭 드렉슬러의 어셈블러와 같은 분자기계가 모습을 드러내려면 많은 시간이 필요할 것 같다. 그러나 기본 기능을 갖춘 분자기계는 개발되고 있다.

2016년 노벨화학상은 분자기계를 만들어낸 세 명의 과학자에게 수여되었다. 프랑스 출신인 장 피에르 소바주Jean-Pierre Sauvage(1944~), 영국 태생의 미국인인 프레이저 스토더트Fraser Stoddart(1942~), 네덜란드 출신인 베르나르트 페링하Bernard Feringa(1951~)는 각각 분자기계를 만들었다.

1983년 소바주는 탄화수소 분자를 사슬 모양으로 결합하여 새로운 물질을 만들어냈다. 인공적으로 합성된 최초의 분자기계로 여겨지는 이 물질은 캐터네인catenane이라고 명명되었다. 1991년 스토더트는 로택산rotaxane이라 불리는 분자기계를 만들었다. 로택산은 막대 모양의 분자에 고리 모양의 분자를 꿰어 넣은 형태로 조립된 물질이다. 1999년 페링하는 분자 모터를 처음 발명하였다. 여러 분자가 서로 다른 방향으로 돌지 않고 한쪽 방향으로만 회전하도록 조립한 분자기계이다.

회전형 분자모터에 이어 분자 엘리베이터와 분자 컨베이어 벨트도 발표되었다. 2004년 3월 발표된 분자 엘리베이터는 승강기 역할을 하는 고리분자 한 개를, 건물에 해당하는 막대분자 한 개에 끼운 형태로 되어 있다. 높이 2.5 나노미터, 지름 3.5 나노미터인 나노엘리베이터는 1층에서 2층으로, 2층에서 다시 1층으로 오르락내리락한다.

2004년 4월 선보인 분자 컨베이어 벨트는 나노 크기의 입자들을 실어서 이쪽저쪽으로 옮길 수 있으므로 분자 규모의 공장에서 원료로 필요한 원자나 분자를 필요한 위치로 재빨리 운반하는 컨베이어 벨트로 사용될 전망이다.

2009년 5월 미국 연구진은 나노 프로펠러를 발표했다. 사람의 정자처럼 생긴 이 장치는 편모의 동작을 본떠 만들었다. 편모는 섬모의 사촌인 셈이다. 사람 세포의 표면에 나와 있는 섬모는 가느다란 머리카락처럼 생겼으며 마치 채찍을 빠르게 움직이는 것처럼 파동을 만든다. 박테리아에 달려있는 편모 역시 물 속에서 채찍처럼 헤엄치며 앞으로 나아간다. 언젠가 사람 몸속에 이 나노 프로펠러가 투입되면 박테리아가 편모를 사용하여 물속에서 헤엄치는 것처럼 혈액 속에서 항해하여 필요한 부위에 약물을 전달하는 임무를 수행할 것으로 보인다.

2011년 페링하 교수 연구진은 자동차 모양의 분자기계, 곧 나노자동차nanocar를 만들었다. 나노 크기의 물체에 한 방향으로만 회전하는 분자 모터 4개를 바퀴처럼 붙인 이 분자 자동차는 가령 몸 속에서 혈관을 뚫고 임의로 방향을 조절하여 이동할 수 있다.

분자 모터, 분자 엘리베이터, 분자 컨베이어 벨트, 분자 프로펠러, 분자 자동차 등 나노기계가 다양하게 만들어짐에 따라 드렉슬러가 상상하는 분자 어셈블러의 실현 가능성이 갈수록 높아지고 있다.

분자 어셈블러가 모습을 드러내면 『창조의 엔진』에 묘사된 그레이 구 시나리오가 인류에게 재앙을 안겨주게 될지 아니면 『급진적 풍요』에 펼쳐진 풍요로운 인류사회가 도래할지 아무도 모르지만 그 선택이 인류의 손에 달려 있는 것만은 분명한 사실이 아니겠는가.

참고문헌

- 『나노기술이 미래를 바꾼다』 (이인식 기획, 김영사, 2002)
- 『다이아몬드 시대The Diamond Age』 (닐 스티븐슨, 시공사, 2003)
- 『한 권으로 읽는 나노기술의 모든 것』 (이인식, 고즈윈, 2009)
- 『창조의 엔진Engines of Creation』 (에릭 드렉슬러, 김영사, 2011)
- 『급진적 풍요Radical Abundance』 (에릭 드렉슬러, 김영사, 2017)

28

크리스퍼가 온다

송양민 가천의대 특수치료대학원장

크리스퍼가 온다

제니퍼 다우드나 · 새뮤얼 스턴버그 공저

김보은 옮김

프시케의숲

1953년 제임스 왓슨James D. Watson(1928~)과 프랜시스 크릭Francis Crick (1916~2004)이 유전정보의 집합체인 DNA가 이중나선 구조로 이뤄져 있음을 발견하면서, 생명현상의 본질은 DNA 정보에 따라 만들어진 화학물질의 작동이라는 사실이 알려졌다. 이후 DNA로부터 유전정보를 읽어내는 연구가 활발하게 이뤄졌고, 1970년대 들어 생명체에서 유전자를 분리할 수 있는 방법이 개발됐다. 그 결과, 인공적인 방법으로 DNA 염기서열을 자르고 붙이는 유전자 조작이 가능한 단계에까지 이르렀다. 또 미생물인 세균에서 찾아낸 '제한효소'라는 단백질이 DNA 사슬을 자르는 '가위'의 역할을 한다는 사실이 발견된 후, 유전자 조작 연구는 1990년대 들어 한 단계 더 발전했다.

유전공학 연구가 기세를 떨치던 2012년 6월, 과학 학술지 《사이언스Science》에 실린 한 연구논문이 과학계를 발칵 뒤집어놓았다. 미국의 제니퍼 다우드나Jennifer Doudna 교수와 스웨덴의 에마뉘엘 샤르팡티에Emmanuelle Charpentier 교수가 공동으로 발표한 이 논문은 3세대 유전자 가위 기술인 '크리스퍼-캐스9CRISPR/Cas9' 기술을 다루고 있었다. '유전자 가위Programmable Nuclease'란 세포의 DNA에서 질병을 일으키는 특정 유전자를 자르거나 교체하는 기술을 말한다.

다우드나 교수팀이 개발한 3세대 유전자 가위 기술은, 잘라내야 할 목표 DNA 염기서열을 정확히 찾아가서 달라붙는 '가이드 RNA(크리스퍼)' 분자와, DNA를 자르는 가위 효소 '카스9'이 짝을 이룬 복합체다. 우리 몸에선 세포 속의 DNA가 쉴 새 없이 끊기고 있고, 또 저절로 이어지고 있다. 대사 과정에서 활성산소가 계속 생겨 DNA를 때리기 때문에 발생하는 현상이다. 이런 과정에서 DNA에 오류가 발생하고, 암과 같은 난치병이 생기게 된다. 유전자 가위는 이처럼 질환의 원인이 되는 DNA 부분을 제거함으로써 치료 효과를 얻는 기술이다.

다우드나 교수가 개발한 3세대 크리스퍼 유전자 가위는 1세대 기술과 2세대 기술의 성취를 크게 뛰어넘은 기술로 평가받는다. 1세대 유전자 가위 기술이란 1996년에 개발된 ZFNZink Finger Nuclease, 2세대 기술은 2009년에 발견된 TALENsTranscription Activator-Like Effector Nuclease를 가리킨다. 과거 1, 2세대 유전자 가위 기술은 사용하기 까다롭고 비용이 비싼 데 비해, 크리스퍼 기술은 비용이 몇 만 원 정도로 저렴하고, 유전자를 편집하는 속도도 매우 빠르다. 이에 대해 다우드나 교수는 "생물학 지식을 어느 정도 갖추면,

크리스퍼 기술을 통해 누구나 유전자 편집을 할 수 있는 시대가 되었다"고 자평한다.

생명공학 분야에서 유전자 가위는 매우 중요한 위치에 있다. 난치병을 치료하는 새로운 기법으로 각광을 받고 있기도 하지만, 새로운 형질을 가지는 생명체도 만들 수 있기 때문이다. 유전자 가위를 사용하여 생명체가 가지고 있는 유전체의 일부를 잘라내고, 외부에서 얻은 다른 생명체의 유전자를 바꿔 끼워넣는 일이 가능해진 것이다. 이를 'Gene Editing' 기술이라고 하는데, 한국에선 '유전자 교정' 또는 '유전자 편집'이라는 말로 번역되어 쓰인다.

오직 신神만이 할 수 있는 것으로 생각한 생명의 창조가, 이제 인간의 손에 의해서도 얼마든지 가능해졌다는 것은 충격적인 얘기가 아닐 수 없다. 그래서 유전자 가위 기술의 발전은 인간이 신의 영역에 도전하는 엄청난 일로 받아들여진다. 과학자들은 "유전자 편집의 신기원을 열어젖힌 크리스퍼 기술의 발견은 21세기 생명공학의 패러다임을 바꾼 혁명적인 사건"이라고 평가한다. 《사이언스》는 2015년 말 '올해의 가장 뛰어난 과학적 성과'로 크리스퍼 유전자 가위를 꼽았고, 그해 미국의 시사주간지 《더 타임스》는 다우드나 교수를 '가장 영향력 있는 인물 100인'에 선정했다. 학계에선 다우드나 교수가 언젠가 노벨상을 받을 것이라는 전망도 내놓고 있다.

『크리스퍼가 온다』는 크리스퍼 유전자 가위 기술을 개발한 다우드나 교수가, 실험실에서 크리스퍼를 발견하는 과정을 기록하고, 이 기술을 인간이 어떻게 사용해야 하느냐에 대한 고민을 담담히 적은 책이다. 이 책의 앞부분 '도구'에서는 유전자가위 연구의 여정을 자세하게 설명하고 있다. 그래서 이 책을 읽으면 DNA 구조 연구에서 비롯된 현대 분자생물학과 유전공학, 생명공학의 발달 과정에 관한 최신 지식들을 얻을 수 있다.

크리스퍼 기술로 언젠가 가능해질지도 모르는 공상과학 소설 같은 이야기를 읽으면 머리털이 곤두서기도 한다. 유전자 가위 기술을 사용하여 근육이 강화된 개, 뿔이 없는 젖소, 형광 빛이 나는 돼지는 이미 실험실에서 만들어졌다. 다우드나 교수는 "털이 복슬복슬한 매머드도, 날개 달린 도마뱀도, 유니콘도 만들 수 있다. 이건 농담이 아니다."고 말한다.

다우드나 교수의 예언을 들으면서 필자는 영국 소설가 올더스 헉슬리Aldous Huxley(1894~1963)가 1932년 발표한 『멋진 신세계Brave New World』라는 소설을 머리에 떠올렸다. 이 책은 과학기술이 고도로 발전한 미래사회의 모습을 그린 소설이다. 과학기술이 고도로 발달한 신세계에서, 인간들은 모두 유전자가 인위적으로 조절되는 부화孵化 센터 수정受精 실험실에서 태어난다. 이 수정 실험실에서는 한 개의 수정란을 최대 96개까지 분열시켜 수정란 한 개에서 96명의 태아를 자라도록 한다. 즉 하나의 난자卵子에서 수십 명의 일란성 쌍둥이가 만들어지는 셈이다.

신세계에선 최상의 지성知性을 갖춘 우등계급(알파)부터 지성이 제거된 열등계급(엡실론)까지 5개 등급의 인간들이 사전계획에 따라 대량으로 생산된다. 태어날 때부터 지도자가 될 사람들과, 노예처럼 일을 해야 하는 일꾼들이 사전에 정해지는 것이다. 이렇게 생산된 아이들은 끝없이 반복되는 세뇌洗腦 작업을 통해 자신의 운명에 순응順應하도록 만들어진다. 그래서 판단력을 상실한 신세계의 인간들은 모두 행복하다.

만약 우울한 느낌이 들면 '소마Soma'라는 묘약을 먹으면 된다. 소마를 먹으면 우울증에서 벗어나며, 마약을 먹은 것처럼 기분이 좋아진다. 소마 덕택으로 신세계의 인간들은 마치 천국에서 살고 있는 것처럼 생활한다. 태어날 때부터 모든 욕망을 배제당하기 때문에 '뭘 하고 싶다'는 희망도 없다. 그래서 신세계에서는 다툼도 없고, 가난도 없고, 질병도 없는 것으로 묘사된다.

헉슬리의 신세계는 일견 유토피아Utopia처럼 보이지만, 내부를 들여다보면 결코 그렇지 않다. 인간에게 욕망과 희망이 배제된 신세계는, 일종의 '바보들의 천국'일 수밖에 없다. 그래서 신세계는 독자들에게 유토피아가 아니라 디스토피아Dystopia를 상징하는 것으로 이해된다. 출판된 지 80여 년의 세월이 흐른 오늘날에도 '멋진 신세계'가 읽히는 이유는, 과학기술의 발달이 초래하는 미래사회를 경고하고 있기 때문이다.

소설 『멋진 신세계』에서 묘사된 태아胎兒 생산기술은 오늘날 '시험관 아기'란 이름으로 이미 시행되고 있다. 1978년 영국의 로버트 에드워즈Robert Edwards(1925~2013) 박사는 세계 최초로 시험관 아기를 탄생시키는 데 성공했으며, 에드워즈 박사는 이에 대한 공로로 2010년 노벨생리의학상을 수상했다. '시험관 아기' 기술이 처음 발표되었을 때에 불임不姙 부부를 위한 축복으로 큰 주목을 받았다.

하지만 이 기술이 장차 신세계의 알파계급 아기들처럼 똑똑한 아이를 인위적으로 만들어내는 우생학적優生學的 용도로 사용될 가능성이 있는 것 또한 사실이다. 그런 세상을 가능하게 한 것이 인간 유전자의 해독이다. 생명현상의 근원인 DNA 염기서열을 밝혀 인간의 유전자 지도를 만드는 인간 지놈 프로젝트Human Genome Project가 2003년 완료되었다. 인간의 유전자를 100% 해독하게 되면, 유전자 교체를 통해 난치병을 치료하는 게 가능해지고, 지구에 없는 새로운 생명체의 제작도 가능해진다.

크리스퍼 유전자 가위보다 발전한 제4, 5세대 유전자 가위 기술이 개발되면, 생명공학 기술의 적용을 더욱 용이하게 해줄 것이다. 과학자들은 '20세기 과학사에서 전반부가 물리과학의 전성기였다면 후반기는 생명과학의 혁명기였다'고 말한다. 전자가 양자역학 혁명과 원자폭탄·수소폭탄 개발로 대변된다면, 후자는 1953년 DNA 이중나선 구조의 발견에서 비롯된 생명공학의 눈부신 발전으로 대변된다. 생물학이라는 전통적인 학문이 생명공학기술로 진화한 것은, 우리 인간이 유전遺傳의 수수께끼를 푼 데서 출발한다.

자녀들은 그들의 부모와 비슷한 용모와 체질, 그리고 질병 인자, 즉 다시 말해 같은 형질을 가진 채 태어난다. 인간 이외의 동물들도 마찬가지고, 식물도 마찬가지이다. 조상의 형질이 후손에게 전달되는 유전 현상의 본질을 탐구하고, 어떻게 유전이 일어나는가의 물음에 대한 답을 찾는 과정에서 분자생물학과 분자유전학이 탄생했고, 앞에서 말한 생명공학이 발전했다. 생명공학기술은 우리 인간들이 일찍이 경험하지 못했던 새로운 시대로 안내하고 있다.

생명공학 기술의 재미있는 사례가 딸기다. 딸기가 원래 출하되는 시기는 5~6월이었으나, 이제는 겨울에도 딸기를 먹을 수 있게 됐다. 딸기가 겨울 과일이 될 수 있었던 것은, 북대서양에 살던 넙치 덕분이다. 추위에 잘 견디게 하는 넙치의 유전자를 딸기의 DNA에 넣어, 겨울에도 잘 얼지 않고 자랄 수 있는 신품종의 딸기를 얻게 된 것이다.

겨울딸기처럼, 유전자 조작을 통해 원래의 유전정보가 변형된 생명체를 우리는 트랜스제닉Transgenic 또는 GMOGenetically Modified Organism라고 부른다. 콩과 옥수수, 감자 같은 곡물류에서 많은 GMO들이 만들어졌다. 병충해에 강한 특성을 가지게 됨으로써 생산량이 기존 품종보다 훨씬 많다는 게 공통점이다. 'GMO 식품이 과연 안전한가?' 하는 질문이 끊임없이 제기되고 있는 가운데, 이미 우리는 GMO를 부지불식간에 매일 먹고 있다. 슈퍼마켓에서 판매하는 옥수수 식용유, 두부류 등에는 GMO 식품이 많다.

크리스퍼 기술은 인류의 숙제인 식량 부족 문제를 해결하는 데 큰 잠재력을 지닌다. 유엔은 세계 인구가 2017년 76억 명에서 2050년에 100억 명으로 크게 늘어날 것으로 예상한다. 지금처럼 폭염이나 홍수, 한파 같은 이상기후 사태가 자주 빚어지면 전 세계는 농산물 부족으로 대규모 기아 사태를 맞게 될지도 모른다. 생명공학기술은 이러한 우려에 대한 해결책을 제시한다. 유전자 가위 기술을 활용하여 수확량이 더 많은 곡물, 질병에 강한 가축, 영양소가 풍부한 채소들을 대량으로 생산할 수 있을 것이라는 전망을 저자는 내놓고 있다.

이 책의 후반부는 유전자 가위 기술의 실제 적용과 관련된 이야기를 다루고 있다. 저자는 유전자 가위가 난치병 정복의 희망을 높이기도 하지만, 의도하지 않은 재앙을 초래할 수도 있는 양면적인 성격을 가지고 있다고 경고한다. 만약 어느 미친 과학자가 키메라(사자의 머리와 양의 몸통에 뱀의 꼬리를 한 그리스 신화 속의 괴물)를 만들면 어떻게 할 것인가. 특히 인간 배아胚芽에 이 기술이 적용될 때 윤리적 문제는 매우 심각하다. 불멸의 인간, 포스트휴먼Posthuman은 매혹적이면서 위험하다. 독자들은 영화 「엑스맨X-Men」 시리즈에 나오는 슈퍼 히어로들을 상상해보라!

책에서 다우드나 교수는 자신이 열어젖힌 판도라의 상자에 대해 불안감을 느낀다고 고백한다. 이런 인식 아래, 그녀는 크리스퍼 기술의 올바른 사용과, 연구의 윤리성을 확보해야 한다는 주장을 거듭 피력하고 있다. 대다수 과학자들도 그녀의 생각에 공감을 표시하고 있다. 과학자, 철학자, 법률가, 정치인들이 두루 참여한 '국제 인간유전자 편집 회의(2015년)'의 개최는 이런 논의의 결과이다. 크리스퍼 기술에 대한 가이드라인을 확립하는 것이 그만큼 중요한 이슈로 떠오르고 있다는 뜻이다. 현재 크리스퍼 기술은 의료와 식품산업 분야에서 상용화에 근접해 있고, 장차 엄청난 산업규모가 예상됨에 따라 선진국 연구소들 간에 치열한 특허전쟁이 벌어지고 있다. 한국도 상당히 빠르게 크리스퍼 기술 연구에 착수해 많은 연구 성과를 얻어내고 있다. 특히 서울대 김진수 교수는 기초과학연구원 유전체교정연구단을 이끌면서 세계적인 기술을 확보한 것으로 평가받고 있다. 황우석 스캔들 이후, 오랫동안 동면상태에 빠져 있던 국내 생명공학 연구가 유전자 가위로 다시 활기를 띨 수 있을지 기대가 크다.

:: 송양민

가천대학교 특수치료대학원장. 서울대학교 영문학과를 졸업한 뒤, 벨기에 루뱅대학교에서 유럽학 석사학위를, 연세대학교 대학원에서 보건학 박사학위를 받았다. 연구 분야는 인구고령화, 보건정책, 경제교육 등이다. 《조선일보》 경제부장과 논설위원을 지냈고 가천대 보건대학원장, 보건복지대학원장 등을 역임하였다. 『경제기사는 돈이다』 『경제기사는 지식이다』 『초등학생들이 궁금해 하는 경제이야기』 『밥 돈 자유』 『은퇴대사전』 등 지금까지 10여 권의 책을 썼다.

29

4차 산업혁명이라는 유령

한기호 한국출판마케팅연구소장

4차 산업혁명이라는 유령

홍성욱 · 홍기빈 · 김소영 · 김우재 · 김태호 · 남궁석 공저

휴머니스트

"4차 산업혁명 시대를 살아갈 힘, 학교에서 키우겠습니다." "교육은 백년지대계입니다. 4차 산업에 대비한 새로운 교육을 만들겠습니다." "4차 산업혁명 시대에 맞는 진로교육 혁신. '공부기계' 고등학생을 '진로개척자'로!" 등은 2018 서울시교육감 선거 후보자들이 각기 내세운 슬로건들이다. 후보자 모두가 자신이 4차 산업혁명 시대를 주도할 교육감이라고 내세울 뿐 구체적인 방안은 제시하지 않았다.

2017년 5월의 대통령선거 때에도 이와 다르지 않았다. 대통령 후보 다섯 사람이 모두 자신이 4차 산업혁명 시대를 잘 이끌어갈 수 있다고 주장했다. '어떻게 하겠다'는 이야기는 없이 직업이 사라질 것이라는 두려움과 새로운 직업을 구해야 한다는 공포만 안겨줬다. 그래서 논의 끝에 《기획회의》 440호(2017. 5. 20)의 특집은 "인더스트리 4.0, 혁명인가 최면인가"로 꾸려졌다. 4차 산업혁명에 대한 비판적인 인식을 의식해서 편집자들은 제목에 '4차 산업혁명'을 넣지도 못했다.

이 특집의 반응이 좋아서 곧 단행본으로 확장하여 펴낸 책이 2017년 9월에 출간된 『4차산업혁명이라는 거짓말?』이다. 나는 이 책에 머리말을 썼다. 이인식 지식융합연구소장이 2017년 7월에 펴낸 『4차 산업혁명은 없다』에서 언급한 "모두가 잠든 이른 새벽의 점령군처럼 눈 깜짝할 사이에 한국사회를 지배하기 시작한 4차 산업혁명"이 비록 '실체가 없는 유령'일지라도 이미 기술이 우리 삶을 변혁시키고 있는 것은 사실이지만 '세탁기'와 '인공지능'이 기술이라는 점에서 개념상 같은 것이라고 본다면 우리는 인공지능을 두려워할 필요가 없다는 내용이었다.

이 책이 나오고 나는 교사와 학부모, 학생들을 상대로 수십 차례의 강연을 해야만 했다. 이인식 소장의 지적처럼 학교 사회에서는 '4차 산업혁명'이라는 담론이 정확한 실체도 없이 교사와 학생들을 두려움에 떨게 만들고 있었다. 물론 아직도 그것은 현재진행형이다.

2017년 12월에 출간된 『4차 산업혁명이라는 유령』(홍성욱 기획, 휴머니스트)은 바로 대한민국을 떠들썩하게 만든 4차 산업혁명이라는 '실체 없는 유령' 혹은 '신기루'가 한국 사회를 뒤덮고 있는 이유를 분석하고 있다. 이 책의 기획자인 홍성욱 서울대 생명과학부 교수는 2017년 9월에 출간된 과학비평계간지 《에피Epi》 창간호에 실린 「정치적 유행어로서의 '4차 산업혁명'」에서 항간에 과도하게 유포되고 있는 4차 산업혁명에 대한 담론들이 "사회 속의 과학기술 전반이 아니라 특정 정보통신기술에 주목하게 하며,

이런 기술이 발전하면 산업이 발전하고 사회가 변할 것이라는 '기술결정론' 식의 발전관을 피력하고 있다"고 비판하면서 다음의 주장을 펼친다.

> 결국 우리가 고민해야 할 문제는 한국 사회의 과학기술의 발전이 우리 사회의 후진적 요소들을 극복하고, 사회를 더 투명하게 만들고, 정부 및 민간 기관을 더 합리적이고 신뢰가 가는 것으로 만드는 사회적이고 정치적인 실천과 어떻게 결합할 수 있는가라는 문제이다. 과학기술의 발전은 사회와 무관하게 이루어지는 것이 아니라, 사회 속에서, 사회적 요소를 배태해가면서, 사회적 요소들을 변형하고 새롭게 만들어가면서 진행된다. 정보기술을 발전시키면 산업이 정보화되고 사회가 합리적으로 변하게 하려는 노력에 의미를 가지는 방식으로 정보통신기술과 과학기술의 역할을 설정하고 조정해야 한다. 이는 단순히 '정치와 사회를 과학화해야 한다'는 상투적인 얘기가 아니라, 과학 후발국에서 과학기술과 사회가 공동구성co-construction하는 관계에 있음을 인식하고, 과학적 사고를 문화의 한 부분으로 자리매김하려는 다층적인 노력과, 과학적 전문성을 포함해서 건강한 시민사회에 요구되는 다양한 전문성에 대한 성찰을 포함한다. 구호만 요란한 지금의 4차 산업혁명론은 우리 사회가 한 단계 더 성숙할 수 있는 이런 노력과 잘 어울리지 않는다.

이 글은 2017년 8월 22일, 한국과학기술한림원이 주최한 "4차 산업혁명을 다시 생각한다"라는 주제로 벌인 원탁 토론회의 발표문을 정리한 것으로『4차 산업혁명이라는 유령』에도 수정되어 실렸다. 「왜 '4차 산업혁명론'이 문제인가?」가 바로 그것이다. 그날 토론자로 참석한 김소영 KAIST 과학기술정책대학원 원장과의 논의로『4차 산업혁명이라는 유령』이 기획되었으니, 위의 인용문이야말로 이 책의 기획의도를 그대로 드러낸다고 할 수 있다.

결국 『4차 산업혁명이라는 유령』은 세계경제포럼의 창립자 클라우스 슈밥이 2016년 1월에 열린 다보스 포럼의 주제로 내걸었던 외국발 유행어 '제4차 산업혁명'이 '한강의 기적을 재현하는 꿈인 토속신앙'과 공명해 전 세계를 통틀어 유독 대한민국에서만 광풍이 분 것에 놀란 기초과학자와 과학정책연구자, 경제학자와 과학사학자들이 모여 이 놀라운 현상을 분석한 책이다.

김소영 원장은 산업혁명론에 대한 '비판'을 허상론, 오류론, 결정론 이라는 세 측면에서 살펴보는 「4차 산업혁명, 실체는 무엇인가?」에서 4차 산업혁명의 도래를 "필연적 미래, 심지어 이미 도래한 것으로 보는 관점" 역시 기술결정주의에 사로잡혀 있다며 비판하고 있다. "4차 산업혁명이 불가역적이고 대안적 상상과 가능성이 봉쇄된 이미 확정된 미래로 그려지면서 기술결정론이 더 심화되는 효과를 낳고 있다"는 것이다. 하지만 4차 산업혁명에 대한 본원적 관심이나 기대보다는 대통령 선거 국면에서 앞으로의 위기를 강조하는 의미로 소비되는 경향이 드러난 것에 불과했다. "체계적 대응보다는 정치적 필요에 의한 수사修辭"에 불과했던 것이다.

그럼에도 불구하고 대선 이후에도 지속적으로 확장되고 있는 4차 산업혁명 논의는 단순한 유행어에 머무르지 않고 한국 사회에서 오랫동안 풀리지 않은 사회·경제적 문제를 되짚는 계기를 제공하고 있다. "4차 산업 시대에 가장 절실하다고 이야기되는 창의력과 융합, 협업, 비판적 사고 등은 악명 높은 입시 위주 교육과 각자도생의 신자유주의적 경쟁체제의 틀을 벗어나지 않는 한 도저히 갖출 수 있는 자질이 아니"라는 것과 "체제의 집단적 모순을 두고 각자의 윤리, 또는 이타심에 호소해 협업과 융합, 창의성을 발휘하라는 것은 바람직하지 않을뿐더러 더 이상 가능하지도 않다"는 것을 깨닫게 되면서 "우리 사회의 아픈 곳을 되짚어보는 비판적 담론으로 견인하기 위한 작은 노력"이 되고 있는 것은 분명하다는 것이다.

구체적 방안 없이 슬로건만으로 경제를 발전시킬 수는 없다. 그럼에도 국가가 과학기술의 목표를 제시하고 아래로부터 자원을 조직해나가는 방식은 한국에서는 예외라기보다는 상례에 가까웠다. 김태호 전북대학교 한국과학문명학연구소 교수는 「오래된 깃발에는 무엇이 적혀 있었나」에서 슬로건과 키워드를 통해 '나라가 원하는 과학기술'의 역사를 살펴보고 있다. "1950년대에는 과학기술 슬로건이라고 할 만한 것이 사실상 없었고, 1960년대와 1970년대에는 경제 성장의 도구로 과학기술이 중요하다는 일반론들이 여러 가지 형태를 바꾸어 슬로건이 되었다면, 1980년대 이후의 슬로건은 상당히 구체적인 대상을 지칭하는 쪽으로 바뀌어갔다." 1980년대의 대표적인 예로는 '유전공학'과 '정보화 사회'였다면 1990년대에는 '인터넷'이 가장 중요한 키워드가 되었다.

이런 구조에서는 "나라가 4차 산업혁명을 원한다면 현장 과학기술자들은 그에 맞춰 연구 계획서와 보고서를 낼 수밖에 없다." 그렇다면 김태호 교수를 비롯한 과학자들이 진정으로 원하는 것은 무엇일까? "언젠가는 나라가 원해서가 아니라 내가 원해서, 나라에 부를 가져다주어서가 아니라 내가 궁금해서, 나라가 치켜든 깃발을 보지 않고 내가 필요해서, 장기적인 연구의 방향을 세우고 묵묵히 전념할 수 있는 기반이 갖추어"지는 것이다.

「부가가치, 초연결성, 사회 혁신」에서 경제학적 관점에서 4차 산업혁명론을 비판한 홍기빈 글로벌정치경제연구소장은 사회적 가치 및 부가가치의 원천은 기계가 아니라 초연결성이라고 주장한다. 그는 2차 산업혁명 당시에는 "기술적 혁신 그 자체가 바로 부가가치 창출의 원천"이었다면 '4차 산업혁명'에서의 기술적 혁신은 "초연결성을 강화하고 그 안에서의 혁신을 부추기며, 또 현실에 구현시킬 수 있는 도구vehicle일 뿐이라고 보는 것이 옳다"고 말한다.

지금의 "산업 패러다임의 전환은 실로 '거대한 전환'이라 해도 과언이 아니다. 이는 산업 및 경제 구조를 바꾸어놓는다. 사회 세력과 계급 관계도 바꾸어놓고 아예 새로 만들어버리기도 한다. 그 결과 정치 구조도 바뀌고, 사회의 사상과 문화적 조류도 완전히 바꾸어 놓는다. 나아가 평범한 사람들의 아주 평범한 일상의 세세한 부분까지 바꾸어놓는다"고 지적한 홍 소장은 클라우스 슈밥의 책에서 "기술적 전환을 가능하게 하려면 실업과 불평등이라는 사회적 문제를 해결하는데 진력을 기울여야 한다는 명제가 대단히 중요한 위치를 차지하고 있다"는 사실을 환기시킨다. 이와 관련하여 "무조건적인 보편 기본소득과 고용책임제 등 여러 사회 제도에 대한 논의가 지구적 규모에서 불이 붙은 상황"이지만 "실업과 불평등이라는 점에서 어느 나라에도 뒤처지지 않는 한국에서는 '4차 산업혁명'이라는 이야기만 나올 뿐 이런 이야기는 전혀 나오지" 않는 현실을 꼬집었다.

남궁석 충북대학교 축산식품생명과학부 초빙교수는 「기초과학은 어떻게 신산업이 되는가?」에서 생명공학 기반 기술의 탄생 및 바이오테크놀로지의 태동, '암과의 전쟁'과 '인간 게놈 프로젝트'의 명암, 줄기세포와 재생의학에 대한 기대 등을 정리하면서 기초 의학연구의 성과가 현실화되어 실제로 사회에 큰 경제적인 효과를 가져오는 데는 오랜 시간이 걸린다는 것을 입증해 보이고 있다. 가령 "단일항원원체가 개발된 것은 1974년이고,

여기에 노벨상이 수여된 것은 1984년이지만, 최초의 치료용 단일항원항체가 시장에서 상품화된 것은 1990년대 중반"으로 기술의 최초 등장과 상용화까지 20여년의 시간차가 있다는 것을 환기시킨다. 따라서 한국 과학계와 정부가 지금이라도 실체 불명의 유행어에 일희일비하며 귀중한 시간과 재원을 낭비하지 말고, 과학기술의 내실부터 다져갈 것을 충고한다.

홍성욱 교수는 「정부 주도 과학기술 동원 체계의 수립과 진화」에서 "박정희 시대를 특징지웠던 국가에 의한 과학기술의 정치적, 이데올로기적 '동원'은 사라졌지만, 더 나은 미래를 위한 과학기술의 약속은 아직도 과학기술의 지원을 정당화하는 데 사용된다"는 점을 지적한다. 이명박 정부의 747계획, 박근혜 정부의 창조경제, 문재인 정부의 4차 산업혁명이 모두 미래를 약속하지만 오로지 정부의 투자에 정당성을 제공하는 데에만 기여할 뿐 질과 양 모두에서 성장한 과학기술자 사회의 독립적이고 자율적인 성장에 도움을 주지 못하고 있다는 것이다.

마지막으로 초파리 유전학자인 김우재 오타와대학교 의과대 교수는 「'기초'라는 혁명」에서 한국 사회는 기초과학의 첫 단추가 잘못 끼워진 곳이라는 점을 지적한다. "과학은 분명 기술 혹은 공학과 구별되는 영역을 가진 학문임에도 개발 독재 시대에 한국 사회에 이식된 과학은 과학기술이라는 이상한 이름을 부여받아 경제 발전에 이바지하는 학문으로 각인되었고, 그 과학기술의 설계도를 그리는 일을 전혀 모르는 정치인들에게 종속되었다"고 지적한 김 교수는 "기초라는 혁명의 실험"부터 다시 시작할 것을 촉구한다.

문화평론가인 박민영이 『反기업 인문학』(인물과사상사)에서 지적하고 있듯이 1차 산업혁명과 2차 산업혁명, 그리고 2차 산업혁명과 3차 산업혁명이 등장한 시간적 거리는 거의 100년이다. 그런데도 3차 산업혁명과 4차 산업혁명의 시간적 거리는 경우 5년이다. 2015년까지 제러미 리프킨이 틈틈이 내한해 3차 산업혁명을 설파하면 언론이 대서특필하곤 했지만, 2016년에는 슈바프 회장이 내한해 4차 산업혁명을 '세일즈'하고 다녔다. 이러다가는 누군가의 조롱처럼 차기 대통령은 5차 산업혁명의 저자와 조우할 지도 모를 일이다.

박민영은 '4차 산업혁명'이라는 용어는 철저하게 자본의 입장을 대변한다고 주장한다. 그는 자본이 '4차 산업혁명' 담론을 꺼내든 것은 자본의 위기 탈출 전략과 관련이 있는데 가장 큰 이유는 세계화 담론이 더는 약발이 먹히지 않게 되었기 때문이라는 것이다. 그의 주장을 직접 들어보자.

"세계화로 인한 경제 양극화는 진보는 물론이고 보수의 기반인 중산층의 경제 기반까지 붕괴시키고 있으니 약발이 먹힐 리 없다. 난민문제, 극우정당 득세, 영국의 브렉시트, 각국의 보호무역주의 강화, 미국의 트럼프 당선 등 일련의 현상들은 혼란스러워 보이지만, 그것을 관통하는 흐름이 있다. 그것은 바로 세계화의 동력과 지지 세력의 붕괴, 반세계화 정서의 확신이다. 글로벌 자본의 무한한 자본축적을 가능케 해주었던 문이 닫히려 하는 것이다. 이에 자본은 정치사회적 담론 대신 과학기술의 외피를 쓴 담론으로 상황을 반전시키려 한다."

작년 이후 거의 날마다 4차 산업혁명을 다룬 책들이 출간됐다. 그런 담론이 우리의 눈을 가리고 귀를 막으려 했음에도 비판적인 시각으로 이 사태를 바라보는 책은 이 글에서 언급한 책들 이외에는 찾아보기 어렵다. 그런 면에서 기초 과학자들을 중심으로 대한민국에 떠돌고 있는 '4차 산업혁명'이라는 유령을 제대로 된 비판을 시도한 것은 의미가 컸다. 하지만 이제 시작이다. 각각의 논의는 각기 한 권의 책으로 출간될 정도로 논의가 심화될 필요가 있다. 그래야만 '5차 산업혁명'이라는 유령이 쉽게 등장해 우리를 뒤흔들지 못할 것이니까.

:: 한기호

한국출판마케팅연구소 소장. 1982년 출판계에 편집자로 입문해 1983년 창작과비평사(현 창비)로 옮겨 출판영업자로 근무한 15년간 『나의 문화유산답사기』 『서른, 잔치는 끝났다』 『나는 빠리의 택시운전사』 등 수많은 베스트셀러를 탄생시키며 출판계 최초로 '출판마케팅' 분야를 개척했다. 한국출판마케팅연구소를 설립한 이후 격주간 출판전문지 《기획회의》를 창간해 올해로 20주년을 맞는다. 월간 《학교도서관저널》을 창간하는 등, 한국출판의 발전을 꾀하는 출판비평가로 활발한 활동을 펼치고 있다. 지은 책으로 『출판마케팅 입문』 『디지털 시대의 책 만들기』 『디지로그 시대 책의 행방』 『책은 진화한다』 『위기의 책, 길을 찾다』 『20대, 컨셉력에 목숨 걸어라』 『베스트셀러 30년』 등과 다수의 공저가 있다.

6장

미래 기술사회에 무엇이 필요한가

30

자연은 위대한 스승이다
- 청색기술이 희망이다

조숙경 국립광주과학관 책임연구원

자연은 위대한 스승이다

이인식 지음

김영사

우리는 흔히 "자연으로 돌아가라", "자연에서 배운다"는 말을 많이 한다. 인간이 자연을 통해서 배울 수 있는 것이 무궁무진하다는 이야기이다. 서구 사회가 기독교 중심의 신의 세계에서 벗어나 인간의 감성과 이성을 존중하는 근대로 나아갈 수 있었던 것은 르네상스가 발원했기 때문이었다. 메디치 가문이 통치하던 이탈리아 피렌체에서 시작된 르네상스는 근대과학의 탄생과 기술의 진보를 가져온 위대한 변곡점이었다. 그런데 르네상스의 거장이라 일컬어지는 레오나르도 다빈치는 "자연이야말로 최고의 스승이다"고 선언했다. 기술과 예술을 연결한 융합의 아이콘이자 새로운 기계를 발명하여 기술의 진보를 이끌던 그가 사실은 자연세계를 관찰하고 탐구하고 또 모방하여 인공세계를 만들어냈던 것이다. 해가 뜨고 비가 오고 꽃이 피며, 낙엽이 지는 매일 매일의 자연, 변화하는 nature, 그 곳에 비밀이 숨어있었던 것이다.

하늘을 날고 싶은 꿈은 인류의 오랜 염원 중 하나였다. 500년 전에 레오나르도 다빈치는 날아가는 새를 자세히 관찰하여 오늘날 헬리콥터로 이어지는 스크류를 만들어냈고, 물고기가 숨을 쉬는 이치를 깨달아 물속에서 오래 견딜 수 있게 하는 장치인 스킨 스쿠버를 발명했다. 그가 남긴 비밀노트로 불리는 12,000점의 코덱스codex에는 그가 자연을 탐구의 대상이면서 동시에 배워야 할 마스터로 삼아 관찰한 결과들을 모아 놓고 있다. 그는 동물의 움직임과 인간의 행동을 자세히 관찰하여 자연세계처럼 자동적으로 완벽하게 작동하는 인공세계를 만들어내려고 시도했으며, 그의 구체적인 노력 덕분에 우리는 기술이 급격하게 진보하는 현대사회로 옮겨올 수 있었다.

자연에서 지혜를 구하고 자연에서 새로운 삶의 방식을 찾자는 과학운동이 21세기 들어 활발하다. 2012년 5월에 출간된 이인식 선생님의 『자연은 위대한 스승이다』는 자연에서 생물이 가지고 있는 구조와 기능을 모방해서 발명품을 만드는 새로운 과학기술을 소개하고 있다. 자연을 모방하고 자연의 메카니즘을 본뜬 생물영감bio-inspiration과 생물모방bio-mimicry을 통합하여 "청색기술"로 통칭한 이 책은 녹색기술의 한계를 극복하면서 지속 가능한 발전을 추구하려는 최근의 국제적 트렌드에 발맞추어 출간되었다. 이인식 선생님은 우리나라 대표적인 과학 칼럼니스트이자 융합의 최전선에서 앞장서 활동해 오면서 그동안 청색기술연구회를 조직하여 활동해왔다. 이 연구회는 생명공학자, 나노과학자, 로봇공학자, 기계공학자, 경제학자, 심리학자, 과학사학자 등이 함께 모여 융합에 대해 연구하고 토론하는 플랫폼으로 필자 역시 연구회의 일원이 되어 청색기술의 확산을 위해 활동해오는 중이다.

이 책 속에는 38억 년이라는 장구한 시간 동안 진화해왔던 우리 인간을 비롯하여, 생명체들의 놀라운 진화의 사례들이 소개된다. 인류가 생명체의 세계를 관찰하여 과거부터 오늘날까지 직면한 수많은 위기를 해결해온 경이롭고 신비한 자연의 비밀에 관한 풍부한 이야기가 담겨있는 것이다. 연약하지만 강력한 거미줄의 위력, 연잎 표면에 숨은 과학 원리, 얼룩말의 무늬가 건물의 실내온도를 낮추는 효과, 흰개미집의 놀라운 환기 시스템 등의 풍부한 사례는 자연에 대해 새삼 달리 생각하게 한다. 흰개미들이 만들어낸 집이 보여주는 신비로운 환기시스템은 냉난방 없이도 건물 안의 공기를 끊임없이 신선하게 유지할 수 있는 아이디어를 제공해주었다. 또 공기 중의 수분을 포집해 생존에 필요한 물을 공급받는 나미브 사막 풍뎅이 날개 표면의 원리는 인류가 당면한 물 부족 문제의 해법을 제시하고 있다.

얼룩말의 줄무늬 역시 우연히 생겨난 것이 아니라 무더운 날씨에 생존하기 위한 결과다. 빛을 흡수하는 검은 색과 빛을 반사하는 하얀 색이 교대로 배치되어 표면에 온도 차가 생기고, 그로 인한 대류가 일어남으로써 기계적 통풍장치 없이 표면온도가 낮아진다. 또 매끄러운 연잎 표면에서는 자체적 정화 기능을 갖춘 신소재를 얻어낼 수 있었고, 실제로 방울방울로 흘러내리는 표면의 성질을 이용하여 신소재 자동차 백미러가 탄생하기도 했다. 가느다란 거미줄이 강철보다 튼튼한 방탄물의 소재가 되기도 하고, 상어 피부 구조를 활용한 전신 수영복은 수영 선수들에게 0.01초의 기적을 가져다주었다.

이처럼 자연을 관찰하면서 자연에서 지혜를 배우고 응용하려는 시도는 오늘날에 와서 갑자기 나타난 것이 아니다. 전화기는 사람의 귀를 모방한 것이고, 1851년 세계 최초로 엑스포가 개최되었던 런던 하이드파크 공원의 수정궁은 대표적인 자연의 산물이다. 정원사였던 조셉 팩스톤Joseph Paxton 은 수련 잎에서 아이디어를 얻어 수정궁의 설계 공모에 응하였으며, 그 결과로 세계 최초로 수십만 장의 유리와 철근으로만 지어진 조립식 건물이 탄생하였다. 오늘날 신발과 의류, 가방 등 어디서나 사용되는 벨크로Velcro 역시 도꼬마리 씨앗에 달린 갈고리 모양의 가시를 흉내 내 개발된 것이다.

이 밖에도 이 책에 등장하는 수없이 많은 청색기술 사례들을 접하게 되면 자연으로 당장 뛰쳐나가고 싶어질 것이다. 우리가 자연을 접할 때는 흔히 좋은 풍경을 구경하거나 어린 시절 소풍 갔을 때 보물찾기를 하기 위해서, 또는 행운을 가져다주는 네잎클로버를 찾을 때 등일 것이다. 하지만 이 책을 접하는 순간 자연으로 나아가 자연이 보여주는 신비함을 맛보고 자연의 숨은 비밀을 찾아내고 싶은 강한 생각이 들 것이다. 이런 점에서 이 책은 자라나는 청소년뿐만 아니라 어른들에게도 아주 좋은 자연에 대한 안내서이다. 자연과 환경이 그 어느 때보다 중요한 인간의 삶의 조력자이자 공존자라는 생각이 확대되는 지금, 자연 세계를 관찰하고 탐구하고 이해해가면서 우리 인간에 대한 이해의 폭을 넓혀줄 수 있다는 점에서 이 책은 온 국민이 읽어야 할 필수 교양서라는 생각이 든다.

또 이 책은 인공지능, 로봇, 드론, 자율주행자동차 등이 상용화되었을 때 예측되는 4차 산업혁명 시대의 여러 가지 문제점들을 선제적으로 해결해 나갈 수 있게 도와줄 다양한 정보와 지혜를 함께 담고 있다. 지금까지의 인류의 경제 성장을 이끌어온 것은 모두 인간을 위해 자연을 희생시켜 자원으로 이용하는 인간중심의 기술이었다. "아는 것이 힘이다"라고 선언한 프랜시스 베이컨 이래로 인간은 자연을 정복의 대상Man Masters Nature!으로 삼아왔다. 하지만 이로 인한 생태계 파괴와 공기오염 등의 문제가 심각해지자, 덜 쓰고 덜 생산하면서 배출되는 쓰레기를 줄이고 동시에 기업에게 환경 파괴에 대한 비용을 지불하게 하는 녹색경제가 새로운 흐름으로 등장했다. 하지만 녹색경제는 배출되는 쓰레기의 양을 감소시키는 것에 머무를 뿐으로 아예 쓰레기 자체가 배출되는 것을 막거나 배출되는 쓰레기가 선순환으로 사용되는 것은 아니다.

이 책은 이렇듯 한계가 분명한 녹색경제의 틀을 뛰어넘어 환경과 경제 성장이라는 상반되게 보이는 두 목표를 이룰 수 있는 해법이 바로 '자연중심 기술'에 있다고 강조한다. 그리고 자연중심 기술에 토대한 경제를 "청색경제"로 명명하는데 이는 태양계에서 유일하게 지구가 파란 색이고, 그 지구에서 바라보는 하늘도 역시 파란 색이라는 점에서 착안하였다고 한다. "청색경제"는 녹색경제의 한계를 극복하면서 상생과 공존의 미래를 열어나갈 새로운 경제의 패러다임인 것이다.

과학의 역사는 2,500년이 되었고 기술의 역사는 그보다 훨씬 오래되었다. 인간의 필요에 의해 등장한 기술과 과학의 놀라운 응용은 우리 인류에게 엄청난 풍요와 편안함을 가져다주었다. 하지만 이와 동시에 기후변화, 에너지 고갈, 새로운 질병 등장, 식량 부족, 물 부족이라는 글로벌한 문제도 새롭게 야기시켰다. 과학기술의 발전과 함께 불가피하게 나타날 뿐만 아니라 갈수록 심각해지는 환경문제를 해결하고 소득격차로 인한 경제성장의 그늘을 줄여나가야 하는 우리에게 이 책은 새로운 방향을 제시해주는 미래서이기도 하다.

한번 생각해보라! 인간과 인간을 더욱 따뜻하게 연결시키고자 발전시켜왔던 최첨단 ICT 기술 그리고 그 결과인 스마트폰이 과연 우리 주변을 얼마나 따뜻하게 만들었는가? 바로 옆에 앉아있는 친구와는 전혀 대화하지 않으면서 가상 세계 속에 존재하는 알 수 없는 친구들과 바쁘게 소통하며 위안을 구하고 있는 나 자신을 발견하지는 않는가. 결국 4차 산업혁명이 지향하는 바는 물질적 풍요를 넘어 정신적 행복도 함께 추구하는 보다 인간적인 세상이며, 이런 때에 자연으로 돌아가서 자연 속에서 세상을 이끌어갈 비밀을 찾아내라고 주문하는 이 책은 매우 적절하고 또 의미가 있다.

∷ 조숙경

국립광주과학관 책임연구원. 서울대학교와 영국 런던대학교 킹스칼리지(KCL)에서 물리교육과 과학사를 공부했다. 「런던과학박물관의 출발과 물리과학의 대중화」로 국내 최초 과학문화전공 이학박사가 된 그녀는 과학문화의 이론적 학문적 연구를 개척해 왔다. 한국과학문화재단 전문위원실장으로, 〈사이언스 코리아〉 운동을 기획추진했으며, 대통령자문 과학기술자문회의에서 「과학기술과 인류발전」 대통령 보고서를 집필했다. 최근에는 15번째 저서인 『필즈─온 사이언스』를 출간했으며, 세계 최대의 과학문화단체인 PCST Network의 아시아 · 호주지역을 대표하는 과학위원회 이사로 활동 중이다.

31

블록체인 혁명

이인식 지식융합연구소장

2019년 기존에 출간된 『블록체인 혁명』에 저자의 최신 연구 결과를 담은 서문과 후기를 추가한 증보판 출간. 서문과 후기에는 책이 출간된 이후 블록체인에 제기된 우려와 전망과 관련해 보다 명확한 저자의 견해가 담겨 있다.

> 대부분의 기술이 변방에서 단순 작업만 수행하는 근로자들을 자동화하는 반면, 블록체인은 중심부를 자동화해 힘을 빼내 버린다.
>
> 비탈리크 부테린

블록체인 혁명

돈 탭스콧 · 알렉스 탭스콧 공저

박지훈 옮김

을유문화사

1

2018년 새해 벽두부터 가상화폐가 전 세계적 광풍을 불러일으켰다. 우리나라 역시 가상화폐 광풍이 덮쳐 온 나라가 시끌벅적했다.

가상공간, 곧 인터넷에서 통용되는 돈인 가상화폐는 2008년 10월 31일 나카모토 사토시Nakamoto Satoshi가 수백 명의 컴퓨터 전문가에게 전자우편으로 발송한 「비트코인: 피투피P2P 전자화폐 시스템Bitcoin: A Peer-To-Peer Electronic Cash System」이라는 논문에서 태동했다. 1975년 4월 5일 도쿄 출생이라고 주장한 나카모토는 아직도 누구인지 실체가 밝혀지지 않고 있다

나카모토는 전자우편에 첨부한 9장짜리 논문에서 거래의 투명성이 완벽하게 보장되고 조작이 불가능한 P2P 통화시스템을 제안했다. P2P는 인터넷으로 연결된 피어(참여자)끼리, 곧 개인과 개인 사이에 직접적으로 거래하는 방식을 뜻한다. P2P 네트워크에서 사용되는 전자화폐가 비트코인이다. 비트코인은 컴퓨터의 정보 저장 단위인 비트와 동전을 뜻하는 코인을 합쳐 만든 단어이다. 2009년 1월에 나카모토가 처음 만들어낸 비트코인은 누구나 발행하고 사용할 수 있는, 암호화된 가상화폐이다. 정부가 발권하고 금융기관이 관리하는 화폐가 아니라는 의미에서 비트코인은 나카모토의 표현처럼 역사상 최초로 '완벽하게 분산화decentralized'된 돈이다.

나카모토는 이런 분산화폐를 만든 이유로 금융기관의 정보 독점 체제를 꼽았다. 나카모토는 논문에서 "금융기관은 금융거래 정보를 독점하면서 막대한 수수료 수익을 챙기고 있으며, 사고를 막는다는 이유로 쓸데 없이 더 많은 개인 정보를 요구하고 있다"고 비판했다.

개인의 정보는 샅샅이 정부·은행·기업에 노출되지만 이런 기관의 내부 정보는 철저히 은닉된다. 하버드대학 사회학자인 소사나 주보프Shoshana Zuboff(1951~)가 '감시 자본주의surveillance capitalism'라고 분석한 기존 체제에 대한 대응수단으로 금융기관의 통제를 받지 않고 누구나 서로 직접 거래하면서 접근성과 투명성이 완벽하게 보장되는 화폐제도가 등장한 것이다.

나카모토는 가상화폐의 거래 정보를 저장·관리·검증하는 기술로 블록체인blockchain을 창안했다. 블록(덩어리)은 가상화폐 거래 내용의 묶음, 체인(사슬)은 블록을 차례차례 연결하는 것을 뜻한다. '블록을 서로서로 잇따라

연결한 모음'을 의미하는 블록체인은 일종의 거래 장부이다. 거래 내용을 중앙컴퓨터에 저장하는 금융기관과 달리 블록체인에서는 인터넷에 연결된 모든 거래 참여자(피어)의 컴퓨터에 거래 기록의 사본이 각각 저장되므로 참여자는 누구나 거래를 확인할 수 있다. 거래 장부를 분산해서 관리한다는 의미에서 블록체인은 분산거래장부distributed ledger라고 불린다.

영국 경제주간지《이코노미스트》는 2015년 10월 31일자에서 블록체인을 '신뢰기계trust machine'라고 명명했다. 블록체인 기술이 기계가 사람 대신 사회적 신뢰에 기반한 거래를 수행할 수 있음을 보여주었기 때문이다.

한편 비트코인은 가장 우수한 가상화폐이지만 한계도 있다. 우선 1초당 처리되는 거래량이 미미하다. 또 다수의 분산장부(블록체인) 기록자들이 시시각각 이루어지는 거래 내용을 암호화해서 장부에 저장하면 장부 관리의 대가로 새 비트코인을 받게 되는 이른바 채굴mining 과정에 전력이 과도하게 소모된다. 비트코인을 채굴하려면 컴퓨터를 24시간 켜놓고 10분마다 전 세계의 비트코인 거래 내역을 기록·검증·저장하는 채굴 프로그램을 실행해야 하기 때문이다.

미국 매사추세츠 공대는 비트코인의 한계를 해결하기 위해 차세대 가상화폐인 트레이드코인Tradecoin을 개발중인 것으로 알려졌다. 2018년《사이언티픽 아메리칸》신년호 커버스토리에 실린 「돈의 미래The Future of Money」에서 미국의 빅데이터 전문가인 알렉스 펜틀런드Alex Pentland(1952~)는 "트레이드코인은 첨단 암호 기술로 만들어져 국제 거래를 비트코인보다 훨씬 쉽고 안전하며 적은 비용으로 수행할 것"이라면서 "비트코인과 근본적으로 다른 개념으로 설계된 트레이드코인이 출현하면 기존 금융질서가 붕괴될 전망"이라고 주장했다.

2

2018년 2월 2일자《조선일보》출판면에 기획 꼭지로 「책으로 읽는 블록체인과 돈의 미래」에서 첫 번째로 추천한 책은 2016년 캐나다의 경영 전문 저술가인 돈 탭스콧Don Tapscott(1947~)이 펴낸 『블록체인 혁명Blockchain Revolution』이다.

탭스콧은 블록체인의 원리를 △분산(전 세계의 개인용 컴퓨터에서 작동한다), △공공성(늘 네트워크상에 존재하므로 그 누구라도 어느 때든 지켜볼 수 있다), △암호화(가상공간의 보안을 지키기 위한 강력한 암호를 사용한다)의 세 가지 특성으로 설명하고, 분산된 디지털 원장인 블록체인은 "인류에게 중요하고 가치 있는 거의 모든 것을 기록하도록 짜일 수 있다. 출생증명서 · 사망증명서 · 혼인증명서 · 등기부 등본 · 졸업증서 · 금융 계좌 · 의료 절차 · 보험 청구 · 투표 · 식품 원산지 표시 등 코드화될 수 있는 것들은 모두 기록할 수 있다"고 강조한다.

탭스콧은 블록체인 기술이 등장하여 "과거에는 소외되었던 수십억 명의 사람이 세계 경제에 동참할 수 있다"면서 블록체인 경제를 구성하는 일곱 가지 원칙을 제시한다.

① 무결성의 네트워크화─블록체인 경제에 참여한 사람들의 진실성 없는 행동은 불가능하거나, 더욱 많은 시간 · 금전 · 에너지 · 평판을 희생해야 한다. 블록체인 경제는 "사람들의 신원 정보와 평판을 확인하기 위해 대기업과 정부를 의지하지 않고 네트워크를 신뢰할 수 있다"는 뜻을 함축하고 있으므로 "역사상 처음으로 우리는 상대방의 행위와 관계없이 거래의 신뢰를 보장받을, 자세히 기록된 정보와 플랫폼을 갖추게 되었다"는 것이다.

② 분산된 권력-블록체인 경제 시스템은 통제점이 없는 P2P 네트워크를 통해 권력을 분산한다. 따라서 새로운 종류의 P2P 협업은 인류의 가장 골치 아픈 사회적 문제를 해결할 수 있을 것이다.

③ 인센티브로서의 가치-블록체인 경제 시스템은 모든 이해관계자의 동기를 일치시키고, 평판을 반영하는 데 핵심적인 역할을 담당한다.

④ 보안-보안 정책은 단 한 점의 실패도 없이 네트워크에 내재되어 있어야 한다. 모든 참여자는 암호를 사용해야 한다. 예외는 없다.

⑤ 프라이버시-사람들은 자신의 데이터를 통제해야 한다. 예외는 없다. 분명 블록체인은 감시 사회로 쏠리는 현상을 제어하는 단초가 될 수 있다.

⑥ 보전된 권리-소유권이란 투명하고도 집행 가능하다. 모든 인간은 보호할 수 있고 보호받아야 할, 양도 불가능한 인권을 타고 났다.

⑦ 편입inclusion-경제는 모든 사람을 위해 작동할 때 최고의 효율성을 자랑한다. 이는 곧 참여를 가로막는 장벽이 낮아지고, 자본주의의 재분배에서 그치지 않고 분산 자본주의를 위한 플랫폼이 생긴다는 것을 의미한다.

『블록체인 혁명』은 진실성 · 힘 · 가치 · 보안 · 프라이버시 · 권리 · 편입 등 일곱 가지 원칙을 블록체인 경제 설계의 목표로 삼는다면 "혁신적이고 효율적인 기업 · 조직 · 기관을 구성하는 길잡이로 쓰일 수 있다"고 주장한다. 이런 맥락에서 탭스콧은 "우리는 블록체인 기술이 인류애와 인간의 기본권을 보호하고 유지하는 중요한 수단이 될 수 있다"는 대담한 발언을 서슴지 않는다.

3

『블록체인 혁명』은 "블록체인 기술이 금융산업부터 기업경영, 만물인터넷, 심지어 정치현장과 문화산업에까지 혁신을 창조하는 사례를 소개한다.

탭스콧은 "블록체인 기술은 은행업, 증권업, 보험업, 회계법인, 소액 대부업체, 신용카드 업체, 부동산 중개인 등 금융산업을 영원히 혁신할 커다란 비전을 제공한다"면서 "우리는 금융산업이 산업시대의 금전 창고에서 번영의 플랫폼으로 바뀌기를 바란다"는 견해를 피력했다.

블록체인이 기업 경영에 미치는 영향을 분석하는 대목에서 이더리움Ethereum이 소개된다. 2013년, 당시 열아홉 살이던 러시아계 캐나다 사람인 비탈리크 부테린Vitalik Buterin(1994~)이 처음 고안한 이더리움은 스마트 계약smart contract을 구동하는 블록체인 플랫폼이다. 2015년 7월 30일, 18개월간 개발 중이던 이더리움이 처음으로 가동을 시작한 날은 "인류 문명의 차원에서 특별한 날로 기억될 것"이다.

스마트 계약은 "사람과 기관 사이에서 기록된 계약을 보관하고, 이행하고, 집행하는 컴퓨터 프로그램"이다. 블록체인상에 분산되는 스마트 계약 설계의 일반적인 목표는 "일반적인 계약 조건을 충족시키며, 악의적이고 돌발적인 예외 사항 및 제삼자에 의지할 필요를 최소화하는 것"이다.

탭스콧은 "기업의 임원들은 블록체인 기술에 흥분해야 한다. 왜냐하면 변방에서 혁신의 파도가 유례없는 규모로 밀려오고 있기 때문이다"면서 "블록체인은 중심부를 자동화해 힘을 빼내 버린다"는 부테린의 발언을 인용한다.

블록체인 기술이 만물인터넷에 적용되는 사례도 소개된다. 탭스콧은 "만

물인터넷은 기계, 사람, 동물, 식물을 아우르는 만물원장Ledger of Everything
이 필요하다"면서 물리적 세상에 생명력을 불어넣는 만물원장의 가능성에
주목한다. 만물원장이 현실의 세상에 생명을 불어넣는 열두 가지 분야를
소개하면서 "만물원장 덕분에 사후적인 재분배 자본주의redistributed capital-
ism를 넘어 사전적인 분산 자본주의distributed capitalism가 가능해진다"고 주
장한다.

　블록체인 기술이 정치에 활용되면 어떤 현상이 발생할지 궁금할 수밖에
없다. 탭스콧은 에스토니아 공화국의 전자정부를 사례로 들면서 블록체인
경제 설계 원칙 일곱 가지가 정치에도 적용될 수 있음을 설득력 있게 보여
준다. 블록체인 투표도 가능하며 "블록체인 기술은 새로운 민주적 수단의
개발에 앞장서고 있다"고 강조한다.

　블록체인 기술은 문화산업에도 긴요하게 활용될 수 있다. 탭스콧은 "블
록체인 기반 플랫폼과 스마트 계약의 조합은 아티스트들과 그들의 협업자
들로 하여금 새로운 음악 생태계를 형성하도록 도와줄 수 있다"면서 "블록
체인 기술을 통한다면, 음악가, 아티스트, 저널리스트, 교육자들의 노력을
공정하게 보상하고, 간직하고, 보호하는 세상이 모습을 드러낼 것"이라고
전망한다.

　『블록체인 혁명』은 블록체인의 가능성만을 논의하는 데 그치지 않고 마
지막 부분에서 블록체인의 실행을 가로막는 열 가지 장애물을 다루고 있다.

　① 기술이 아직 무르익지 않았다?
　② 지속 가능하지 않은 에너지 소비
　③ 또 하나의 장벽, 정부

④ 옛 패러다임의 강력한 기득권자가 등장하다

⑤ 분산된 대량 협력을 위한 인센티브 부족

⑥ 블록체인이 기존 직업을 사라지게 만들 것이다?

⑦ 고양이를 한 방향으로 몰아가는 것만큼이나 어려운 프로토콜 관리

⑧ 분산식 자율형 에이전트가 스카이넷 같은 괴물을 만든다면?

⑨ 빅 브러더가 (여전히) 우리를 감시하고 있다

⑩ 블록체인은 범죄자의 놀이터이다?

탭스콧은 "이처럼 엄청난 장애물이 블록체인의 미래를 막고 있다"면서 책의 끄트머리에서 다음과 같이 당부한다.

> 당신이 수행하는 비즈니스, 당신이 속한 산업, 당신이 맡는 자리를 생각해 보라. 어떤 영향을 받을 수 있고, 무엇을 할 수 있을지 고민해 보라. 역사가 알려주듯, 수많은 패러다임의 전환이 만든 함정에 빠지면 곤란하다. 오늘의 지도자가 내일의 패배자로 전락할 수는 없다. 다수의 도움이 필요한, 정신을 바짝 차려야 할 상황이다. 우리 모두, 함께 나아가자.

2018년 2월 2일자 《조선일보》 출판면에 기고한 「책으로 읽는 블록체인과 돈의 미래」를 마무리하면서 "이번 가상화폐 광풍은 돈이 단순한 경제 수단이기보다는 사람 마음을 흔들어놓는 괴력을 지니고 있음을 보여준다"고 썼다.

참고문헌

- 『블록체인 거버먼트』(전명산, 알마, 2017)

- 『블록체인노믹스』(오세현·김종승, 한국경제신문, 2017)

- 『넥스트 머니』(고란·이용재, 다산북스, 2018)

- 「책으로 읽는 블록체인과 돈의 미래」, 이인식,《조선일보》(2018. 2. 2)

- "The Future of Money", Scientific American(2018년 1월호), 21~37

32

디지털 아트
- 예술을 통해 바라보는 기술의 미래

최수환 대구가톨릭대학교 디지털디자인과 교수

디지털 아트
크리스티안 폴 지음
조충연 옮김
시공아트

1968년 영국 런던의 현대미술연구소Institutes of Contemporary Arts에서는 "사이버네틱 세렌디피티Cybernetic Serendipity"라는 독특한 전시가 열렸다. 아직 일반 대중에게 생소했던 컴퓨터를 사용하여 만들어진 미술작품, 음악, 소설과 시, 그리고 컴퓨터가 안무를 맡은 무용까지 공상과학 소설에서나 상상할 수 있었던 것들이 전시를 통해 선보였다. 이 전시에는 마이클 놀Michael Noll, 프리더 나케Frieder Nake와 같은 컴퓨터 그래픽의 선구자들과 존 케이지John Cage, 르자렌 힐러Lejaren Hiller, 카를하인츠 슈톡하우젠Karlheinz Stock-hausen과 같은 컴퓨터 음악의 대가들을 포함한 다양한 예술가들이 참여하였고 과학기술계의 사람들도 큰 관심을 보였다. 전시를 기획한 제시아 라이하르트Jasia Reichardt는 전시 카달로그 서문에서 다음과 같이 말한다.

"이 전시가 일반적인 미술전시와 다른 점이 있다면, 작품에 대한 정보를 미리 읽어 보지 않은 관람객은 누가 작품을 만들었는지 알기 쉽지 않을 것이라는 점이다. 즉, 전시된 작품들만 보고는 미술작가의 작품인지 아니면 공학자, 수학자, 혹은 건축가의 작품인지 파악하기가 어려울 것이다. …… 하지만 더 중요한 것은 새로운 미디어와 시스템이 미술작품의 형태, 음악의 속성, 시적 은유까지 변하게 할 것이라는 점이다. 첨단기술이 제시하는 새로운 가능성은 화가, 영화감독, 작곡가, 시인과 같은 창작자들의 표현의 한계를 확장시켜 줄 것이기 때문이다……."[3]

크리스티안 폴Christiane Paul의 『디지털 아트[4]』는 기술을 도구로 사용하거나 기술 그 자체를 미디어로 다루고 있는 300여 점의 현대예술 작품을 소개하면서 기술 융합 예술Arts & Technology의 지형도를 조망하고 이른바 '디지털 혁명' 이후의 예술의 변화상, 예술의 미래에 대한 질문을 던지는 책이다. 이 책은 현대예술 이론서임에도 불구하고 인공지능, 가상/증강현실, 빅데이터, 사물인터넷IoT, HCIHuman-Computer Interaction, 생명공학, 나노기술, 신경공학 등 현재 주목받고 있는 다양한 공학기술을 다루고 있다. 뿐만 아

---

3   Jasia Reichardt, 『Cybernetic Serendipity: the computer and the arts』, 1968, 15p
4   이 책에서 '디지털 아트'는 컴퓨터 아트, 컴퓨테이셔널 아트computational art, 미디어 아트, 뉴미디어 아트, 인터랙티브 아트, 기술 융합 예술arts & technology 등을 아우르는 포괄적 개념으로 사용되고 있다.

니라 인공생명artificial life, 원격존재telepresence, 바이오 예술bio art, 핵티비즘hactivism 등 기술의 급격한 발전이 촉발시키고 있는 철학적, 사회적, 윤리적 문제에 대해서 예술가들이 어떻게 접근하고 있는지 독특한 관점으로 분석한다. 뉴욕 뉴 스쿨The New School의 교수이자 휘트니 미술관Whitney Museum of American Art의 큐레이터이기도 한 저자는 예술가들을 "그 시대의 문화와 기술을 반영하는 선구자들"로 인식하면서 급속도로 발전하는 디지털 기술이 도구이자 매개로써 지난 수십 년간 현대 예술 연구와 실천을 어떻게 이끌고 있는지 작품들을 통해 이야기한다.

예를 들어 호주 출신의 뉴미디어 예술가인 제프리 쇼Jeffrey Shaw의 「이브Eve, Extended Virtual Environment」(1993)는 로봇 팔이 돔 형태의 구조물 벽에 투사하는 영상을 관람객이 편광경polarizing spectacles을 착용하여 봄으로써 가상공간으로의 몰입을 경험할 수 있는 현대예술 작품이자 발명품이다. 에두아르도 카츠Eduardo Kac의 「녹색 토끼GFP Bunny」(2000)는 형광 단백질을 주입하는 유전적 조작을 통해 어두운 공간에서 녹색 빛을 발하는 살아있는 토끼를 작품으로 발표하여 예술과 생명 윤리에 대한 논란을 불러일으키기도 했다. 스텔락Stelarc은 자신의 몸을 창작의 도구로 사용하여 예술을 통한 신체의 확장, 인간과 기계의 하이브리드를 실험하기도 한다. 한편 캘리포니아대학UCLA의 교수이자 뉴미디어 예술가인 캐시 레아스Casey Reas는 1960~1970년대 벨 연구소의 공학자들에 의해 시작된 소프트웨어 예술의 전통을 이어받아 예술가와 디자이너를 위한 프로그래밍 언어인 '프로세싱Processing'[5]을 개발하고 이를 작품에 활용한다.

---

5   https://processing.org

20세기 이후 기술 혁신은 산업, 경제적 변화와 함께 사회문화적 환경을 급속도로 변화시키는 원동력이 되고 있다. 특히 디지털 컴퓨터의 개발은 예술에 있어 새로운 도구의 등장일 뿐만 아니라 예술이 창작, 유통, 소비되는 이른바 예술 생태계를 재편시키고 있다.

1979년에 설립된 아르스 엘렉트로니카 센터Ars Electronica Center, AEC는 오스트리아의 소도시 린츠가 세계적인 창의산업creative industry의 메카로 자리매김할 수 있게 만든 대표적인 기술 융합 예술 센터이다. 이 센터를 중심으로 매년 개최되는 아르스 엘렉트로니카 페스티벌은 기술을 혁신적으로 활용하는 뉴미디어 예술을 유통시키는 무대이면서 기술의 미래 또한 가늠해 볼 수 있는 말 그대로 예술-기술 융합의 장이다. 이 페스티벌은 매해 사회문화적으로 크게 관심을 받는 주제를 페스티벌의 테마로 선정하는데 2016년의 테마는 "급진적 원자들Radical Atoms[6]"로 "우리 시대의 연금술사alchemists of our time"라는 부제와 함께 '자율주행차self-driving cars와 만물인터넷internet of things 다음은 무엇일까'라는 질문을 던졌다.

1995년부터 아르스 일렉트로니카의 예술감독을 맡고 있는 거프리드 슈토커Gerfried Stocker는 "우리 시대의 연금술사"를 "보편적이지 않은 것, 한계를 뛰어넘는 것을 추구하는 창의적인 사람들"로 묘사한다. 영생의 약을 원

---

6   2016년 아르스 엘렉트로니카 페스티벌의 공동기획자였던 MIT 미디어랩의 히로시 이시이Hiroshi Ishii 교수는 MIT 미디어랩의 '텐저블 미디어 그룹Tangible Media Group'을 이끌고 있으며, 인간-기계 인터페이스Human-Machine Interface 분야의 권위자로 디지털 영역과 물리적 영역을 융합하는 인터페이스에 대한 다양한 프로젝트를 이끌고 있다. 이시이 교수는 "급진적 원자들Radical Atoms"에 대해 다음과 같이 말한다. "'급진적 원자들radical atoms'은 컴퓨터로 재구성할 수 있는 미래의 가변적 물질과 인간의 상호작용을 의미합니다."

했던 중세의 연금술사들이 화약과 자기를 만들게 된 것이 단순한 우연이 아닌 것처럼, 새로운 기술로 디지털 세계와 물리적인 세계를 융합하는 우리 시대의 연금술사들이 만들어내는 새로운 것들이 바로 혁신과 창의성이라고 말한다.

공상과학이 묘사하고 있는 미래사회에서 예술은 어떤 의미를 가질까? 예컨대 뇌-기계 인터페이스Brain-Machine Interface, BMI가 일상화되면 예술작품의 감상, 즉 예술적 경험은 어떻게 달라질까? 이 질문에 대한 답을 찾기 위한 중요한 개념 중 하나가 인공 창의성Artificial Creativity일 것이다.

매튜 엘튼Matthew Elton은 1995년에 발행된 국제학술지 《레오나르도Leonardo》에 「인공 창의성: 컴퓨터의 문화화Artificial Creativity: Enculturing Computers」라는 인공 창의성에 관한 논문을 실었다. 이 논문에서 엘튼은 "창의성이 어떻게 작동하는지 컴퓨터를 통해 연구하는 인공지능의 한 분야"라고 인공 창의성을 정의한다. 엘튼은 인간의 창의성이 가지는 특징에 대해 설명하면서 인공 창의성이 성립하기 위해서는 창작과 평가를 함께 할 수 있는 시스템이 필요함을 주장하였는데, 특히 새로운 경험에 노출될 경우 규칙이 바뀔 수 있는 진화 알고리즘이 중요함을 강조하였다. 1955년 존 매카시John McCarthy, 마빈 민스크Marvin Minsky, 나다니엘 로체스터Nathaniel Rochester, 클로드 섀넌Claude Shannon 등 인공지능 분야 대가들이 함께 기획했던 「인공지능에 관한 다트머스 여름 연구 프로젝트 제안A proposal for the Dartmouth summer research project on artificial intelligence」에서는 인공지능이 해결해야 할 과제 중 하나로 창의성을 언급하기도 했다.

과학 칼럼니스트 이인식은 인공 창의성에 대해 "컴퓨터 프로그램의 창조적인 능력"이라고 말하면서 아론AARON, 에미EMI, 뮤테이터Mutator, 멜로믹스Melomics와 같은 프로젝트를 예로 들었다.[7] 하지만 "사람처럼 자신의 창작 과정을 심미적 기준으로 평가하는 능력을 갖고 있지 않기 때문에 컴퓨터는 결코 인간의 창조성을 본뜰 수 없다는 주장도 설득력을 갖게 된다"고 인공 창의성의 한계에 대해서도 말하고 있다.

한편 구글은 2016년부터 신경망 기반 기계학습 알고리즘으로 음악과 미술을 창작하는 마젠타Magenta 프로젝트를 시작하였다. 마젠타는 인공지능 연구자들 뿐만 아니라 예술가들에게도 큰 관심을 받았던 딥 드림Deep Dream 을 발전시킨 프로젝트인데, 음성 인식이나 이미지 인식에 사용되는 기계학습 기술을 역으로 사용하여 창작에 활용한다. 일반적인 이미지 인식 알고리즘이 대량의 이미지 데이터를 학습한 후 이를 바탕으로 새로운 이미지를 구분하는 것이 목적인 반면, 딥 드림은 컴퓨터가 무엇을 보고 있는지 표현하라고 한다. 즉 딥 드림은 기계학습을 통해 컴퓨터가 가지게 된 세계의 상想을 재구성하여 새로운 이미지를 표현하는 셈이다. 이는 많은 연구자들이 '컴퓨터화' 할 수 없을 것으로 생각했던 인간의 창의성을 이해하는데 실마리를 제공해 준다는 점에서 무척 흥미롭다.

바야흐로 디지털은 일상 곳곳에 스며들어 우리는 더 이상 디지털 혁명이라는 단어가 어울리지 않는 시대를 살고 있다. 가상 세계와 물리적 현실이 이어지고 심지어 생명체와 기계가 뒤섞이는 '바이오-가상물리 시스템bio-cyber-physical system'의 세계에서 예술과 기술의 미래는 어떻게 될까?

"예술은 항상 문화적 변동과 기술의 특이성을 반영하고 있으며 '기술'은 항

---

7   이인식, 「모차르트의 '42번' 교향곡」, 매일경제, 2016

상 문화적 변동의 중요한 부분이 되어 왔다. 1990년 이래 불과 몇 년 동안의 디지털 기술이 가져왔던 엄청난 발전을 고려할 때 디지털 아트가 어떻게 진행될지 정확하게 예측하기는 쉽지 않다. 그럼에도 불구하고 '기술혁신이 가져다 줄 미래'의 방향에 대한 지표들을 우리는 확인할 수 있다. 디지털, 바이오 그리고 나노 테크놀로지의 교차뿐만 아니라 새로운 형태의 지능형 인터페이스와 기계들이 그것이다. 아마도 디지털 기술은 점점 더 확산되어, 우리의 삶에 중요한 한 부분이 될 것이며 또한 보편적인 예술의 한 장르가 될 것이다."(246쪽)

참고문헌

* *Digital Art*(3rd ed.), Christiane Paul, Thames & Hudson, 2015

* *Cybernetic Serendipity - the computer and the arts*, Jasia Reichardt, Frederick A. Praeger, 1968

* *Information Arts: Intersections of Art, Science, and Technology*, Stephen Wilson, The MIT Press, 2002

:: 최수환

대구가톨릭대학교 디지털디자인과 교수. LG전자 MC연구소, 한국예술종합학교 AT-LAB, 아시아문화원, 한국콘텐츠진흥원에서 근무하였다. 디지털 테크놀로지 기반 디자인과 예술에 대해 연구하고 있으며, 특히 컴퓨터 알고리즘을 이용한 예술적 표현과 시맨틱 웹 기술을 활용한 지식의 구조화와 공유에 대해 관심이 많다. 밴드 옐로우키친(Yellow Kitchen)의 리더로 활동하였고, LIG문화재단 레지던스-L 아티스트, 금천예술공장 1기 입주작가로 다양한 공연 및 전시에 참여하였다.

33

메이커스

이인식 지식융합연구소장

모든 사람은 타고난 제조자이다.

크리스 앤더슨

메이커스

크리스 앤더슨 지음

윤태경 옮김

알에이치코리아

1

누구나 책상 위에 놓여 있는 컴퓨터 앞에 앉아 마우스 클릭 한 번으로 공장을 가동시킬 수 있다. 컴퓨터로 제어하는 데스크톱 제작도구를 사용하여 책상 위 공장desktop factory에서 갖가지 물건을 만드는 데스크톱 제조desktop manufacturing가 일반인의 안방에서도 가능해졌기 때문이다.

책상 위 공장에 필요한 데스크톱 제작도구는 3차원3D 프린터, 컴퓨터 수치제어CNC, computer numerical control 기계, 레이저 커터, 3차원 스캐너이다. 데스크톱 제조혁명의 기폭제가 된 3차원 인쇄3D printing는 벽돌을 하나하나

쌓아올려 건물을 세우는 것처럼 3D 프린터가 컴퓨터에 미리 입력된 입체 설계도에 맞추어 고분자 물질이나 금속 분말 따위의 재료를 뿜어내어 한 층 한 층 첨가하는 방식으로 물건을 완성한다. 1984년 미국에서 개발된 3차원 인쇄는 특유의 제작공정 때문에 첨가 또는 적층 제조additive manufacturing라고도 불린다.

3차원 프린터를 이용하면 상상한 물건을 컴퓨터로 그린 다음에 실제로 만들어낼 수 있다. 이를테면 3차원 인쇄 또는 첨가제조는 원하는 물건을 바로바로 찍어내는 맞춤형 생산방식이다.

2014년에 미국의 경영 저술가인 스티브 사마티노Steve Sammartino가 펴낸 『위대한 해체The Great Fragmentation』에는 3차원 인쇄로 초콜릿처럼 작은 물건부터 무인항공기 같은 큰 구조물까지 제작되고 있는 사례가 열거되어 있다.

3차원 인쇄로 장거리 우주비행에 필요한 음식은 물론 자전거, 자동차, 로봇도 제작된다. 집 한 채를 전기 및 배관 공사를 포함하여 하루 만에 3차원 인쇄로 만드는 계획도 추진된다.

사마티노는 『위대한 해체』에서 환자의 갈비뼈에서 채취한 세포로 귀를 만든 사례도 소개한다. 이처럼 3차원 프린터로 사람의 조직이나 장기를 찍어내는 바이오프린팅bioprinting도 갈수록 활용범위가 확대되고 있다. 2008년 일본에서 처음 개발된 3차원 바이오프린터는 사람 머리의 두개골이나 턱뼈, 신장·간·심장 등 이식용 장기, 의수나 의족, 화상 환자에게 이식하는 피부를 제작하고 있다. 2016년 12월 미국에서 사람의 간 조직을 3차원 프린터로 찍어내서 쥐에 이식하는 데 성공했으며, 같은 시기에 중국에서 3차원 프린터에 원숭이의 지방층에서 추출한 줄기세포를 넣어 혈관을 찍어내고 같은 원숭이에게 이식하기도 했다. 요컨대 3차원 바이오프린터가 환자 맞춤형 장기 이식에 크게 활용될 전망이다.

사마티노는 "3차원 인쇄는 제조업을 공장에서 책상으로 옮기고 있다"면 서 "3차원 인쇄는 인터넷보다도 사회에 미치는 영향이 더 클 것으로 생각 한다"고 견해를 피력했다. 그는 『위대한 해체』에서 다음과 같은 세 가지 질 문을 던지고 스스로 답을 내놓는다.

첫번째질문 사람들이 총과 같은 위험한 물건을 인쇄하지 않게 하려면 어떻게 해야 하나?

답 방법은 없다. 하지만 어떤 기술이든 나쁜 사람 손에 들어가면 위험 해진다. 진짜 위험한 것은 사람이다.

두번째질문 3차원 인쇄의 위협으로부터 제조업체를 어떻게 보호할 수 있을까?

답 보호하지 못한다. 3차원 인쇄는 무조건 받아들여야만 하며, 이 기술 이 도래하면 옛날 제조방식은 쓸모없거나 수익성이 떨어질 것이다.

세번째질문 무슨 물건이든 사람들이 각자 만들어 쓰는 세상에서 돈은 어떻게 버나?

답 나도 잘 모르겠다. 하지만 기술이 반복해서 기술을 대체할 때 인간 적인 면이 강할수록 더 많은 돈을 벌게 될 것이다.

2

3차원 인쇄가 제조업에 미치는 영향을 분석한 책으로는 2012년 미국의 저 술가인 크리스 앤더슨Chris Anderson(1961~)이 펴낸 『메이커스Makers』가 손꼽 힌다. 앤더슨은 2006년에 펴낸 『롱테일 경제학The Long Tail』으로 세계적인 유명인사의 반열에 올랐다. 앤더슨은 파레토 법칙Pareto principle에 반대되는 개념으로 롱테일 현상을 창안했다. 이탈리아의 경제학자인 빌프레도 파레토Vilfredo Pareto(1848~1923)는 이탈리아 상위 20%의 인구가 부의 80%를 소유한 사실을 밝혀냈다. 이 사람의 이름을 따온 파레토 법칙 또는 80 대 20 법칙은 전체 결과의 80%가 전체 원인의 20%에서 일어나는 현상을 가리킨다. 전통적인 시장에서는 잘 팔리는 상위 20%의 상품이 전체 매출의 80%를 점유해서 파레토 법칙이 적용된다고 보고, 잘 팔리는 것을 집중적으로 잘 보이는 곳에 진열한다. 그러나 인터넷의 온라인 시장에서는 비인기 상품에 대한 소비자의 진입 장벽을 낮출 수 있으므로 틈새시장이 형성될 수도 있다. 현재 매장에 많이 진열되어 많이 팔리는 20% 상품을 머리라고 하면 상대적으로 판매량이 적은 80%의 상품들은 꼬리에 해당되는 셈이다. 파레토 법칙에서 꼬리처럼 긴 부분을 형성하는 80%는 긴 꼬리long tail라고 할 수 있다. 앤더슨은『롱테일 경제학』에서 80%의 긴 꼬리도 인터넷에서는 경제적으로 의미가 있을 수 있게 되었다고 주장했다.

『메이커스』에서 앤더슨은 "모든 사람은 타고난 제조자Maker이다"고 전제하고, 메이커는 이전과 다른 두 가지 모습을 보인다고 주장한다.

첫째, 메이커들은 컴퓨터로 디자인하고, 데스크톱 제조 기계를 사용하여 사제품을 만든다.

둘째, 메이커들은 본능적으로 자신의 창작품을 온라인을 통해 공유하는 웹세대이다. 웹에서 볼 수 있는 공동작업collaboration 문화를 제작 과정에 활용할 뿐 아니라 이전의 DIYdo-it-yourself, 곧 자가제작 산업에서는 볼 수 없던 규모의 새로운 산업을 만든다.

메이커의 등장으로 자가제작DIY 정신이 산업 단위로 승화된 사회현상인 메이커 운동maker movement이 일어난다. 창의적 만들기 운동을 의미하는 메이커 운동은 2005년에 미국의 데일 도허티Dale Dougherty(1955~)가 잡지《메이크Make》를 창간하고, 메이커 운동이라는 용어를 처음 사용하면서 시작된다. 2006년 테크숍TechShop이 실리콘 밸리에 설립되고 미국 전역에 지점을 개설한다.

테크숍은 미국 매사추세츠 공대MIT의 팹랩Fab Lab, Fabrication Laboratory과 함께 메이커스페이스Makerspace라고 불린다. 메이커 운동의 핵심 공간인 메이커 스페이스는 물리적 작업공간, 개방형 공동체 공간, 다학제적 학습 경험 등 3대 요소로 구성된 일종의 공방이다. 누구나 메이커스페이스에서 3차원 프린터를 사용하여 적은 비용으로 원하는 물건을 만들 수 있기 때문에 테크숍 최고 경영자인 마크 해치Mark Hatch는 메이커스페이스로 '기술의 민주화'가 이루어졌다고 말하기도 한다.

2014년 6월 미국의 버락 오바마 대통령은 테크숍을 전격 방문한 자리에서 제조업 르네상스를 강조하고 사상 최초로 백악관에서 메이커 페어Maker Fair를 열기도 했다.

앤더슨은『메이커스』에서 메이커 운동의 특징을 세 가지로 보았다.

첫째, 데스크톱 디지털 도구를 사용하여 새로운 제품과 디자인을 구상하고 시제품을 만드는 사람들(디지털 DIY)

둘째, 온라인 커뮤니티에서 다른 사람과 디자인을 공유하고 공동 작업하는 문화 규범

셋째, 누구라도 제조업체에 보내 몇 개든 생산할 수 있도록 허용하는 디자인 파일 공유

앤더슨은 메이커 운동에 의해 3차 산업혁명이 진행되고 있다고 주장한다. 1776년 증기기관에 의해 시작된 1차 산업혁명, 1850년부터 제1차 세계대전 사이에 일어난 2차 산업혁명이 제조업 혁명이었듯이 3차 산업혁명도 제조업 혁명이 될 것이라고 강조한다. 앤더슨은 "3차 산업혁명은 디지털 제조와 개인 제조의 조합, 다시 말해 메이커 운동의 산업화라 할 수 있다"고 역설한다.

앤더슨은 인터넷에서 음반시장부터 신문시장까지 몇몇 기업이 독과점한 시장에 무수한 소기업이 진입하여 '비트의 롱테일Long Tail of bits'이 발생한 것처럼 제조업에도 이러한 일이 일어날 차례라고 주장한다. 그는 책 끄트머리에서 "롱테일 법칙에서 볼 수 있듯이 21세기 제조업에서는 블록버스터 상품이 사라지는 것이 아니라 '블록버스트 상품의 독점'이 사라질 것이다. 거대 제조업 기업이 사라지는 것이 아니라 거대 제조업 기업의 독점이 사라질 것이다"고 전망한다.

『메이커스』의 마지막은 "앞으로 사물의 롱테일Long Tail of things을 보게 될 것이다"는 문장으로 마무리된다.

3

『메이커스』에서 눈길을 끄는 대목의 하나는 프로그램 가능 물질PM, programmable matter에 대한 언급이다.

《매일경제》에 연재한 「이인식 과학칼럼」에서 2015년 5월 27일자에 프로그램 가능 물질을 다룬 적이 있어 그 내용을 간추려 소개한다.

대도시 지하에 매설된 수도관이 파손되어 누수가 발생하면 땅속을 파헤치는 공사를 벌여 새것으로 교체할 수밖에 없다. 그러나 수도관 스스로 파열된 부분을 땜질하는 기능을 갖고 있다면 구태여 보수 작업을 하지 않아도 될 것이다. 이처럼 새로운 모양으로 바뀌거나, 바람직한 특성으로 변화하거나, 스스로 조립하는 물질을 프로그램 가능 물질이라 일컫는다.

프로그램 가능 물질은 3차원 인쇄의 연장선상에 있다. 프로그램 가능 물질기술은 3차원 인쇄에 사용된 물질에 프로그램 능력, 이를테면 물질 스스로 모양 또는 특성을 바꾸거나 조립하는 기능을 추가하기 때문에 4차원 인쇄4D printing라고도 한다.

1990년대 초부터 몇몇 과학자가 상상한 프로그램 가능 물질은 2007년부터 본격적 연구가 시작된다.

미국 국방부(펜타곤)가 초소형 로봇이 더 큰 군사용 로봇으로 모양이 바뀌게끔 설계 및 제조하는 사업에 착수했기 때문이다.

프로그램 가능 물질 연구는 10년 쯤 되었지만 몇 가지 접근방법이 실현되었다. MIT 연구진은 물체가 특정 자극에 반응하여 다른 모양으로 바뀌도록 미리 프로그램을 해두는 방법을 채택하여, 가령 뱀처럼 생긴 한 가닥 실이 물속에 들어가자 모양이 바뀌는 것을 보여주었다.

한편 미국 버지니아공대에서는 3차원 인쇄 도중 물체의 특정 구조에 특수 기능을 내장시키고 인쇄가 완료된 뒤 외부 신호로 그 기능을 자극하여 물체의 전체 모양이 바뀌게끔 하는 데 성공했다.

2014년 펜타곤은 4차원 인쇄로 위장용 군복을 개발하는 사업에 100만 달러 가까이 투입했다. 프로그램 가능 물질인 이 군복은 주변 환경과 병사의 신체 상태에 따라 스스로 외부 열을 차단 또는 흡수하는 기능을 갖게 될 것으로 기대된다. 펜타곤은 궁극적으로 장애물에 따라 모양이 바뀌는 변신

로봇 개발을 꿈꾸고 있다.

2014년 5월 미국 국제문제 싱크탱크인 애틀랜틱카운슬Atlantic Council이 발행한 보고서「다음 물결The Next Wave」은 4차원 인쇄에 대한 최초의 전략 보고서답게 프로그램 가능 물질의 사례를 흥미롭게 소개한다. 옷이나 신발이 착용자에게 맞게 저절로 크기가 바뀐다. 상자 안에 분해되어 들어 있던 가구가 스스로 조립하여 책상도 되고 옷장도 된다. 도로나 다리에 생긴 균열이 스스로 원상복구된다. 비행기 날개가 공기 압력이나 기상 상태에 따라 형태가 바뀌면서 비행 속도를 배가한다.

앤더슨이『메이커스』에서 일부러 프로그램 가능 물질을 다룬 까닭은 아마도 "메이커의 궁극적 꿈은 자연이 생물을 만들 듯 물질을 프로그램하는 것이다"는 마지막 13장의 제목처럼 인간이 조물주 같은 메이커가 되길 꿈꾸는 것인지도 모른다는 생각이 퍼뜩 들었다.

참고문헌

- 『롱테일 경제학The Long Tail』 (크리스 앤더슨, 랜덤하우스코리아, 2006)

- 『해커스Hackers』 (스티븐 레비, 한빛미디어, 2013)

- 『위대한 해체The Great Fragmentation』 (스티브 사마티노, 인사이트 앤뷰, 2015)

- 《메이커 교육 실천, 그 시작과 여정》 (메이커교육코리아 2016 포럼, 2016. 10. 8)

- 『손의 모험』 (선윤아, 코난북스, 2016)

- *Fab: The Coming Revolution on Your Desktop*, Neil Gershenfeld, Basic Books, 2007

- *The Maker Movement Manifesto*, Mark Hatch, McGrawHill, 2013

- *Impact of the Maker Movement*, Maker Media & Deloitte, 2014

- *The Next Wave: 4D Printing and Programming the Material World*, Atlantic Council, 2014

- *Envisioning the Future of the Maker Movement Summit Report*, American Society for Engineering Education(ASEE), 2016

34

나노기술이 세상을 바꾼다
- 작지만 큰 힘, 나노기술의 모든 것

김원희 솔텍일렉트릭 대표

나노기술이 세상을 바꾼다

이인식 지음

고즈윈

이인식 지식융합연구소장은 '나노기술 전도사'로 알려져 있다. 1992년 2월 출간된 출세작 『사람과 컴퓨터』에는 나노기술을 국내 최초로 심층분석한 500매(200자 원고지)의 글이 실려 있다. 《월간조선》(1992년 4월호), 《한겨레》 (1997년 12월 25일자), 《동아일보》(2001년 7월 21일자), 《조선일보》(2007년 8월 25일자) 등의 고정칼럼에 나노기술의 동향을 소개했다. 2002년 3월 국내외 나노기술 전문가의 글을 엮어 펴낸 『나노기술이 미래를 바꾼다』는 국내 최초의 나노기술 개론서로 평가된다. 2009년 9월 펴낸 『한 권으로 읽는 나노기술의 모든 것』은 일부 내용이 칼럼 형식으로 고등학교 국어교과서에 수록되었다. 2011년 7월부터 일본 산업기술종합연구소의 나노기술 월간지인 《PEN》에 나노기술 칼럼을 6개월간 연재하여 국제적인 나노기술 전문가로 인정받기도 했다.

바야흐로 4차 산업혁명 시대를 맞이하여 우리 주위에는 과학기술과 산업은 물론이고 문화와 예술이 하나로 융합되는 미래사회에 대한 커다란 기대와 불안이 교차하고 있다. 인류의 삶과 미래를 혁명적으로 바꾸어 놓을 4차 산업혁명의 핵심 가운데 하나가 바로 '나노기술'이다.

1나노미터(nm)는 10억(10^9)분의 1미터이다. 사람 머리카락 두께의 5만분의 1에 해당하는 아주 작은 길이에 불과하다. 이처럼 눈에 보이지 않을 만큼 작은 나노의 세계에는 무한한 가능성이 숨어 있다. 나노미터의 세계에서는 인간의 상상력을 뛰어넘는 일들이 펼쳐질 것임에 틀림없다. 하지만 나노기술은 그 역사가 길지 않아 일반인들이 쉽게 접근할 수 있는 교양도서를 찾아보기 힘든데, 저자는 이러한 실정을 감안하여 누구나 나노기술의 이모저모를 한눈에 살펴볼 수 있도록 이 책을 저술했다. 나노기술의 탄생부터 무한한 쓰임새, 그리고 나노기술이 불러올 새로운 미래까지, 21세기 인류의 삶을 획기적으로 바꾸어 놓을 나노기술의 모든 것을 한 권의 책으로 만든 것이다.

세상에서 가장 작은 물질을 손으로 만지듯 마음대로 다룰 수 있다면 어떤 일이 벌어질까? 물질의 가장 작은 단위인 원자와 분자를 블록 놀이 하듯이 조립하고 움직일 수 있다면? '나노기술'은 원자나 박테리아 수준의 극미세 단위에서 물질을 다루는 첨단 기술을 말한다. 나노기술이 완벽하게 실현되면 어떤 일이 펼쳐질까. 각설탕만큼 작은 공간에 국회도서관의 모든 장서를 담을 정도로 엄청난 양의 정보를 기록할 수 있는가 하면, 미세한 부분까지 물질을 제어하는 일이 가능하므로 정교한 물건을 생산할 수 있다. 이러한 특성 때문에 나노기술은 생명공학기술이나 에너지기술, IT, 반도체 기술 등과 융합하여 기존 기술의 한계를 뛰어넘을 돌파구로 주목을 받고 있다. 나노기술은 무한한 가능성을 지닌 21세기의 블루칩이라고 해도 과언이 아니다.

나노기술은 물질을 다루는 방법을 바꾸는 데 그치지 않고 사회의 모든 부문에서 혁명적인 변화를 초래할 것으로 저자는 전망한다. 이 책 『나노기술이 세상을 바꾼다』는 21세기의 교양으로 알아두어야 할 나노기술의 모든 것을 쉽고 재미있게 설명한다. 나노기술의 역사부터 다양한 쓰임새, 그리고 나노기술이 불러올 새로운 미래까지 가장 작은 세계의 무한한 가능성을 들여다보고 있다.

이 책은 2009년 9월 펴낸 『한 권으로 읽는 나노기술의 모든 것』을 대학생을 비롯한 청소년이 좀 더 편하게 볼 수 있도록 개정판으로 다시 만든 것이다. 청소년의 눈높이에 맞추어 이해를 돕는 삽화와 나노기술의 최신 소식을 보충해 '이인식 선생님의 주니어 교양 시리즈'의 세 번째 책으로 출간되었다. 이 책의 일부분은 "나노기술이 세상을 바꾼다"라는 제목의 칼럼으로 8차 교육과정 고등학교 국어 교과서(금성출판사)에 수록되었다.

- 나노기술로 손톱만 한 반도체 속에 도서관을 통째로 집어넣는다
- 나노기술의 아이디어를 제공한 리처드 파인만, 나노기술의 미래를 구상한 에릭 드렉슬러
- 나노 크기의 잠수정이 몸속에 들어간다면? 영화와 소설이 그린 나노기술

- 스파이더맨이 현실로? 청색기술로 도마뱀붙이를 본뜬 나노빨판
- 눈에 보이지 않는 오염물질까지 잡아낸다. 나노기술과 생명공학기술이 융합된 최첨단 나노바이오센서
- 칩 위의 실험실, 엄지손가락만 한 장치로 건강을 진단한다
- 심장이 없어도 달린다, 혈류를 누비며 산소를 공급하는 초소형 적혈구 나노로봇
- 21세기의 미라, 냉동인간이 세포수복 나노기술로 깨어난다
- 우리는 미래에 필요 없는 존재가 될 것인가. 자기복제하는 나노로봇 떼가 세상을 뒤덮는다면?

1부 '나노미터의 세계'는 원자와 분자의 세계를 다룬다. 물질을 점점 더 작은 단위로 쪼개어 들어가면, 나노 크기의 미시세계인 원자와 분자를 만나게 된다. 1부에서는 원자와 분자의 개념을 설명하고, 생명체를 이루는 가장 작은 분자인 단백질과 그 속에 담긴 유전자에 대해 소개한다. 단백질 분자는 몇 개의 단순한 물질로 이루어져 있지만, 몸속에서 다양한 기능을 수행하고 막대한 양의 유전 정보를 저장하기도 한다. 이러한 생명체의 메커니즘이야말로 나노기술의 핵심 개념을 완벽하게 구현하고 있다고 할 수 있다.

2부에서는 나노기술의 역사가 한눈에 펼쳐진다. 1959년 최초로 나노기술의 아이디어를 제시한 리처드 파인만의 강연부터, 나노기술이 가져올 미래의 모습을 구상한 에릭 드렉슬러, 그리고 전 세계가 나노기술을 21세기를 바꾸어 놓을 신기술로 주목하기까지의 발전 역사를 정리하고 있다. 축소된 잠수함이 사람의 몸속으로 들어가거나 스티븐 스필버그 연출의 영화 「이너스페이스(몸 안의 공간)」, 무한히 증식하는 나노로봇이 인간을 위협한

다는 마이클 크라이튼의 소설 『먹이』 등의 영화와 소설이 그려낸 나노기술의 미래상도 소개되어 있다.

3부, 4부, 5부에는 나노기술이 활용되는 사례를 간추려 놓았다. 21세기의 신기술은 나노기술을 통해서 이루어질 것으로 보인다. 기존의 기술이 나노기술과 접목되어 시너지 효과를 발생시키는 것이다. 나노기술은 산업재의 효율성을 높이는 데 쓰인다. 나노입자를 입힌 자동정화 타일은 얼룩이나 긁힘이 생기지 않아 화장실과 부엌용으로 안성맞춤이다. 또한 선박의 선체에 나노입자를 입히면 부식이 방지되고 조개 따위가 달라붙지 않아 연료비가 절감된다.

나노기술과 바이오기술을 결합한 나노바이오기술로 센서를 만들면 환경에 해가 되는 독성 물질을 탐지하고 제거할 수 있다. 환경오염을 막기 위해 나노바이오센서를 투입할 수 있는 분야는 한두 가지가 아니다. 나노바이오센서는 공장에서 배출되는 폐수의 감시에서부터 의약품의 독성 검사 또는 식품의 품질 검사에 이르기까지 다양하게 활용된다.

나노기술의 활용이 기대되는 또 다른 분야는 나노의학이다. 인체의 질병은 대개 나노미터 수준에서 발생한다. 바이러스는 가공할 만한 나노기계라 할 수 있다. 이러한 자연의 나노기계를 인공의 나노기계로 물리치는 방법 말고는 더 효과적인 전략이 없다는 생각이 나노의학의 출발점이다. 나노기술을 이용해 항암제를 특정 부위에만 전달하여 종양만을 공격하고 다른 부위에는 타격을 주지 않는 약물 전달 방법이 고안됐다. 약물 분자를 몸속으로 주사하지 않고 폴리머 같은 물체 안에 집어넣어 입안으로 삼키면 폴리머 구조가 열리면서 약물이 몸 안으로 방출된다. 이 방법을 사용하면 하루에 한 번 또는 일주일에 한 번만 약을 먹더라도 오랜 시간 약물이 조금씩

연속적으로 병든 부위에만 전달되므로 암 치료에 효과적이다.

저자는 나노기술의 미래가 나노로봇과 어셈블러assembler에 달려 있다고 해도 과언이 아니라고 머리말에 쓰고 있다. 나노로봇은 이 책의 6부에 묘사되어 있다. 나노로봇의 활약이 가장 기대되는 분야는 의학이다. 극미세 나노로봇이 개발되면, 몸속을 돌아다니는 나노로봇이 바이러스를 퇴치하고, 고압 산소가 압축된 초소형 인공 적혈구가 혈류를 따라 흐르며 산소를 공급할 것으로 전망된다. 또한 손상된 세포를 수리하는 나노로봇의 세포 수복 기술은 냉동인간의 소생을 가능케 할 핵심 기술로 여겨지고 있다.

7부에서는 어셈블러를 소개하고 어셈블러의 실현 가능성과 위험성을 진단한다. 에릭 드렉슬러가 제안한 어셈블러는 원자를 찾아내서 적절한 위치에 옮겨 놓을 수 있는 분자 수준의 조립 기계이다. 최초의 어셈블러는 또 다른 어셈블러를 만들어 내고, 이 과정이 되풀이되면서 어셈블러의 수는 기하급수적으로 늘어난다. 이렇게 수십억 개의 어셈블러가 만들어지면 일정한 크기가 되는 제품을 만들 수 있다. 그러나 어셈블러의 실현 가능성을 두고서는 과학자들마다 의견이 분분한데, 어셈블러의 실현 가능성을 두고 논쟁을 벌인 리처드 스몰리Richard Errett Smalley(1943~2005)와 에릭 드렉슬러의 사례를 소개한다.

나노기술은 눈부신 발전을 거듭하며 상당한 성과를 거두어 가고 있으며, 우리는 이미 나노기술이 도입된 세계에서 살고 있다. 나노기술은 우리에게 어떤 미래를 예고하는가. 만약 자기복제가 가능한 어셈블러가 무한대로 증식하면 어떠한 일이 벌어질 것인가. 자기증식하는 나노기계가 무리를 형성하여 지능을 가진 존재처럼 행동하고, 전 지구를 뒤덮어 버려 인류의 생존을 위협할 수도 있다. 미래에는 인간이 더 이상 필요하지 않은 재앙과 같은 상황이 올 수도 있음을 학자들은 경고하고 있다.

이 책은 나노기술의 탄생과 현재를 짚어 보고, 나노기술이 가져다줄 미래를 균형 있게 조망한 귀중한 청소년 미래교양서로서 아무런 손색이 없어 보인다.

마지막으로, 신생 기술인 나노기술이 우리 인류의 미래에 미칠 영향에 대하여 언급한 저자의 마지막 문장을 소개하면서 글을 끝맺는다.

나노기술이 황금알을 낳는 거위가 되어 인류에게 행복을 안겨 줄지 아니면 프랑켄슈타인의 괴물이 되어 인류에게 불행을 안겨 줄지 아무도 모른다. 다만 한 가지 확실한 사실은 나노기술이 세상을 바꾸어 가고 있다는 것이다.

참고문헌

- 『나노기술이 미래를 바꾼다』(이인식 기획, 김영사, 2002)
- 『창조의 엔진Engines of Creation』(에릭 드렉슬러, 김영사, 2011)

:: 김원희

솔텍일렉트릭 대표, 탑인더스트리㈜의 부사장이다. 연세대학교에서 전자공학을 전공하고 금성반도체, 일진전자, 대성산업, 슈나이더일렉트릭코리아에서 근무하였다. 현장의 경험을 바탕으로 IT전문지 월간 《정보기술》의 주간을 맡아 ICT 산업 동향을 소개한 바 있다.

35

스마트 스웜

이인식 지식융합연구소장

가장 좋은 방법은 전문가에게 물어보는 것이다. 케이블 TV에 출연하는 전문가들이 아니라, 풀밭, 나무, 호수, 숲에 사는 전문가들에게 말이다.

피터 밀러

스마트 스웜

피터 밀러 지음

이한음 옮김

김영사

1

개미 · 벌 · 흰개미 같은 사회성 곤충의 군체, 새 · 물고기 · 순록의 떼. 미국의 과학저술가인 피터 밀러Peter Miller는 2010년에 펴낸『스마트 스웜The Smart Swarm (영리한 무리)』에서 이런 동물의 집단과 인류 사회가 공통점이 적지 않다고 주장한다.

흰개미는 수만 마리가 집단을 이루고 살면서 질서 있는 사회를 유지한다. 흰개미는 흙이나 나무를 침으로 뭉쳐서 집을 짓는다. 아프리카 초원에 사는 버섯흰개미는 높이가 4m나 되는 탑 모양의 둥지를 만들 정도이다. 이

집에는 온도를 조절하는 정교한 냉난방 장치가 있으며, 애벌레에게 먹일 버섯을 기르는 방까지 갖추고 있다.

개개의 흰개미는 집을 지을 만한 지능이 없다. 그럼에도 흰개미 집합체는 역할이 상이한 개미들의 상호작용을 통해 거대한 탑을 짓는다. 1928년 미국의 곤충학자인 윌리엄 휠러William Wheeler(1865~1937)는 개미의 흰개미가 가진 것의 총화를 훨씬 뛰어넘는 지능과 적응 능력을 보여준 흰개미 군체를 지칭하기 위해 초유기체superorganism라는 용어를 만들었다. 흰개미 집합체를 하나의 거대한 유기체와 대등하다고 생각한 것이다.

초유기체는 구성 요소가 개별적으로 갖지 못한 특성이나 행동을 보여준다. 하위수준(구성 요소)에는 없는 특성이나 행동이 상위수준(전체 구조)에서 자발적으로 돌연히 출현하는 현상은 창발emergence이라 한다.

창발은 초유기체의 본질을 정의하는 핵심개념이다. 특히 개미, 흰개미, 꿀벌, 장수말벌 따위의 사회성 곤충이 집단행동을 할 때 창발하는 군체의 지적 능력을 일러 떼지능swarm intelligence이라 한다. 떼지능은 1989년 처음 등장한 개념이며 한글 용어는 2001년 6월 《한겨레》에 연재하던 「이인식의 과학나라」 칼럼에 처음 소개된 바 있다.

사막의 개미 집단은 예측 불가능한 환경에 살면서도 매일 아침 일꾼들을 갖가지 업무에 몇 마리씩 할당해야 할지 확실히 알고 있다. 숲의 꿀벌 군체도 단순하기 그지없는 개체들이 힘을 합쳐 집을 짓기에 알맞은 나무를 고를 줄 안다. 카리브해의 수천 마리 물고기 떼는 한 마리의 거대한 은백색 생물인 것처럼 전체가 한순간에 방향을 바꿀 정도로 정확히 행동을 조율한다. 북극 지방을 이주하는 엄청난 규모의 순록 무리도 개체 대부분이 어디로 향하고 있는지 정확한 정보를 갖고 있지 않으면서도 틀림없이 번식지에

도착한다.

하지만 동물의 무리가 모두 영리한 것만은 아니다. 북아프리카와 인도에 사는 사막메뚜기는 대부분의 시기에 평화롭게 지내는 양순한 곤충이지만 갑자기 공격적으로 바뀌면 대륙 전체를 말 그대로 초토화한다. 몸길이가 약 10cm인 연분홍색 곤충 수백만 마리가 떼 지어서 몇 시간씩 하늘을 온통 뒤덮으며 날아가는 광경은 마치 외계인이 지구를 공습하는 듯한 착각을 불러일으킨다. 2004년 서아프리카를 습격한 사막메뚜기 떼는 농경지를 쑥대밭으로 만들고 이스라엘과 포르투갈에서 수백만 명을 기아로 내몰았다.

2

떼지능은 개미나 벌의 군체, 새나 물고기의 집단에서 창발하는 자연적인 것도 있지만 소프트웨어나 로봇의 무리에서 출현하는 인공적인 것도 있다.

떼지능은 인간사회의 문제를 해결하는 소프트웨어 개발에 활용된다. 대표적인 것은 개미 떼가 먹이를 사냥하기 위해 이동하는 모습을 응용하는 소프트웨어이다. 먼저 개미 한 마리가 먹이를 발견하면 동료들에게 알리기 위해 집으로 돌아가는데 이때 땅 위에 행적을 남긴다. 지나가는 길에 페로몬을 뿌리는 것이다. 요컨대 개미는 냄새로 길을 찾아 먹이와 보금자리 사이를 오간다.

개미가 냄새를 추적하는 행동을 본떠 만든 소프트웨어는 개미가 먹이와 보금자리 사이의 최단 경로를 찾아가는 것처럼 길을 추적하는 능력이 뛰어나다. 일종의 인공개미인 셈이다. 인공개미는 운송업체나 전화회사에서 크게 활용될 전망이다. 인공개미를 사용하면 운송업체는 채소나 화물 따위를 단시간에 배달하고, 전화회사는 통화량이 폭증하는 네트워크에서 통화를 경제적으로 연결해 줄 수 있다. 이를테면 인공개미가 교통 체증을 정리하는 경찰관처럼 통화 체증을 해소하는 역할을 하는 셈이다. 하지만 인공개미에게 많은 일을 맡길 경우 사람의 힘으로 제어할 수 없는 상황이 발생하지 말란 법이 없다. 가령 개미 떼에게 통신망의 관리를 일임하고 나면 어느 누구도 네트워크의 운영 상황을 정확하게 파악할 수 없다. 또한 다른 전화회사의 네트워크에 침입하여 제멋대로 날뛰는 개미들이 출현하더라도 속수무책일 것이다. 게다가 인공개미 떼가 전화 네트워크를 파괴하는 괴물로 둔갑하는 불상사가 생긴다면 어떻게 할 것인가. 어쨌거나 떼지능 연구 역시 여느 과학기술처럼 우려되는 측면이 없지 않은 것 같다.

떼지능에 가장 관심이 많은 분야는 로봇공학이다. 떼지능의 원리를 로봇에 적용하는 것은 떼로봇공학swarm robotics이라 불린다. 대표적인 연구 성과는 미국의 센티봇Centibot 계획과 유럽의 스웜봇Swarm-bot 계획이다. 자그마한 로봇들로 집단을 구성하여 특별한 임무를 수행하도록 하는, 말하자면 떼지능 로봇 연구 계획이다.

미국 국방부(펜타곤)의 자금 지원을 받은 센티봇 계획은 키가 30cm인 로봇의 집단을 개발했다. 2004년 1월 이 작은 로봇 66대로 이루어진 무리를 빈 사무실에 풀어놓았다. 이 로봇 하나하나는 제한된 계산능력을 가졌지만, 로봇 집단은 로봇 혼자서는 할 수 없는 임무를 수행할 수 있도록 설계된 것이다. 이 로봇 집단의 임무는 건물에 숨겨진 무언가를 찾아내는 것이었다. 건물을 30분 정도 돌아다닌 뒤에 로봇 한 대가 벽장 안에서 수상쩍은 물건을 찾아냈다. 다른 로봇들은 그 물건 주위로 방어선을 쳤다.

브뤼셀자유대학의 컴퓨터과학자인 마르코 도리고Marco Dorigo(1961~)가 주도한 스웜봇 계획은 키 10cm, 지름 13cm에 바퀴가 달린 S봇S-bot을 개발하여 떼지능을 연구했다. 1991년부터 개미집단의 행동을 연구한 도리고는 S봇 12대가 스스로 집단을 형성하여 주어진 과제를 해결하는 실험을 실시했다.

떼지능은 전쟁터를 누비는 무인 지상 차량이나 혈관 속에서 암세포와 싸우는 나노로봇 집단을 제어할 때 활용될 전망이다. 곤충로봇insectiod의 세계적 권위자인 로드니 브룩스Rodney Brooks(1954~) 역시 떼지능이 우주 탐사처럼 사람에게 힘든 작업에 활용될 것으로 확신한다. 수백만 마리의 모기로봇이 민들레 꽃씨처럼 바람에 실려 달이나 화성에 착륙한 뒤에 메뚜기처럼 뜀박질하며 여기저기로 퍼져나갈 때 모기로봇 집단에서 떼지능이 창발할 것이므로 우주탐사 임무를 성공적으로 수행할 수 있다고 믿고 있는 것이다.

또한 떼지능은 청색기술blue technology에서 가장 기대를 걸고 있는 분야이다. 청색기술은 생물의 구조와 기능을 연구하여 경제적 효율성이 뛰어나면서도 자연친화적인 물질을 창조하려는 융합기술이다. 2012년 출간된 『자연은 위대한 스승이다』에서 처음 제안된 개념인 청색기술은 자연 전체가 연구 대상이 되므로 그 범위는 가늠하기 어려울 정도로 깊고 넓다.

떼지능을 응용한 대표적인 청색기술은 흰개미 군체의 둥지에서 영감을 얻어 설계된 이스트게이트Eastgate Center이다. 남아프리카의 짐바브웨공화국 태생인 믹 피어스Mick Pearce(1938~)가 1996년에 짐바브웨 수도에 건설한 이 건물은 무더운 아프리카 날씨에 냉난방장치 없이도 쾌적한 상태가 유지된다.

3

떼지능은 집단지능CI, collective intelligence의 일종이다. 일부 언론과 지식인이 집단지능을 집단지성이라고 표현하는 것은 부적절하고 부끄러운 일이다. 개미 떼에게 지능은 몰라도 지성이 있다고 할 수야 없지 않은가.

웹 2.0 시대를 맞아 수많은 네티즌의 자발적인 협동 작업으로 위키피디아wikipedia.org가 세계 최대의 온라인 무료 백과사전으로 성공함에 따라 집단지능은 여러 각도에서 조명되고 있다.

미국의 과학저술가인 하워드 라인골드Howard Rheingold(1947~)는 휴대전화와 인터넷으로 무장한 새로운 형태의 군중을 영리한 군중smart mob이라고 명명하고, 2002년에 펴낸 자신의 저서 제목으로 사용했다. 라인골드는 2002년 한국의 신세대들이 인터넷과 이동통신 기술을 활용하여 노무현(1946~2009) 대통령의 당선에 결정적 기여를 했다고 주장했다.

미국의 경영 칼럼니스트인 제임스 서로위키James Surowiecki(1967~)는 집단의 지적 능력을 대중의 지혜wisdom-of-crowds라고 명명하고, 2004년에 펴낸 같은 제목의 저서에서 전문가의 말만 듣지 말고 대중에게 답을 물어보는 것도 현명한 처사라는 논리를 펼쳤다. 피터 밀러 역시 『스마트 스웜』에서 '영리한 무리'의 지혜에 대해 특유의 접근방법으로 체계적인 분석을 시도하고 있다.

하지만 밀러는 『스마트 스웜』의 끄트머리에서 영리한 군중이 모두 반드시 현명한 집단은 아니라는 사실을 강조하고 있다. 1630년대에 네덜란드를 휩쓴 튤립 광풍은 역사상 가장 유명한 투기 거품의 하나이다. 2008년 10월 아이슬란드에서도 이와 비슷한 사태가 벌어졌다. 금융 거품이 터지면서 아이슬란드는 세계에서 가장 번영하는 국가의 하나에서 세계적인 금융위기의 직격탄을 맞아 몰락한 첫 번째 정부가 되었다.

피터 밀러는 『스마트 스웜』의 머릿말에서 우리가 날마다 부딪히는 집단현상의 과제를 해결하기 위해 전문가에게 물어볼 것을 권유한다. 그가 말하는 전문가는 다름 아닌 풀밭, 나무, 호수, 숲에 사는 '스마트 스웜'이다.

이 책을 통해 초유기체, 복잡성 이론, 떼지능, 집단지능, 청색기술, 로봇공학 등 서로 연관이 없어 보이는 듯한 21세기의 핵심 키워드 여섯 개가 긴밀하게 연결되어 있다는 사실을 확인하고 나면 그런 똑똑한 '영리한 무리'들과 더욱 알찬 대화를 나눌 수 있게 될 것임에 틀림없다.

참고문헌

- 『이머전스Emergence』 (스티븐 존스, 김영사, 2004)
- 『대중의 지혜 The Wisdom of Crowds』 (제임스 서로위키, 랜덤하우스중앙, 2005)
- 『자연은 위대한 스승이다』 (이인식, 김영사, 2012)
- 『자연에서 배우는 청색기술』 (이인식 기획, 김영사, 2013)
- Swarm Intelligence, Christian Blum(ed), Springer, 2008

36

스티브 잡스

양향자 국가공무원인재개발원 원장

스티브 잡스
월터 아이작슨 지음
안진환 옮김
민음사

우리가 이룬 것만큼, 이루지 못한 것도 자랑스럽습니다.

스티브 잡스

2011년 10월 5일 스티브 잡스Steve Jobs(1955~2011)가 타계한 지 20일 만에 전 세계에 동시 출간된 유일한 공식 전기를 원서로 처음 접한 것이 2014년 9월이었다. 당시 기업 임원이었던 신분으로 매일 새벽 6시 30분에 영어 수업을 위해 사무실로 찾아오는 제프Jeff라는 원어민 선생님과 이 책을 매일 한 장씩 읽고 영어로 대화를 나눌 때였다.

다시 4년이 흐른 지금, ㈜민음사에서 2017년 12월 22일자로 인쇄된 한국어판 『스티브 잡스Steve Jobs』를 보고 있다. 다산북스로부터 이 책의 서평 요청을 받은 이유도 있으나 동시대를 살았던 혁신의 아이콘을 다시 만날 수 있어 찜통더위가 행복더위로 바뀐 여름이다. 영문판 표지의 날카로운 얼굴이 한국어판에서는 부드러운 얼굴로 바뀌어 있다. "무덤에 묻힌 부자가 되는 것은 제 관심사가 아닙니다"라고 했던 그의 생전의 말처럼 어쩌면 평안한 휴식을 취하고 있는 그의 모습이 아닐까.

나는 30년 동안 삼성에서 반도체 개발 업무를 해온 덕분에 스티브 잡스와 그의 파트너 스티브 워즈니악Steve Wozniak(1950~)은 종종 전자, 반도체 학회 등에서 모습을 볼 수 있었고, 애플은 삼성의 중요한 고객인 관계로, 출시되는 제품들을 누구보다 빠르게 접하고 기술 추이를 분석할 수 있었다.

『스티브 잡스』는『아인슈타인-그의 인생과 우주』,『벤저민 프랭클린-한 미국인의 삶』,『키신저 전기』,『이노베이터』 등을 집필한 전문 전기 작가 월터 아이작슨Walter Isaacson이 2009년 마지막 날 오후 잡스에게서 예기치 않은 전화를 받은 후 18개월 동안 40여 차례의 인터뷰(산책, 드라이브, 전화 등)를 토대로 집필한 책이다.

아인슈타인과 프랭클린의 전기를 집필하면서 인문학적 감각과 과학적 재능이 강력한 인성 안에서 결합할 때 발현되는 창의성을 가장 흥미롭게 본 월터 아이작슨이 스티브 잡스에게서 더 큰 창의성과 특히 '현실 왜곡장reality distortion field이라 칭하던 일면을 확인하고 100명이 넘는 친구와 친척, 경쟁자, 적수, 동료들을 인터뷰한 내용이다. 완벽에 대한 열정과 맹렬한 추진력으로 여섯 개 산업(PC, 애니메이션, 음악, 휴대전화, 태블릿 컴퓨팅, 디지털 출판)부문에 혁명을 일으킨 창의적인 기업가의 롤러코스터 인생과 그의 불같이 격렬한 성격에 대한 내용을 담고 있다.

또한, 미국이 혁신의 우위를 유지하기 위한 방법을 모색 중인 상황, 그리고 전 세계의 공동체들이 디지털 시대에 걸맞은 창의적 경제를 구축하려고 애쓰는 시대에, 스티브 잡스야말로 독창성과 상상력, 지속 가능한 혁신의 궁극적 아이콘으로 우뚝 선 인물이었다. 그가 21세기에 가치를 창출하는 최선의 방법은 기술과 창의성을 연결하는 것임을 미리 알았던 것처럼, 엔지니어링의 놀라운 재주에 상상력의 도약이 결합되는 회사를 만들어 소비자들이 미처 필요하다고 생각하지도 못한 완전히 새로운 기기와 서비스들을 개발해 낸 과정을 엿볼 수 있는 것이 이 책의 또 다른 매력이다.

2005년, 샌프란시스코에서 열린 학회 DAC Design Automation Conference의 큰 화두였던 'Convergence or Divergence?'를 잊을 수가 없다. 반도체 설계 자동화 기술의 현주소와 기술 트렌드를 확인하고자 참석했던 학회에서 IT 산업의 방향이 심도 있게 논의되고 있었다. 결국, 디지털 컨버전스Digital Convergence(통합, 융합, 복합)기술의 진화와 발달이 IT 회사들에 의해 이룩되었고 오늘날 4차 산업 혁명의 근간을 이룬 것이다.

스티브 잡스의 일대기는 너무도 잘 알려져 있는 바와 같이, 미혼모 조앤 시블이 낳아 폴 잡스와 클라라 잡스 부부에게 입양되었다. 그들은 조앤 시블이 원했던 대졸자가 아닌 고등학교도 제대로 나오지 않은 부부였으나, 아이를 대학에 보내겠다는 서약서를 받고 입양 문서에 서명하였다. 스티브 잡스는 어릴 때부터 자신이 입양되었다는 사실을 알았고 버림받음, 선택받음, 그리고 특별함과 같은 개념들은 그의 정체성의 일부를 형성하여 스스로를 바라보는 하나의 방식이 되었으며, 자신을 독립적인 사람으로 인식하는 데 큰 영향을 준 것으로 보인다.

양아버지 폴 잡스는 아들에게 제대로 일하는 것을 철칙으로 가르쳤고 보이지 않는 부분까지 신경 쓰도록 하는 교훈을 심어주었다. 중고차를 수리하여 판매하는 일을 하는 아버지의 차고 한 구석에서 기계 다루는 능력을 전수받았으나, 그는 손에 기름을 묻히는 일보다 전자공학에 큰 흥미를 가졌다. 방위산업이 부상하고 기술을 기반으로 한 호황경기가 형성되면서 신비로운 첨단 기술들이 어우러진 곳에서 산다는 것을 무척 흥미로워했던 잡스였다. 당시 기업가들은 집집마다 딸린 차고에서 사업을 했고, 빠른 성장으로 차고에서 버틸 수 없게 된 기업가들을 위한 공간이자 스탠퍼드 대학교 학생들의 아이디어를 상업화할 수 있는 민간 기업들을 위해 대학 부지에 280만 제곱미터 상당의 산업 구역을 조성해준 공대 학장 프레더릭 터먼 덕분에 이 지역은 기술혁명의 요람이 되었다.

여기서 가장 중요한 역할을 한 기술은 물론 반도체였다. 뉴저지의 벨 연구소Bell Labs에서 트랜지스터를 발명한 인물 중 한 명인 윌리엄 쇼클리William Shockley(1910~1989)는 그곳을 나와 마운틴뷰에 자리를 잡고 1956년 실리콘을 이용해 트랜지스터를 집적하는 회사를 세운다. 불과 몇 년 후 그 지역에는 50개가 넘는 반도체 회사가 들어서고 반도체 칩 산업은 그 공업단지에 '실리콘밸리'라는 새로운 이름까지 안겨 주었다. 윌리엄 쇼클리 밑에서 일하다 나와 인텔Intel이라는 회사를 만든 고든 무어는 1965년 칩 하나에 담을 수 있는 트랜지스터 수가 2년마다 두배로 증가할 것이며 그러한 추세가 꾸준히 지속될 것이라는 '무어의 법칙'을 탄생시켰다.

1971년 1월 업계 주간지 《일렉트로닉 뉴스》의 칼럼니스트 돈 호플러가 「실리콘밸리 USA」라는 칼럼을 연재했고, 샌프란시스코 남부에서 팰로앨토를 거쳐 새너제이까지 이어지는 65km 길이의 산타클라라밸리, 그곳의 상업적 근간은 엘카미노레알이었다. 한때 캘리포니아의 선교 교회 21개를 연결하는 가장 빠른 길이었던 이 도로가 이때부터 회사들과 벤처기업들의 연결로 변모하며 현재 매년 미국 벤처 투자 총액의 3분의 1을 차지하는 혁신의 중심가로 성장했고, 잡스도 이곳의 역사에서 많은 영감을 얻어 그 역사의 일부가 되고자 했다.

전자공학에 광적으로 빠져 있는 부류와, 문학과 창작에 몰두하는 부류의 교차점에 선 자신을 발견한 잡스는 고등학교 2, 3학년 동안 지적으로도 꽃을 피웠다. 잡스가 들었던 수업 중에 실리콘밸리의 전설이 된 것이 존 맥콜럼의 전자공학 수업이었고 그 수업을 계기로 스티브 워즈니악이라는 졸업생 선배와 친구가 된다. 고교시절 맥콜럼의 총애를 받던 워즈니악은 천재적 두뇌와 장난기 덕분에 학교의 전설로 남은 선배였다. 잡스와 마찬가지로 워즈니악도 아버지에게서 많은 것을 배웠으나 그들이 배운 내용은 서로 달랐다. 잡스의 아버지 폴 잡스는 고등학교를 중퇴한 학력으로 자동차를 고치면서 부품을 싸게 구하는 등의 방법을 통해 수입을 올리던 인물인 데 반해, 제리라는 별칭으로 통하던 워즈의 아버지 프랜시스 워즈니악은 공학을 높이 평가하는 반면 장사나 마케팅, 세일즈 등은 천시하는 인물이었다. "공학이 사회를 새로운 수준으로 올려 줄 거라고, 공학이야말로 세상에서 가장 중요한 분야"라고 아버지로부터 배운 워즈니악은 아주 어린 시절부터 주말이면 아버지의 작업장에 가서 전자공학 부품들을 만지작 거렸다고 한다. 훗날 두 스티브가 세상을 바꾼 운명의 파트너가 되는 시작이었다. 둘이 만난 지 40년이 흐른 2010년, 워즈는 애플 제품의 어느 출시 이벤트에 참석해 자신과 잡스의 차이점을 이렇게 설명했다. "우리 아버지는 늘 제게 중용의 도를 지키라고 말씀하셨어요. 그래서 저는 스티브와 달리 상류사회로 치고 올라가고 싶은 욕심이 없었습니다. 제 꿈은 그저 아버지처럼 엔지니어가 되는 거였습니다. 부끄럼도 많이 타는 성격이었기에 스티브처럼 기업의 리더가 된다는 것은 상상도 못할 일이었지요." 그는 또한 아버지에게서 "어떠한 경우에도 거짓말을 해서는 안 된다"고 배웠다고 했다.

워즈의 엔지니어링 기술과 잡스의 비전을 합치면 무언가를 이룰 수 있다는 힌트를 두 사람은 여러 가지 일에서 확신하게 되었고 워즈는 멋진 고안품을 만들어내는 온화한 마법사가 되고 잡스는 그것을 사용자 친화적인 하나의 패키지로 조합하고 출시해서 돈을 버는 방법에 대해 궁리하는 사업가가 되는 명 콤비가 탄생하였다.

잡스는 선불교와 채식주의, LSD(영적 발견을 위한 연맹)로 젊은 영혼을 물들였다. 필수 과목을 이수해야 하는 대학교는 지겨워했고 노동자 계층에 속하는 부모님이 평생 모은 돈의 전부가 대학 학비로 소진되는 것에 대한 죄의식을 느껴 리드 대학교를 자퇴하게 된다. 등록금을 내는 것이나 싫은 수업을 듣는 것을 그만두고 싶어 했던 잡스에게 대학은 청강과 기숙사 생활을 허락했다. 자퇴하자마자 관심 없는 필수과목들은 제쳐 놓고 흥미로워 보이는 수업들만 골라 들은 잡스에게 캘리그래피 수업이 큰 매력이었다. "그 수업에서 세리프 체와 산체리프 체를 배웠고, 글자를 조합할 때 글자 사이 공간을 조절하는 방법, 조판을 멋지게 구성하는 방법등에 대해서도 배웠지요. 과학으로는 포찰 할 수 없는 심미적이고 역사적인 무엇, 예술적으로 미묘한 무엇을 느낄 수 있는 수업이었어요." 잡스의 회고이다. 캘리그래피 수강은 잡스가 의식적으로 자신을 예술과 기술의 교차점에 세워 놓으려고 시도했음을 보여주는 또 하나의 사례인 것이다. 나중에 자신이 만드는 모든 제품에서 기술에다 멋진 디자인과 외양, 느낌, 품위, 인간미, 심지어 로맨스까지 결합하려 애썼고 또한 친근한 그래픽 유저 인터페이스GUI를 창출하려는 노력의 선두에 섰음을 보여준다.

1974년 2월, 리드에서 18개월을 놀며 보낸 잡스는 로스앨터스의 부모님 댁으로 돌아가 직장을 구했고 구직자가 몰린 인기직장 아타리Atari에 들어갔다. 창업자 놀런 부슈널Nolan Bushnell(1943~)은 카리스마와 예지력, 그리고 쇼맨십을 갖춘 인물로 잡스의 또 다른 역할 모델이 되었다. 이밖에도 인도 순례 여행에서 스승을 만나고 깨달음을 얻는다. 동양사상과 힌두교, 선불교, 깨달음에 대한 잡스의 관심은 단순히 열아홉 청춘이 잠시 보인 객기 같은 것이 아니었다. 평생에 걸쳐 그는 동양 사상의 많은 기본 개념을 이해하고 실천하려고 애썼다. 세월이 흐른 후 인도 순례 경험이 자신의 삶에 미친 영향에 대해 술회하곤 했다. "스승을 만나고자 세계를 돌아다니려 하지 말라. 당신의 스승은 지금 당신 곁에 있으니."

1960년대 말 샌프란시스코와 실리콘밸리에는 다양한 문화적 흐름이 공존했다. 방위산업의 성장과 함께 최첨단 기술혁명이 일어났고, 이런 흐름을 타고 많은 전자 회사, 마이크로칩 제조사, 비디오게임 개발 업체, 컴퓨터 회사들이 속속 생겨났다. 그런가 하면 이 시대 문화의 또 다른 물줄기를 형성한 샌프란시스코 베이에어리어의 비트 세대를 주축으로 일어난 히피 운동, 그리고 버클리 대학교의 언론 자유 운동을 발판 삼은 저항적 정치운동과 같은 사회적 분위기 속에서 개인적 깨달음과 자유에 이르는 길을 추구하는 다양한 움직임도 공존했다. 선불교와 힌두교, 명상과 요가, 프라이멀 요법, 에설린 협회의 인간 잠재력 계발 운동 등이 그것이다. 스티브 잡스는 히피 생활 방식과 컴퓨터에 대한 열정의 융합, 영적 깨달음과 첨단기술의 혼합을 몸소 구현한 인물이었다. 그는 아침마다 명상을 했고, 스탠퍼드 대학교의 물리학 수업을 청강했으며, 밤에는 아타리에서 일하며 자기 사업을 꿈꿨다. 21세기를 창조한 사람들은 결국 스티브처럼 마리화나를 즐기고 긴 머리에 샌들을 신고 다니던 서부 해안 지역의 히피들, 즉 다르게 사고할 줄 아는 아직 존재하지 않는 새로운 세상을 상상하던 사람들이었다.

홈브루 컴퓨터 클럽Homebrew Computer Club. 이 동호회는 반문화 운동 분위기와 첨단 기술에 대한 애정이 뒤섞인 특성을 갖고 있었다. 과거 18세기

유럽에 사람들이 모여 대화와 토론을 꽃피우는 커피 하우스가 있었다면, 20세기 PC 시대에는 홈브루 클럽이 있었다. 회원이었던 무어, 잡스, 워즈, 앨런 바움 등은 키보드, 모니터, 컴퓨터를 하나의 개인용 패키지로 통합하자는 역사적 아이디어를 냈고, 워즈는 곧장 훗날 애플이 될 물건을 종이 위에 스케치하기 시작했다. 홈브루 클럽의 회장은 해커 세계에서 신화적 인물인 리 펠젠스타인Lee Felsenstein이었고 클럽 모토는 기꺼이 나눔으로써 다른 이들을 돕는 것이었다. 정보를 자유롭게 공유하고 모든 기성세대를 불신한다는, 컴퓨터광들만의 가치관이 반영되어 있었다. "제가 애플 I을 만든 것은 다른 사람들에게 무료로 나눠주고 싶어서였습니다." 워즈의 말이다.

'애플 컴퓨터'라는 이름은 잡스가 과일만 먹는 식단을 지키고 있었을 때, 사과 농장에서 돌아오는 길에 제안한 이름이다. '애플'은 재밌으면서도 생기가 느껴지고 위협적인 느낌이 없는 것으로 '컴퓨터'란 말의 강한 느낌을 누그러뜨려 주며 전화번호부에서 '아타리'보다 먼저 나오는 장점도 있었다. 친근하고 쉽고 간단한 참으로 똑똑한 선택이었다고 모두가 회상한다.

판이하게 다른 두 타입의 잡스와 워즈. 잡스는 워즈의 공학적 천재성을 존경했고, 워즈는 잡스의 비즈니스 감각을 존중했다. 훌륭한 파트너에 의해 위대한 기업 '애플'이 탄생되었고 성장했다. 이 회사의 마케팅 철학은 '공감, 집중, 인상'이었다. 이후 출시된 '애플II'도 이 철학을 토대로 큰 성공을 이룬다. 애플II는 향후 16년간 다양한 모델을 출시하며 600만 대 가까이 판매되었고 무엇보다 중요한 점은 이 컴퓨터가 PC 업계를 탄생시킨 시발점이 되었다는 사실이다. 회로 기판과 관련 운영 소프트웨어를 개발한 역사적 공로자 워즈와, 워즈의 고안물을 전원장치와 근사한 케이스까지 갖춘, 사용자 친화적 패키지로 변신시킨 잡스의 명 콤비가 세상을 감동시켰다.

"미래를 예측하는 최고의 방법은 스스로 미래를 창조하는 것이다."

"소프트웨어를 중요하게 생각하는 사람은 스스로 자신의 하드웨어를 만들어야 한다."

제록스 PARC 엔지니어들은 사용하기 까다로운 DOS의 명령어 입력 방식을 대체할 수 있는 사용자 친화적인 그래픽 유저 인터페이스GUI를 개발했고 거기에는 선구적 개념, 비트맵을 이용한 디스플레이가 적용되었다. "위대한 예술가는 훔친다." 역사에 등장한 최고의 아이디어를 찾아내서 자신이 하는 일에 접목해 활용하는 것, 즉 "좋은 예술가는 모방하고, 위대한 예술가는 훔친다."는 말처럼 잡스는 PARC의 기술을 훔치게 되고 훗날 이것은 애플의 도둑질이 아닌 제록스의 실수라고 평가된다.

"구상과 창조 사이에는 그림자가 드리워지기 마련이다. 혁신의 역사에서 새로운 아이디어는 전체 그림의 일부분에 불과하다. 그것을 현실화하지 않으면 의미가 없기 때문이다." 시인 앨리엇도 말했듯이 잡스와 애플 팀원들은 PARC에서 목격한 그래픽 인터베이스를 현저하게 개선했고 제록스가 하지 못했던 방식으로 실제 제품에 구현했다.

"여정 자체가 보상이다."

이후 애플은 골리앗 IBM에게 도전장을 내밀고 엔드투엔드end-to-end를 통제하며 매킨토시를 출시한다. 혼을 빼놓을 만큼 뛰어난 제품에 이 시대 최고의 홍보전술은 출시되는 제품의 위대함을 극대화시켰다.

천문학에서는 두 별이 상호작용 때문에 서로 얽히는 것을 가리켜 연성계

連星系라 한다. 인류의 역사에서도 가끔 궤도를 선회하는 두 거성 간의 관계와 경쟁의식으로 한 시대가 형성되는, 연성계와 유사한 상황을 볼 수 있다. 20세기 물리학계의 아인슈타인과 닐스 보어, 또는 미국 정계의 토머스 제퍼슨과 알렉산더 해밀튼, 1970년대 말부터 시작된 PC시대의 첫 30년 동안에도 1955년에 태어난 두 명의 활기 넘치는 대학 중퇴자들로 이루어진 뚜렷한 연성계가 형성되었다.

빌 게이츠와 스티브 잡스는 기술과 비즈니스가 합류하는 영역에서 비슷한 야망을 품었고 둘은 성격과 기질의 차이로 인해 반대편 극단으로 향했으며 이것은 디지털 시대의 근본적 분할로 이어졌다. 잡스의 완벽주의와 예술가적 성향, 그리고 게이츠의 비즈니스와 기술에 추점을 맞춘 영리하고 계산적이며 실용적인 분석적 성향은 서로의 영역에서 역사를 창조하였고 인류의 삶은 획기적으로 발전하였다.

잡스는 매킨토시 컴퓨터 출시 등 사업은 크게 성공했으나 회사 내부 사정으로 애플을 떠나고 이후 넥스트 사를 설립하였다. 이후 애플이 넥스트스텝을 인수하며 다시 애플 CEO로 복귀한 후 아이튠즈, 아이팟, 아이폰, 아이패드 등을 출시, IT업계를 재편하였다.

IT업계에 큰 획을 그은 잡스는 성공가도에서 2004년 췌장암, 그리고 2011년에 다시 췌장 신경내분비종양으로 사망하게 된다.

"대부분의 사람들에게 디자인이란 겉치장이다. 인테리어 장식이다. 커튼과 소파의 소재다. 하지만 내게 디자인이란 그것들과 거리가 멀다. 디자인은 인간이 만들어낸 창조물의 본질적 영혼으로 제품과 서비스를 겹겹이 포장하며 드러나는 것이다."

"내가 계속 할 수 있었던 유일한 이유는 내가 하는 일을 사랑했기 때문이라 확신합니다. 여러분도 사랑하는 일을 찾으셔야 합니다. 당신이 사랑하는 사람을 찾아야 하듯, 일 또한 마찬가지입니다."

잡스가 타개한 지 3년 후 어느 학회에서 우연히 워즈를 만났다. 그가 만나는 수많은 기술자 중 한 사람이었던 나는 짧은 인사만으로도 무척이나 반가웠고 여전히 장난꾸러기이자 순수한 개발자의 후덕한 모습이 참 편안해 보였다. 잡스보다 5살 위임에도 젊고 건강한 비결은 역시 남에게 배풀기 좋아하는 천성 때문이리라.

스티브 잡스, 스티브 워즈니악, 빌 게이츠 이후, 역사를 쓰게 될 현재와 미래의 엔지니어들이 대한민국에서도 다양하게 배출되길 바라며, 그들이 이용할 사다리를 만들어 주는 일이 이 나라의 급선무가 아닌가 싶다.

:: 양향자

국가공무원인재개발원 원장. 삼성전자기술대 반도체공학과, 한국디지털대 인문학과를 졸업하고 성균관대 대학원에서 전기전자컴퓨터공학 석사학위를 받았다. 삼성반도체 메모리설계실에 입사하여 커리어를 쌓으며 삼성전자 메모리사업부 DRAM설계팀 및 Flash설계팀의 수석연구원, Flash설계팀의 연구위원(상무)을 맡았다. 이후 정계에 진출하여 더불어민주당 광주시서구乙지역위원회 위원장, 전국여성위원회 위원장, 더불어민주당 최고위원을 지냈고, 광주미래산업전략연구소의 초대 이사장이기도 하다.

37

지속 가능한 발전의 시대

윤세미 연세대학교 언더우드국제대학 융합인문사회계열(HASS) 교수

지속 가능한 발전의 시대

제프리 삭스 지음

홍성완 옮김

21세기북스

> 우리의 기대는 아주 크다. 극도의 빈곤을 종식하고 지구를 우리의 무분별한 행위에서 보호하는 것이다. 이것은 가공할 만큼 크고 전례가 없는 도전이다.
>
> 제프리 삭스

뉴욕 컬럼비아 대학의 학부생들에게는 필수과목은 아니지만 졸업하기 전에 수강하지 않으면 후회하게 되는 수업 과목이 여러 개 있다. 제프리 삭스 교수의 '지속 가능한 발전sustainable development에 대한 개론' 수업도 그 목록 가운데 하나인데 매년 봄 학기에 오전 이른 시간에 시작되는 수업인데도 매번 수강생이 100명이 넘을 정도로 인기가 높았다.

『지속 가능한 발전의 시대The Age of Sustainable Development』는 바로 이 제프리 삭스Jeffrey Sachs(1954~) 교수의 학부 수업 강의 내용을 엮은 책으로, 직접 수업을 들을 수 없는 전세계의 청년들에게는 매우 유용한 정보를 얻을 수 있는 채널이다. 원래 경제학자인 제프리 삭스는 모교인 하버드 대학에 약관 29세에 교수로 초빙되어 재직하며 국제개발연구소 소장을 지내다가 2002년부터는 컬럼비아 대학교로 옮겨 일하고 있다. 그는 학교 연구실

과 강의실을 오가는 보통의 교수와 달리 현장에 직접 뛰어들어 필드워크를 즐기는 에너지 넘치는 학자로 유명하다. 유엔 본부를 비롯해 다양한 국제개발협력기관과 사회적 약자 보호 및 환경 보전과 연계된 시민사회단체, 재단이 집결해 있는 뉴욕이 그의 활동에 더 효율적이었던 점이 하버드 대학교에서 뉴욕의 컬럼비아 대학교로 옮긴 이유가 아닐까 싶다.

그뿐 아니라 그가 옮겨올 때는 컬럼비아 대학교가 마침 국제사회가 지속 가능한 사회로 탈바꿈하기 위해 필요한 연구, 교육 및 실제적인 해결방안 수립을 위해 '지구연구소'를 설립하던 시기였다.

경제학뿐만 아니라 사회과학과 자연과학의 융합을 통한 솔루션의 필요성을 강조하는 삭스 교수와 컬럼비아 대학교 '지구연구소'의 활동은 서로 같은 목표를 공유하고 있어서 큰 시너지 효과를 내기 시작했다. 가족끼리 대화할 때도 하나의 이슈에 대해 원만하게 접점을 찾기가 쉽지 않은데 지구과학, 경제학, 경영학, 정책학, 공중보건, 법학 등 여러 분야에 걸쳐 활동하는 대학의 연구진, 교직원, 학생들은 '지구연구소'라는 큰 우산umbrella 덕분에 서로 협력할 수 있는 플랫폼이 마련되었고, 삭스는 서로 소통하고 솔루션을 찾는 융합 프로젝트가 가능해지도록 하는 데 조정자로서 중추적 역할을 맡았다.

그는 박사후 연구원이나 교수들과 만나 협의하는 것만으로도 스케줄이 엄청 바쁠 텐데도 컬럼비아 대학 재직 중 단 한 번의 안식년 휴가도 없이 매년 봄 학기에 학부생들에게 여러 사례를 통해 지속 가능한 발전의 여러 단계에 대해 설파하는 수고를 마다하지 않았다. 다음 세대를 이끌어갈 청년들과 교류하고 아이디어를 나누는 것 또한 국제기구나 여러 국가의 빈곤 퇴치 전략을 수립하는 것 못지않게 중요하다는 것을 몸소 보여준 것이다.

요즘 들어 기업의 브랜드 마케팅이나 뉴스에서 자주 '지속 가능성'에 대해 거론되는 것을 쉽게 접할 수 있다. 국제사회에서 '지속 가능한 발전'이라는 개념이 처음 정립된 것은 유엔총회의 결의에 의해 출범한 세계환경개발위원회World Commission for Environment and Development: WCED가 1987년 발간한 「우리 공동의 미래Our Common Future」라는 제하의 문서에서 '지속 가능한 개발이란 미래의 세대가 그들 자신에게 필요한 것을 충족시킬 수 있는 능력을 해치지 않고 현 세대의 필요를 충족시키는 것'으로 정의한 게 시초이다. 흔히 브룬트란트 보고서로 불리는 이 보고서는 환경과 개발 문제를 포괄하는 개념으로, 지속 가능한 발전을 장기적이고 범지구적인 의제로 공식화시키는 데 결정적인 역할을 했다.

이를 구현하기 위해서 삭스 교수는 지속 가능한 발전의 개념을 경제 발전, 사회 통합, 환경적 지속 가능성이라는 세 개의 주요 축을 토대로 개념적 정리와 사례를 소개한다. 신체의 여러 세포 시스템(호흡계, 신경계, 소화계 등)이 유기적, 조직적으로 협력하여 작용하는 덕에 우리 몸이 건강을 유지하고 있는 것처럼 지구 역시 지속 가능한 발전을 이루기 위해서는 경제, 사회, 환경, 거버넌스 시스템의 연계성과 상호작용에 대한 이해가 불가피하다는 것을 인정할 수밖에 없다. 바로 이 때문에 삭스 교수는 이 책에서 이슈별로 내용을 설명하며 그러한 시스템 사고를 훈련할 수 있도록 돕는다.

지속 가능한 발전을 이루기 위해 다양한 종류의 불평등, 극단적 빈곤, 지구위험 한계선, 모두를 위한 교육, 모두를 위한 건강, 식량 안보, 환경 친화적이고 회복력 있는 도시, 기후변화, 생물 다양성 및 생태계 서비스라는 이슈 중 어떤 것을 더 우위에 둬야 하는지는 매우 어려운 난제다. 사람마다 좀 더 중요하다고 생각하는 이슈가 다를 수밖에 없고, 한국 청년들의 경우 한국 사회의 일원으로서 좀 더 와닿는 부분이 있는가 하면 세계 시민으로서 신경 써야 하는 이슈도 있는 것이다.

어렸을 때부터 쉼 없이 시험을 치르며 줄 세우기에 익숙해져 있는 우리는 한국이 잘하고 있긴 하지만 충분히 자부심을 갖기엔 꺼림칙한 부분도 있다. 이 책을 읽다 보면 한국이 상대적으로 잘 대처하고 있는 분야를 파악해 국제 사회에 기여할 수 있는 부분이 있는가 하면, 아직 노력이 더 필요한 부분을 알게 되는데, 바로 이점을 잘 살펴 읽는 것이 이 책의 올바른 독서법이 아닌가 싶다.

전자에 해당되는 부분 중 하나는 보건의료체계이다. 빈곤이 사회 구성원의 건강 상태를 악화시키기도 하지만, 시민들이 건강하지 않기 때문에 사회가 원활하게 돌아가지 않아서 빈곤이 악화할 수도 있다. 따라서 보편적인 의료 보장을 위해 "질병과 빈곤의 악순환을 끊고 건강과 부의 선순환으로 바꾸려면"(p. 328) 정부와 사회가 어떤 역할을 취해야 하는지에 대한 저자의 설명을 읽다 보면 우리는 당연하게 여겼던 한국의 보건의료체계가 저소득 국가뿐만 아니라 상당수의 선진국에도 보기 힘든 비교적 훌륭한 모델임을 알 수 있다.

하지만 한국 독자들은 '수저계급론'이나 '미투Me too' 운동으로 좀 더 심도있게 논의되고 있는 양성평등에 대한 논의와 더불어 도시와 농촌의 균형적인 발전 및 기후변화를 비롯한 환경 이슈에 대해서 읽을 때는 표면적인 요소를 넘어서 시스템적 접근을 통한 근본적 분석을 시도해보기를 바란다.

이 책이 출판된 시점은 〈UN 2030 지속 가능발전 의제〉를 통해 17개의 지속가능발전목표Sustainable Development Goal, SDG와 169개의 세부목표가 선정되기 이전이다. SDG는 2000년에 도입된 유엔의 새천년개발목표Millennium Development Goal, MDG를 대체하는 국제사회의 공동 발전 목표로, 21세기의 사회 구성원의 삶의 질에 직접적인 영향을 끼칠 중요한 프레임워크다. 특히 국제개발협력 분야에 종사하고 싶은 청년들이라면 저소득 국가에서 지속 가능한 발전을 실현하기 위해 고려해야 할 다양한 개념과 상호작용의 상당한 부분의 기초를 이 책에서 배울 수 있을 것이다. 하지만 각 이슈별로 전반적인 설명이 자세한 것에 비하여 최근 진행된 실증적 연구 결과가 제대로 포함되어 있지 않은 점은 옥의 티이다. 예를 들어 기후변화로 인한 이주민 문제에 대한 궁금증이나 개발협력 프로젝트 효과성 평가 등은 이 책이 적절하게 설명해주지 못하고 있다.

그럼에도 불구하고 이 책에서 다루고 있는 다양한 이슈는 국제 개발이나 환경적 지속 가능성 분야에 종사하고자 하는 청년들에게만 유용한 것이 아니다. 산업혁명 이후 제조업을 기반으로 한 경제발전을 통해 첫 번째 직장에서 퇴직할 때까지 일한 20세기 청년들과 달리, 창의적·융합적 사고력이 요구되는 21세기의 청년들에게 사고의 폭을 범지구적으로 확대하고 어떤 분야에 종사하든지 반드시 필요한 '지속 가능한 발전'의 개념을 구체화하는 데 이 책이 독보적인 가치가 있음은 부인할 수 없다.

:: **윤세미**

뉴욕 컬럼비아대학교 경제학과를 졸업하고, 유엔 지속가능발전목표(SDG)가 채택된 해에 동 대학교 국제행정대학원(SIPA)에서 지속가능발전 박사학위를 받았다. 컬럼비아 국제행정대학원 겸임 강사 및 지구연구소의 연구원으로 일했으며, 2016년부터 연세대학교 언더우드국제대학 융합인문사회계열과 동 대학교 국제학대학원에서 지속가능발전학을 가르치고 있다. 개발과 환경을 조화롭게 고려하여 40억 명에 이르는 글로벌 저소득 계층(Bottom of the Pyramid)의 삶을 발전시키는 방안 연구에 힘쓴다. 인도와 베트남의 에너지 공급이 삶에 미치는 영향 및 재생에너지 공급 방안에 대해 연구한 바 있으며, 과학(S), 기술(T), 공학(E), 수학(M) 교육을 통한 탄자니아 인재 양성과 스페셜티 커피 산업을 통한 저소득국가의 지속가능발전을 연구하고 있다.

7장

미래사회의 주인공을 위해서

38

축적의 시간
- 설계역량을 어떻게 키울 것인가?

박봉규 서울테크노파크원장

축적의 시간
서울대학교 공과대학 지음

지식노마드

우리나라는 세계적인 제조업강국이다. 휴대폰이나 TV와 같은 가전제품들, 자동차와 선박, 그리고 초고층 빌딩에 이르기까지 실로 못 만드는 게 없다. 그것도 그냥 만드는 수준이 아니다. 세계최고 품질의 제품을 경쟁력 있는 가격으로 생산해 내니, 전 세계 소비자들이 좋아하는 것이 당연하다. 문제는 남을 따라 만들기에는 세계 최고인 우리가 스마트폰이나 차세대자동차와 같이 남들이 미처 생각하지 못한 물건을 세상에 첫 선을 보이는 일은 왜 못 하는가 하는 것이다. 이러한 질문에 대해 그 원인을 찾고 해답을 제시한 책이 바로 서울대 이정동 교수가 대표 집필한 『축적의 시간』이다.

저자의 문제의식은 이렇다. 우리는 주어진 설계도에 따라 이를 구현하는 능력은 뛰어난데, 어째서 제품이나 서비스의 개념을 최초로 정의하는 능력 내지 밑그림을 그리는 능력은 부족한가? 이에 대한 답을 얻기 위해 저자는 지금 우리를 먹여살리고 있거나 차세대 먹거리가 될 한국의 산업분야를 선정하고 각 분야를 대표하는 26명의 교수들과 1:1 인터뷰를 통해 각 산업이 당면하고 있는 문제의 내용과 원인 그리고 처방을 물었다. 전문가들이 제시한 답은 한마디로 우리에게는 실행역량은 있으나 개념설계역량이 부족하고 개념설계역량을 갖추지 못하면 결코 산업선진국으로 진입할 수가 없다는 것이었다.

개념설계란 무엇인가? 하나의 제품이 세상에 나오기 위해서는 개념설계-상세설계-제조 및 시공의 단계를 거친다. 개념설계역량이란 제품이나 비즈니스모델을 불문하고 산업계에서 새로 풀어야 할 과제가 나타났을 때 이 문제의 속성을 새롭게 정의하고 창의적으로 해법을 제시하는 능력이다. 예컨대 휴대전화를 단순한 전화기의 기능을 넘어서 컴퓨터 기능까지 가지는 스마트폰이라는 새로운 제품으로 구상하고 설계하는 일, 바다 위에 고정된 배에서 석유를 시추하는 해양플랜트라는 개념과 프로세서를 만드는 능력 등이다. 이런 능력은 남들이 먼저 만들어 놓은 개념과 설계도에 따라 이를 실천에 옮기는 실행전략과는 차원을 달리하는 것이다.

개념설계역량은 왜 중요한가? 무엇보다도 개념설계는 그 자체로서도 부가가치가 클 뿐만 아니라 설계과정에서 각종 사양을 미리 지정함으로써 시공을 통해서도 엄청난 수익을 낼 수 있다. 우리나라가 처음 선박을 건조하기 시작한 1970년대를 되돌아보면 선박에 대한 설계도 자체는 물론이요,

주요 기자재도 전부 설계도에 명시된 외국제품에 의존해야 했던 것이 그 예이다. 땀흘려 배를 짓는 것은 우리인데 정작 돈을 버는 회사는 설계회사요 엔진을 비롯한 주요 기자재 공급업체였다. 개념설계역량은 표준화된 생산기술에 매달리는 개발도상국으로서는 쉽게 따라갈 수 없는 분야이다.

우리나라는 부존자원이 없음에도 불구하고 지속적인 기술혁신 노력을 통해 경공업에서부터 첨단산업에 이르기까지 모든 산업군을 두루 갖춘 나라가 되었다. 그러나 우리경제가 구조적인 저성장기조에 진입하면서 기업의 수익성은 낮아지고 혁신도 점차 사라지고 있다는 것이 문제이다. 더욱이 과거 우리가 했던 방식을 벤치마킹하여 표준화된 기술영역에서 우리를 빠르게 따라오는 중진국들과의 가격경쟁에서는 밀리는 반면 고부가가치의 개념설계 영역에서는 선진국과의 격차를 좁히지 못하고 있는 형편이다. 로켓으로 보면 1단 로켓을 점화하여 선진국 문턱이라 할 수 있는 정도의 고도에까지 올라가는 데는 성공한 셈이다. 지금은 수명을 다한 1단 로켓을 벗어던지고 2단 로켓을 점화해야 하는데 이것이 잘 안 되고 있는 까닭에 로켓이 더 이상 추진력을 발휘하지 못하고 있는 상황과 같다. 우리 경제를 한 단계 더 도약시키기 위한 2단 로켓에는 설계역량의 확보가 필수적이다.

그러나 개념설계역량을 확보하기 위해서는 실행역량을 갖추는 경우에 비해 질과 양의 측면에서 차원을 달리하는 접근이 요구된다. 설계역량은 실행역량과는 여러 면에서 차이가 있기 때문이다. 후자가 노하우Know-how를 대상으로 한다면 전자는 노와이Know-why에 역점이 주어진다. 후자는 남이 한 것을 베끼는 까닭에 시행착오를 최소화하면서 효율성을 추구한다면, 전자는 도전적인 시행착오를 용인하고 이를 통해 차별성을 확보하는 것이 핵심이다. 후자는 명시적인데 반해 전자는 암묵지暗默知의 형태로 존재하므로 활자화된 매뉴얼을 통해 배우는 데에는 한계가 있다.

개념설계역량은 어떻게 해서 생기는가? 당연히 창의적 아이디어가 중요하다. 그러나 창의적 아이디어란 나무그늘에 앉아 골똘히 생각만 하고 있다고 해서 어느 날 갑자기 하늘에서 떨어지는 것이 아니요, 창의력을 키우기 위해 기술, 기술을 외치면서 매달린다고 되는 것도 아니다. 창의력을 기르는 근본은 창의적인 교육이다. 남이 낸 문제를 잘 푸는 '어떻게'에 대한 공부가 아니고 문제 자체를 낼 수 있는 '왜'의 영역이다. 문학, 역사, 철학 특히 그중에서도 인문학적인 소양과 통찰력이 함께 하지 않으면 새로운 개념을 만들어 내거나 큰 그림을 그리기는 어렵다. 문과와 이과의 통합, 나아가 이공계 학생들에게 문사철文史哲의 소양을 두루 갖추게 해야 하는 이유이다. 이를 위해 공학도들은 정말 많은 공부를 한평생 꾸준히 해야 한다. 날로 새로워지는 자기 전공 분야는 말할 것도 없고 인근 학문과 인문학에 이르기까지 폭넓은 공부가 필요하다.

필자는 한때 대학의 사명은 산업 현장이 필요로 하는 맞춤형 인력을 공급하는 것이 되어야 하며, 이를 위해서는 산학협력도 기업의 수요에 맞춘 맞춤형 인력 양성에 모아져야 한다고 생각하였다. 지금은 그 생각이 바뀌었다. 대학은 기업이 당장 현업에서 사용할 수 있는 기능인력을 공급하는 기관이 아니다. 대학은 적어도 그 학생이 평생 지니고 가야 할 기초학문과 학습하는 능력 자체를 키우는 곳이다. 실무능력은 대학원 이상에서 또는 기업에서 배워도 늦지 않다. 맞춤형 인력에 대한 강조로서는 실행역량에 충실한 기능인만 양산할 뿐 개념설계역량을 갖춘 고급 인재를 길러내기는 어렵다.

그러나 혁신적인 아이디어가 있다고 해서 자연히 개념설계가 이루어지는 것은 아니다. 오히려 아이디어 자체는 특허 등을 통해 외부에서도 쉽게 구할 수 있는 것이 오늘의 현실이다. 아이디어를 바탕으로 이를 현실에 구현하는 기술, 나아가 스케일업scale up 능력이 핵심이다. 초기개념을 현장에 적용하여 수많은 반복과 실패를 거치면서 개선에 개선을 거듭하는 노력이 필요하다. 돈이 들고 시간이 걸리는 일이다. 개념설계역량의 핵심인 정말 중요한 지식은 논문이나 교과서만으로는 배울 수 없고, 기술자의 머릿속에 혹은 손끝에 암묵지의 형태로 존재하기 때문이다. 개념설계역량을 확보한 나라는 모두 구미선진국과 일본 등 수백 년에 걸쳐 경험을 축적해온 나라들이라는 사실이 이를 방증한다.

우리도 선박건조 등 몇몇 분야에서는 이런 경험을 축적해 나가고 있다. 앞서 언급한 바와 같이 선박에 대한 설계는 물론이요, 주요 기자재도 전부 수입에 의존해야 하는 때가 있었다. 그러나 현장에서의 경험이 쌓이고 수많은 시행착오와 바이어의 클레임에 대응하면서 상세 설계를 하게 되더니 드디어 LNG선LNG carrier이나 여객선과 같은 최고급 선박의 개념설계를 하기까지 이르게 된 것이다.

이러한 축적을 위해서는 여러 분야에서 다양한 노력이 복합적으로 전개되어야 한다. 무엇보다도 팔방미인격인 제너럴리스트보다는 분야별 최고전문가를 키우는 것이 급선무다. 개념설계의 핵심역량은 매뉴얼의 바탕 위에 많은 경험이 보태진 장인의 머릿속에 내재되어 있기 때문이다. 개별 산업이 모여 새로운 산업을 형성하는 융합을 위해서도 분야별 최고전문가가 있어야만 한다. 이는 마치 각각의 악기에 정통한 연주자가 모여야만 최고의 교향악단이 될 수 있는 것과도 같다. 이런 차원에서 최근 우리 산업계에서 핵심인력의 해외 유출이 이어지고 있는 것은 우려할 만한 일이다. 산업 강국이었던 프랑스가 기능을 보유한 위그노들을 탄압하자 재빨리 이들을 해외인력으로 받아들인 독일, 스위스가 단기간에 산업선진국으로 일어선 것을 반면교사로 삼아야 한다. 기업 차원에서는 불확실성이 내포된 반복 실험을 용인할 수 있는 CEO의 자세와 기업 풍토가 필수이다. 단기적인 성과와 효율성을 강조하는 분위기 속에서 축적은 꽃을 피우기 어렵다. 나아가 실패를 용인하는 문화를 만드는 등, 이 모든 것을 담아낼 수 있는 경제적·사회적 생태계가 구축되어야 함은 말할 필요도 없다.

이 책은 크게 1부와 2부로 나누어져 있다. 1부가 전체에서 차지하는 분량은 비록 적지만, 26개 개별 산업을 하나하나 짚어 가며 평면적으로 다룬 2부 전체의 공통분모를 뽑은 것이다. 시간이 정말 없는 사람이라면 이 책의 1부만 읽어도 문제와 해답에 대한 감은 잡을 수 있을 것이다.

『축적의 시간』 출간 이후, 저자는 연구를 계속하여 2017년 5월에 후속판이라 할 수 있는 『축적의 길』을 냈다. 『축적의 시간』이 문제를 제기한 책이라면 『축적의 길』은 축적이 구체적으로 어떤 과정을 통해 이루어지는가를 살펴보고 그 해결책을 제시한 저작이다. 당연히 함께 읽을 것을 권한다.

『축적의 길』에서 저자는 특별히 작은 아이디어를 현장에서 반복적으로 스케일업하는 노력의 중요성을 강조하고 있다. 이 메시지는 우리 산업계에 긍정과 부정의 동시신호를 주고 있다. 제조업 기반이 튼튼한 나라인 만큼 지금부터라도 우리의 노력 여하에 따라 얼마든지 설계역량을 확보할 수 있는 토대가 있다는 면에서는 긍정적이다, 그러나 여러 가지 이유로 제조업이 국내를 떠나고 있어 선진국을 따라잡을 수 있는 기초가 무너지고 있다는 측면에서는 두려움이다. 제조업의 몰락과 해외 이전 문제를 지금은 단지 일자리가 줄어드는 것에 초점을 맞추어 고민하지만, 조만간 설계역량을 시험하고 키울 수 있는 그릇 자체가 사라질 것이기 때문이다. 제조업 현장이 없으면 제아무리 탁월한 기술도 이를 시험해볼 도리가 없다.

설계역량의 축적에는 시간이 필수적이나 이러한 시간적 축적에 예외를 추구하고 있는 나라가 바로 중국이다. 중국은 광활한 공간을 이용한 동시다발적인 실험으로 축적에 필요한 시간 자체를 압축해 나가고 있다. 두려운 일이다. 우리 산업 정책과 교육 정책의 일단 전환이 요구되는 때이다.

참고문헌

『축적의 길』(이정동, 지식노마드, 2017)

:: 박봉규

경북대학교 법대를 졸업하고 미국 노스웨스턴대학에서 경제학 석사, 숭실대학교에서 경영학 박사 학위를 받았다. 제17회 행정고시에 합격하여 지난 30여 년간을 현재의 산업통상자원부에서 무역과 통상, 외국인 투자유치, 산업 분야 등 실물경제 분야에서 근무했다. 한국산업기술재단 사무총장으로 이공계 살리기와 산학협력추진에, 대구광역시 정무부시장으로서 지역경제 활성화에, 한국산업단지공단 이사장으로서는 제조업의 요람인 산업단지 활성화와 구조고도화를 위해 노력했다. 그후 민간기업인인 대성에너지 사장과 건국대학교 석좌교수를 거쳐 중소기업 지원 육성기관인 서울테크노파크 원장으로 재직 중이다.

지은 책으로는 정도전에 관한 연구서인 『조선 최고의 사상범』, 『광인 정도전』과 산업단지 리모델링의 방향을 제시한 『다시 산업단지에서 희망을 찾는다』, 그리고 『제도는 어떻게 내 삶을 바꾸는가』가 있다. 하늘 아래 새로운 것은 없다는 생각으로 역사를 통해 오늘을 살아가는 지혜를 얻으려고 노력하고 있다.

39

파괴적 혁신
- 변화를 두려워하지 말고 정면으로 맞서라

서기선 비즈니스 작가

파괴적 혁신

제이 새밋 지음

이지연 옮김

한국경제신문

나는 한창 일할 나이에 회사를 나왔다. 이를 계기로 분주하게 돌아가는 세상과도 결별했다. '똑똑한' 휴대폰을 뜻하는 스마트폰도 최근에야 장만했다. 그것도 오랫동안 들고 다니던 휴대폰 배터리가 숨을 거둔 상황에서 다른 선택을 할 수 없었기 때문이다.

스마트폰 사용자로서 맛보는 가장 큰 변화는, 지하철에서도 인터넷의 글을 읽는다는 점이다. 많은 승객들이 붐비는 전동차에서 코를 박고 휴대폰 화면을 들여다보는 광경도 내가 그 일부가 되면서 거부감이 사라졌다.

스마트폰을 들고 다니는 사람들은 단순히 정보를 소비하는 데 그치지 않고 적극적으로 정보와 지식을 생산하고 배포한다. 이들이 가상의 공간에서 풀뿌리 여론을 만든다. 그 위력은 상상을 초월한다.

내가 산업계의 변화를 확인하는 곳도 다름 아닌 인터넷이다. 다양한 분야 전문가들이 소개하는 글을 읽으면서 비즈니스 심층부를 뒤흔드는 변화를 포착한다. 그 내용을 담은 글을 써서 세상에 내보내고, 독자들을 만나고 있다.

내가 특히 주목하고 또 강조하는 것은 '사용자들이 주도하는user-driven' 정보기술IT 혁명이다. '기술 공급자들이 주도했던vendor-driven' 예전의 IT 혁명과 뚜렷하게 구별된다. 초기 IT혁명이 주로 기업의 효율을 높이는 데 초점을 맞췄다면, 최근의 IT혁명은 그것을 훌쩍 뛰어넘어 개인의 일상생활을 바꾸고, 개인이 지식 생산의 주체가 되도록 돕는다.

이러한 변화는 평소 우리 눈에 잘 띄지 않는다. 때문에 이 분야의 소식을 수집하는 것은 정보기술을 소개하는 글을 쓰는 나에게도 큰 도전이다. 내가 기업가들이 쓴 책을 즐겨 읽는 이유도 여기에 있다. 이들은 일상생활에서 부딪히는 문제에서 사업 기회를 찾아내곤 한다. 따라서 이들의 삶 속에 세상의 변화를 만들어내는 유전인자DNA가 녹아있다. 책을 읽으면서 그것을 발견하는 재미가 쏠쏠하다.

그중에서도 한경BP에서 펴낸 『파괴적 혁신Disrupt YOU(당신을 파괴하라)』은 좋은 책의 조건을 두루 만족시킨다. 무엇보다 정보기술이 만드는 변화를 일반인의 눈높이에 맞춰 소개하고, 변화 속 개인의 전략을 제시하는 비즈니스 안내서이다.

이 책이 특별한 것은 저자인 제이 새밋의 독특한 이력 때문이다. 여러 기술 회사를 창업해 경영한데다가 위기에 처한 미국과 일본 글로벌 회사를 도운 경험을 갖고 있다.

저자가 권하는 전략을 소개하면 강력하다. 즉, "인터넷으로 연결된 세상에서는 개인도 글로벌 회사와 대등하게 경쟁할 수 있다"며, "변화를 두려워하지 말고 정면으로 맞서라"고 독려한다.

흔한 조언처럼 들리지만 그것을 풀어내는 방식이 구체적이다.

저자는 혁신가가 가장 먼저 해야 하는 작업이 "자신을 파괴한 후 새롭게 태어나는 것"이라고 권한다. 자기혁신은 병원에서 대수술을 받는 것과 비슷하다. 이를 통해 자신이 어떤 인생을 살 것인지 설계한다.

이어 홀로서기 하는 방법을 제시한다. 바로 "열망을 영감으로 바꾸"고 "독자적인 브랜드를 만드는 것"이다. 또 "회사 내 창업가가 되는 것"도 적극적으로 추천한다.

이 책에서 내가 흥미롭게 읽은 대목을 소개하면 개인의 가치를 만드는 특성에 대한 설명이다.

저자는 하버드비즈니스스쿨 마이클 포터 교수가 '마이클 포터의 경쟁우위'에서 소개한 기업의 가치사슬에 있는 5개 고리, 즉 연구개발, 디자인, 생산, 마케팅, 유통 분야에서 혁신이 일어나는 것을 소개하고, 이를 개인의 생활에도 적용할 수 있다고 주장한다.

연구개발을 예로 들면, "파괴적 혁신가가 스스로 새로운 것을 발견할 필요가 없다"며, "새로운 발견이 나왔을 때 그것을 활용할 방법만 찾아내면 된다"고 설명한다. 남이 해놓은 연구개발 결과를 활용해 큰 부를 쌓을 수도 있다는 얘기다.

이를테면 과학적 배경이 없는 사람이라도 쿼키(https://quirky.com/)를 활용하면 새로운 제품을 개발해 전 세계 소비자들에게 판매할 수 있다고 설명한다. 또 제품을 생산하기 위해 대규모 자본을 조달하고 공장을 지을 필요도 없다고 주장한다. "3D 프린터가 보급되면서 역사상 처음으로, 이제 누구나 생산수단을 소유할 수 있게 됐"기 때문이다.

스컬프티오(https://www.sculpteo.com), 셰이프웨이즈(https://www.shapeways.com), 포노코(https://www.ponoko.com) 같은 회사들은 특정 제조 장비를 소유한 기업가들의 네트워크를 활용해 분산생산을 가능하게 하고 있다. 포노코는 한발 더 나아가 독립 크리에이터의 디자인을 홍보해, 다른 사람들도 해당 신제품을 제조해 판매할 수 있도록 도와준다. 이제 누구나 글로벌 규모로 경쟁할 힘이 생겼다는 주장에도 고개를 끄덕이게 된다.

이 책은 정보기술이 우리 사회에 가져다주는 혜택, 그 중에서도 개인의 역량을 높이는 데 초점을 맞추고 있다. 또 누구나 쉽게 읽고, 자신의 삶에 적용할 수 있다는 점도 큰 매력이다. 책을 다 읽으면 다양한 사업의 성공 뒤에 어김없이 혁신가가 있다는 평범한 진리를 깨닫게 된다.

한편 마지막 책장을 넘기면서 아쉬운 부분도 있다. 빛이 속도로 움직이는 정보지식 시장에서 무한 경쟁이 시작됐고, 극소수 선택받은 사람만 그 열매를 따는데, 저자는 이 문제에 대해서는 언급하지 않는다. 이에 대한 답을 독자들 스스로 찾아야 할 몫으로 남겨져 있다.

그밖에 정보기술IT을 소개해온 내 개인적인 방법을 소개하고 싶다. 나는 새로운 비즈니스를 만드는 혁신가들을 추적해서 글을 쓰고 이를 IT 매체에 발표한다. 만약 인류의 미래에 대해 쓴다면 나는 제일 먼저 빌 게이츠 블로그(https://www.gatesnotes.com)의 글부터 읽는다. 그의 관심사는 정보 격차는 물론 지구온난화에 이르기까지 다양하다. 또 그의 의견은 최신 정보를 바탕으로 하기 때문에 설득력이 높다.

또 국내·외 정치와 비즈니스 문제가 대두되면 제일 먼저 도널드 트럼프 미국 대통령 및 청와대의 대통령 공식 발언fact을 확인한다.

나를 세상과 연결하는 것은 인터넷이다. 내가 인터넷에서 정보를 찾는 방식은 간단하다. 검색은 네이버와 구글을 주로 사용한다. 또 원전을 찾는 것은 유튜브, TED, 아마존, 링크드인이다.

개인적인 관계를 만드는 것은 페이스북 같은 소셜 사이트이다. 페이스북을 찾으면 내 관심사가 걸러지고, 다양한 주제에 대한 풀뿌리 여론을 확인할 수 있다. 취재부터 원고 작성, 배포까지 처리하는 것이 힘들지만 큰 보람을 느낀다.

이어 서점과 도서관을 방문해 책을 읽으면서 부족한 부분을 메운다.

'파괴적 혁신'이라는 용어를 대중에게 알린 책은 따로 있다. 바로 하버드 비즈니스 스쿨의 클레이튼 크리스텐슨 교수가 쓴 『혁신 기업의 딜레마 Innovator's Dilemma』이다. 저자는 1997년 이 책을 펴내 스타가 됐다. 국내에 번역된 것은 1999년이다. 내가 정보기술이 만드는 비즈니스에 대해 눈을 뜬 것도 이 책을 읽은 덕분이다.

기존 기업이 호황을 누릴 때에는 새로운 경쟁자가 출현한다고 해도 그것을 애써 무시하다가 순식간에 역전당한다고 소개했다. 경쟁자가 파괴적 혁신기술로 무장했을 때 더욱 그렇다고 주장했다.

저자는 그 이유로 혁신적인 기술이 처음 등장할 때에는 그 성능이 기존 기술에 비해 뒤진다고 설명했다. 이는 새로운 기업에게 시간을 벌도록 허용하는 꼴이 된다.

크리스텐슨 교수는 하드디스크드라이브HDD 분야에서 기술발전과 함께 시장을 주도하는 업체들의 부침을 조사 분석한 결과 이 같은 사실을 밝혀냈다. 이어 다른 분야에서 업체들 간의 경쟁을 설명하는 데에도 이 이론을 적용할 수 있다고 주장했다.

이 이론은 큰 관심을 모았지만, 기껏해야 '반쪽짜리 성공'에 만족해야 했다. 기존 기업이 몰락하는 이유를 밝혀냈지만, 새로운 기업이 성공하는 방법을 제시하는 데에는 이르지 못했기 때문이다.

『파괴적 혁신』의 원제가 말하는 것처럼 혁신이란 자신을 파괴하는 것에서 시작되는 것이다. 정상으로 가는 길은 험난할 뿐만 아니라 외롭다는 것을 느낀다. 하지만 그 길은 극소수의 모험가들에게 기어이 속살을 드러내고 만다.

참고문헌

* 『혁신 기업의 딜레마Innovator's Dilemma』 (클레이튼 크리스텐슨, 세종서적, 2009)

:: 서기선

비즈니스 작가. IT 및 비즈니스를 소개하는 글을 쓰고, 번역과 출판 기획을 겸하고 있다. 『대한민국 특산품: MP3 플레이어 전쟁』을 펴냈고, 디지털 비즈니스를 다룬 두 번째 책을 집필 중이다.
kssuhs@empas.com

40
기업가 정신 2.0
안현실 한국경제신문 논설 · 전문위원

기업가 정신 2.0
이민화 지음
KCERN

경제학자 조지프 슘페터Joseph Schumpeter(1883~1950)는 '자본주의, 사회주의, 그리고 민주주의'란 저서에서 자본주의를 "경제적 변화의 형태 또는 방식"이라고 설명한다. 자본주의는 끊임없이 '새로운 것'을 찾아 움직여야 한다는 주장이다. 새로운 제품, 새로운 생산, 새로운 수송, 새로운 시장, 새로운 조직 등이 이에 해당한다는 것이다. 한마디로 자본주의는 '변화'로 굴러간다는 뜻이다.

'변화'에 주목한 사람은 또 있다. 현대경영학을 창시한 경영학자로 평가받는 피터 드러커Peter Drucker(1909~2005)이다. 그는 기업가정신을 "변화를 탐색하고, 변화에 대응하고, 변화를 기회로 활용하는 것"이라고 정의한다.

조지프 슘페터가 말한 대로 자본주의에서 변화가 곧 동력이라고 생각하면 4차 산업혁명이 밀려온다는 것은 놀랄 일도 아니다. 오직 물어야 할 것은 한국 자본주의가 이 변화의 물결을 탈 준비가 되어 있느냐는 것뿐이다. 이 질문을 피터 드러커 방식으로 표현하면 이렇게 바뀔 것이다. "한국 자본주의는 변화를 탐색하고, 변화에 대응하고, 변화를 기회로 활용하는 기업가정신이 얼마나 충만한가?"

1인당 국민소득 2만 달러까지는 열심히 일하는 빠른 추격자fast follower 전략으로 가능하지만, 2만 달러를 뛰어넘는 국가 진입은 창조적 혁신에 바탕을 둔, 최초 개발자first mover 전략으로 전환해야 된다. (중략) 한국의 기업가정신은 벤처 붐이 피크에 달했던 2000년도에 비해 대한상공회의소 조사로 5분의 1이고 피부로 느끼는 지수는 그 보다 훨씬 못하다. 국가는 기업가정신이 필요한 시점이지만 정작 이 땅의 청년들에게는 기업가정신이 사라지고 있다. 이 문제의 해결 없이는 국가의 미래는 없다고 필자는 단언한다.

『기업가정신 2.0』(이민화 저)은 서문에서 이런 문제의식을 밝히며 출발한다. 이 책은 제목과 저자부터 기존의 기업가정신 관련 저서와는 다를 것이라는 예감을 던져준다. 먼저 '왜 기업가정신 2.0일까?' 하는 점이다. 독자 가운데 누군가는 "서구의 기업가정신을 그대로 베껴 한국 현실에 억지로 적용하는 게 아니라 한국적 기업가정신을 모색한다는 의미 아니냐?"고 눈치챘을 법하다.

『기업가정신 2.0』은 여기서 한 걸음 더 나아간다. '가치 창출'과 '가치 분배'의 선순환이라는 개념이다. 개념만 놓고 보면 가치 창출은 이해가 되지만, 가치 배분까지 기업가정신이 떠안아야 하느냐는 의문이 생긴다. 그가 기업가정신을 가치 배분으로까지 확장한 데는 한국에서 제1차 벤처 붐이 제대로 평가받지 못하고 곧바로 벤처 빙하기가 이어지면서, 미국과 달리 벤처 생태계의 회복력이 상실되는 뼈아픈 과정을 겪은 경험담이 작용했을 것으로 보인다. 책을 읽어 내려가다 보면 어느 순간 지속 가능한 혁신을 위해서는 가치 창출과 가치 배분이 필수이고 상호간 선순환이 요구된다는 저자의 일관된 주장에 고개를 끄덕일 수밖에 없다.

이민화라는 저자가 던지는 예감도 특별하다. 그는 경제학자도 경영학자도 아니다. '벤처 개척자' 이민화는 한국 벤처의 효시로 불리는 메디슨을 창립하고 벤처기업협회를 설립한 인물이다. '코스닥', '벤처기업특별법' 등 한국의 주요 벤처정책들 가운데 그의 손을 거치지 않은 게 없을 정도다. 한 때 중소기업청에서 기업호민관을 지내면서 규제와의 싸움을 벌이기도 했던 그는 현재 창조경제연구회KCERN를 이끌며 기업가정신 교육과 국가 혁신정책 개발에 주력하는 '정책 기업가'의 면모를 유감없이 보여주고 있다.

창조경제연구회는 2013년 설립 이후 연대보증 폐지, 공인인증서 타파, 코스닥 분리, 벤처인증제, 기술사업화, 기술금융, 핀테크, 크라우드 펀딩, 개인정보 관련 법제 혁신 등 광범위한 분야에서 공공정책 변화를 이끌어 온 민간 싱크탱크다. 언젠가 이민화 창조경제연구회 이사장에게 "왜 하필 박근혜 정부 창조경제냐?"고 물었더니 "창조경제는 우리가 먼저였다"는 답이 돌아왔다. 최초의 길을 마다하지 않는 성향으로 미뤄 보아 필경 그의 말을 맞을 것이다.

그러고 보면 제목과 저자가 이렇게 잘 조합된 저서도 드물지 싶다. 이런 점이 『기업가정신 2.0』이 자칫 딱딱한 책이 아닐까 하는 선입견을 막아선다. 기업가 출신이 자신의 경험과 지식을 바탕으로 수많은 이론과 사례를 끌고 들어와 한국 현실에 비추어 가며 자신의 주장과 모델을 담아낸 콘텐츠를 읽는 재미가 쏠쏠하다.

창업 기업가를 꿈꾸는 사람이면 기회의 포착 → 기회의 검증 → 기회의 창출과 획득 → 원시사업계획서 → 사업팀의 구성 → 자원의 조달 → 재무 → 진입장벽, 혁신과 재탄생→사업계획서로 이어지는 상세 안내서는 꼭 읽어볼 만하다. 교과서적인 지침서가 아니라 마치 현장 훈련서처럼 생생하게 와 닿는다.

이어 저자는 혁신과 리더십, 사내기업가를 통해 한국 기업가정신의 갈 길을 보여준다. 특히 사내기업가는 대기업과 벤처기업간 선순환의 핵심 고리로 부상한다.

"기업가정신은 혁신의 리더십이다. 와해적 혁신이 바꾸는 미래사회에 어떻게 대응할 것인가. (중략) 개방 혁신, 개방 플랫폼, 사내벤처가 그 대응 방안이다. 그리고 이 세 가지를 뒷받침하는 핵심요소는 사내기업가에 있다."(혁신과 리더십)

"사내 혁신의 성공여부를 결정하는 것은 챔피언, 즉 사내기업가의 존재다. 특히 와해적 혁신이 등장하면서 사내기업가의 역할이 점점 더 중요해지고 있다. (중략) 사내 혁신을 주도하는 사내기업가정신은 개방 혁신에도 절대적으로 필요하다. 합병 후 통합 과정은 모두가 다르기 때문에 각기 다른 상황에서 대처하는 역량은 바로 기업가정신에서 얻을 수밖에 없다."(사내기업가)

"벤처창업의 90% 이상은 대학이 아니라 기업에서 배출되고 있고 그 주인공은 사내기업가다. 스핀오프spin-off되는 사내기업가들이 미국 혁신의 주역들로, 바다로 나간 연어가 성장하여 강으로 회귀하듯이 스핀오프 기업들이 혁신에 성공하여 대기업으로 귀환하여 개방 혁신을 이끌어가고 있다. 스핀오프 기업은 다시 창업의 DNA가 확산되어 핵분열을 하듯이 벤처클러스터를 형성해 가고 있다."(사내기업가)

저자는 이런 주제들을 통해 "한국이 혁신 리더십에서, 또 사내기업가에서 잘 하지 못할 이유가 뭐가 있느냐?"고 끊임없이 묻는 듯하다. 심지어 저자는 미국과 유럽연합 등에서 비롯된 사회적 기업가에 주목하면서 사회적 기업을 보는 좌·우파 일각의 편향적 시선(좌파는 사회적 기업이 '시장의 사회화'와는 거리가 먼 주변부만 건드린다고 불만이고, 우파는 사회적 기업이 사회주의적 기업 아니냐고 의심하는 시선)을 일거에 뛰어넘는다. "선순환 기업가정신인 기업가 정신 2.0은 사회적 기업과 영리 기업을 결합하는 모델이 될 것"이라며 한국도 기업가정신의 진화에 눈을 돌릴 것을 제안한다.

미국 등 선진국에서는 더 이상 낯설지 않은 연속기업가도 눈길을 끌어당기는 주제다. 티볼리, 페이팔 마피아 등 해외 연속기업가 못지않게 국내에서도 메디슨 마피아, 삼성그룹, 티켓몬스터, 네오위즈 등 유사 사례가 적지 않다.

"성공한 기업가는 연속 기업가로 벤처생태계를 더욱 기름지게 만들고, 실패 기업가는 재도전을 통하여 성공으로 향한다. 창업 활성화는 한 번의 성공이 아니라 연속되는 재성공과 재도전의 순환으로 이룩된다."(연속 기업가정신)

갈수록 국내외 시장 경계가 붕괴되는 개방경제 흐름에서 저자가 제시하는 벤처기업의 글로벌 모델은 이 분야 학자들의 연구를 자극하기에 부족함이 없는 수준이다. 점진적 글로벌 전략, 현지화 전략, O2O 본 글로벌Born

Global(태생적 글로벌) 전략, 온라인 본 글로벌 전략 등 글로벌 유형 분류와 기업 사례, 글로벌 벤처기업 생태계를 4단계의 사이클로 분석한 모델을 바탕으로 한 국가별 비교연구 결과와 한국의 미래전략 제시 등에서 저자의 통찰력이 돋보인다.

이런 주제들을 거쳐 비로소 한국적 기업가정신에 다다른 저자가 끌고 들어온 것은 '신바람'과 '홍익인간'이다. 어쩌면 이 두 가지 요소에서 한국적 기업가정신의 단서를 찾고 싶다는 저자의 오랜 신념일지도 모른다. "제1차 벤처 붐의 가장 큰 교훈은 창업 안전망이 미비했다는 것"이라며 저자는 제2차 벤처 붐을 위한 제도 개선과 생태계 복원을 주창하고, 4차 산업혁명 시대를 위한 벤처혁신 8대 전략을 제안한다. 한국적 기업가정신을 벤처를 통해 실현할 수 있다는 저자의 평소 확신이 느껴진다.

이 책은 문재인 정부에서 혁신성장을 이끄는 담당자들에게도 일독을 권하고 싶다. '사람 중심 경제'라는 이름하에 '일자리 중심 경제', '소득주도성장', '공정경제', '혁신성장'을 경제 전략으로 내건 문재인 정부가 직면하고 있는 현실은 안팎으로 매우 엄중한 상황이다. 『기업가정신 2.0』은 '가치 창출'과 '가치 배분'의 선순환을 강조하고 있다는 점에서 문재인 정부의 경제 전략과 상충하지 않는다. 오히려 『기업가정신 2.0』은 그런 복합 목표를 달성하기 위한 처방전까지 제시하고 있다.

한국 경제를 둘러싸고 비관적인 경제전망들이 쏟아져 나오지만 지금까지 한국 산업의 발전 경로를 되돌아보면 기술, 자원 등에서 어렵지 않은 적은 한 번도 없었다. 경제학이 말하는 '비교우위론'을 그대로 믿었다면 지금의 한국 주력산업은 탄생하기 어려웠을 것이다. 기업가정신은 과거에도 한국 경제의 동력이었고 앞으로도 그럴 것이다.

때마침 4차 산업혁명이라는 거대한 변혁기를 맞아 한국 대기업들 사이에서는 3, 4세를 중심으로 최고경영자CEO 세대교체 바람이 불고 있다. 벤처기업계에서도 2차 벤처 붐을 향한 새로운 세대 진입이 뚜렷하다. '제2의 한강의 기적'을 일으킬 '혁신경제로의 패러다임'으로 전환하기에는 더없이 좋은 기회다. 새로운 혁신 리더십, 새로운 창업 기업가정신, 새로운 사내기업가, 새로운 사회적 기업가, 새로운 글로벌 기업가정신이 한국적 기업가정신으로 이어져 기업가정신 2.0을 꽃피울 수 있다면 말이다.

:: 안현실

한국경제신문 논설 · 전문위원. 서울대학교 경제학과를 졸업하고 카이스트에서 경영과학 박사학위를 받았다. 정부, 공공단체, 기업 등에 활발한 자문 활동을 펼치고 있으며, 대통령 소속 국가지식재산위원회 민간위원, 서울대학교 객원교수, 연세대학교 겸임교수이며, 한국공학한림원 정회원이다. 통상산업부 장관자문관, 한국생산기술연구원 미국사무소장 등을 역임했다. 한국경제신문사로 자리를 옮긴 뒤 「안현실 칼럼」을 비롯해 경제, 통상, 산업, 정보통신, 과학기술 등 폭넓은 영역에서 예리한 논평으로 주목받고 있다. 지은 책으로 『한국의 미래기술혁명』(공저)이 있고, 옮긴 책으로 『부는 어디에서 오는가』가 있다.

41

디자인 씽킹 바이블

정경원 KAIST 명예교수/세종대학교 석좌교수

디자인 씽킹 바이블

로저 마틴 지음

현호형 옮김

유엑스리뷰

저자 로저 마틴Roger Martin과의 첫 만남

2010년 6월 중순, 서울특별시의 디자인서울총괄본부장이던 필자는 샌프란시스코 행 비행기에 올랐다. 6월 16일부터 이틀간 디자인 매니지먼트 인스티튜트DMI, Design Management Institute가 주최한 "Re-thinking ... the Future of Design" 컨퍼런스의 기조 토론에 초청되었기 때문이다. 그 행사에서 토론토 대학교 로트맨 경영대학원의 학장이자 이 책의 저자인 로저 마틴을 처음 만났다. 기조 토론에서는 코카콜라, GE 헬스케어, 포 시즌스 호텔 등 주요 기업들이 어떻게 디자인을 전략적 수단으로 활용하여 큰 성과를 거두는 지에 대해 논의했다. 필자는 '창의 시정'을 표방하는 서울특별시가 디자인서울 정책의 일환으로 '세계디자인수도 2010서울'을 개최하는 등 삶의 질과 경쟁력 제고를 위한 노력과 성과를 설명했다.[8]

디자인 씽킹에 대한 엇갈린 견해

그 무렵 DMI는 디자인 씽킹을 주제로 2년 연속 샌프란시스코에서 컨퍼런스를 개최했다. 2009년 6월 17~18일에 "Re-Thinking . . . Design"을 주제로 개최된 컨퍼런스에서 로저 마틴과 공동 사회를 맡았던 데릴 리아Darrel Rhea(혁신컨설팅회사 체스킨의 CEO)는 행사 기간 내내 디자인 씽킹의 중요성을 역설했다. 하지만 리아의 회상에 따르면, 참석자들의 반응은 주최측의 의도와는 사뭇 달랐다고 한다.

리아는 "반발: 디자이너 대 디자인 씽킹Backlash: Designers Versus Design Thinking"이라는 자신의 글에서 여러 디자이너로부터 공통된 불평을 들었던 경험을 언급했다.[9] 그들의 불평은 바로 '디자인 씽킹'이라는 말에 심기가 불편해졌다는 것이었다. 어떤 디자이너들은 '디자인 씽킹'이라는 개념에 대해 공격을 해대거나, 심지어 이 개념이 존재하는 것 자체를 부인하려 애썼다고 한다. 일부 디자이너들이 디자인 씽킹이라는 개념을 두 팔 벌려 수용하는 동안, 또 다른 한 편의 디자이너들은 이에 대해 저항의 몸부림을 치고 있었다는 것이다. 리아는 그런 현상은 어디에서 비롯된 것인지 궁금해

---

8   차애리, 서울시 디자인총괄본부장 DMI 주관 컨퍼런스 연사로 초빙, 뉴스핌, 2010년 6월 17일
9   http://added-value.com/2010/01/10/backlash-designers-versus-design-thinking

하며 나름대로 그 원인을 진단했다. 먼저 디자인에서 '생각'과 '행위'는 불가분의 관계인데도 '생각하는 방식'에만 초점을 맞추기 때문이라는 것이다. 또한 디자이너들이 거두는 놀라운 성과는 독창적인 해법solutions의 결과임에도 불구하고 디자인 씽킹은 과정process과 도구tool에만 초점을 맞추고 있다는 것이 문제라고 지적했다.

그런 현상은 디자인의 다중성多重性에 따른 것으로 볼 수 있다. 디자인의 어원인 'Designare'는 계획, 설계 등 여러 의미가 있어 상황에 따라 다르게 해석될 수 있다. 디자이너들에게는 눈에 보이는 인공물을 잘 만들기 위한 설계이지만, 경영자들에게는 기존의 상태를 개선하려는 계획이다. 1978년 노벨경제학상을 수상한 미국의 허버트 사이먼Herbert Simon은 "디자인이란 어떤 상태를 원하는 방향으로 변환시키는 것"이라고 정의하여 디자인의 범주를 '보이지 않는 영역'으로까지 넓혔다.[10] 그 덕분에 '서비스 디자인' 등 새로운 영역이 생겨나고 '디자인 씽킹'이라는 용어가 사용되지만, 협의狹義의 해석에 익숙한 디자이너들은 쉽게 받아들이지 못한다. 반면에 경영자들 중에는 디자인에 대한 광의廣義의 해석에 따라 디자인 씽킹으로 비즈니스의 혁신을 이루려는 데 공감하는 사람들이 많다.

디자인 씽킹이 주목받은 계기

디자인 씽킹이 세계적인 주목을 받은 계기는 2008년 6월 IDEO(미국 디자인 컨설팅 회사)의 CEO 팀 브라운Tim Brown이 《하버드 비즈니스 리뷰》에 기고한

---

10   Herbert Simon, *The Science of Artificial*, MIT Press, 1969

「디자인 씽킹」이라는 글이다. 서브프라임 모기지 사태로 불황을 겪던 미국의 CEO들은 "디자이너처럼 생각하면 제품, 서비스, 프로세스는 물론 전략을 개발하는 방법을 바꿀 수 있다"는 브라운의 메시지에 귀가 솔깃했다. 브라운은 디자인 씽킹을 구현하는 방법으로 3I[11]와 5단계 프로세스(공감-정의-아이디어-프로토타입-테스트)를 제시하는 등 디자인 씽킹의 전도사의 역할을 수행했다. 그러나 디자인 씽킹의 본질과 활용에 대한 이론적 체제는 취약하기만 했다. 그런 와중에 로저 마틴은 경영학의 식견과 폭넓은 컨설팅 경험을 바탕으로 2009년 10월 디자인 씽킹의 교과서와 같은 이 책, 『디자인 씽킹 바이블The Design of Business (비즈니스의 디자인)』을 펴내어 큰 호응을 얻었다.

디자인 씽킹과 디자인 씽킹 조직의 특성

디자인 씽킹이란 신뢰성을 추구하는 분석적 사고와 타당성을 겨냥하는 직관적 사고를 융합하여 신뢰성과 타당성이 50/50%으로 균형을 이루게 하는 사고방식이다. '비즈니스 디자인'이란 디자인 씽킹을 활용하여 혁신을 이끄는 지식생산필터를 작동시켜 다음 단계로 발전시키는 세 단계 과정, 즉 미스터리mystery(명확히 설명하기 어려운 문제를 발견하고 해결책을 모색) → 경험법칙heuristic(진보된 기술과 판단력으로 미스터리에서 질서나 원리를 발견) → 알고리즘algorithm(질서나 원리를 기반으로 표준화된 공식이나 코드를 확립)이다.

기업이 비즈니스를 제대로 디자인하려면 '디자인 씽킹 조직'으로 거듭나

---

11   Inspiration(영감 떠올리기), Ideation(아이디어 창출), Implementation(실행)의 머리글자 모음

야 한다. 그 조직은 성취에 안주하지 않고 끊임없이 새로운 미스터리를 개발하여 경영법칙, 알고리즘으로 발전시켜가는 문화를 형성한다. 디자인 씽킹 조직이 되는 방법은 두 가지이다. 먼저 외부에서 디자인 씽킹을 도입한 사례는 스틸케이스인데, IDEO를 인수하여 기업구조와 프로세스, 규범을 새로 확립하여 큰 성과를 거두었다. 두 번째 방법으로 내부에서 디자인 씽킹 조직을 구축한 사례로는 P&G, 타깃, 애플, RIM[12] 등이다. P&G의 CEO 앨런 라플리Alan Lafley는 디자인을 기업의 DNA로 만들기 위해 클라우디어 코치카Claudia Kotchka를 디자인 전략 및 혁신 부사장으로 기용하고 디자인 씽킹의 실행을 독려했다. 전사 차원에서 디자인웍스Design Works(디자인 씽킹 훈련과정)를 운영하고, 다양한 경영팀 내부에 디자이너들을 배치했다. 그 결과, 새로운 시각에서 발견한 미스터리를 경험법칙으로 전환시키고, 그 법칙을 알고리즘으로 이끌어 가는 문화가 확산되어 독창적인 신제품들이 디자인되는 등 큰 성과를 거두었다.

디자인 씽커Design Thinker가 되려면

디자인 씽커는 타당성과 신뢰성, 예술과 과학, 직관과 분석, 그리고 탐구와 개발 사이의 균형을 통해 결실을 맺기 위해 부단히 노력한다. 그들은 비즈니스에서 발생하는 문제들을 다루기 위해 디자인의 가장 중대한 도구인 귀추법adoptive reasoning을 활용한다. 관찰과 사실들로부터 최선의 설명을 도출하는 귀추적 추론을 위해서는 지각적 판단, 즉 감각적 통찰력이 요구된

---

12   Research In Motion. 미국 스마트 폰 업체 블랙베리의 전신

다. 디자인 씽커가 되려면 일반인들과 다른 태도stance, 도구tools, 경험experi-ence을 갖추어야 한다. 디자인 씽커의 태도는 타당성과 신뢰성의 균형을 이끄는 것이다. 그들의 핵심 도구는 관찰, 상상, 구성이다. 디자인 씽킹을 잘하려면 경험을 이용하여 의식적으로 숙련도의 깊이를 더하고 독창성을 배양해야 한다.

대표적인 디자인 씽커인 리서치인모션RIM의 CEO 마이크 라자리디스Mike Lazaridis는 모바일 시대에 어떻게 무선통신을 향상시킬 것인가'라는 미스터리와 씨름하고 오래된 미스터리에 대한 해답에서 벗어난 경험법칙과 알고리즘을 재검토하여 제품과 경영전략을 지속적으로 재창조했다.

디자인 씽킹 조직화를 막는 장애물

기존의 경험법칙과 알고리즘에 안주하여 디자인 씽킹을 소홀히 하는 게 얼마나 위험한 지를 일깨워주는 사례는 모토로라이다. 사업이 너무나 성공적이기 때문에 그들은 미래의 기회를 포착하지 못하여 패배했다. 신뢰성의 유혹에 빠진 모토로라는 어느 순간 디자이너처럼 사고하기를 멈추었기 때문이다.

기업을 디자인 씽킹 조직화하는 것은 쉽지 않은데, 변화를 거부하는 세력의 방해 때문이다. 그 장애물로 다음 네 가지를 꼽을 수 있다. ① 미스터리를 해결할 수 없는 문제로 방치하고 현 단계에 정착하려는 경향. ② 자신의 전문지식, 업무영역, 봉급 수준의 유지에만 급급하여 경험법칙의 적용에 소홀한 경영진 ③ 기업 정보를 독점하고 경험법칙을 알고리즘으로 발전시키는 것을 저해하며, 디자인 씽킹이 자신에게 돌아올 위험으로 간주하는 전문가. ④ 알고리즘을 컴퓨터 프로그램으로 만들지 않고 사람에게 적용하려는 경향.

디자인 씽커를 위한 조언과 이어지는 갈등

마틴은 디자인 씽커가 신뢰성과 타당성을 잇는 스펙트럼의 양 극단에 있는 동료들과 효율적으로 일하는 데 필요한 다섯 가지 조언을 제시했다. 그리고 세계는 갈등으로 가득하다며 직관적으로 사고하는 사람들 또는 분석적으로 사고하는 사람들 사이의 갈등이 이어질 것을 예고하며 끝을 맺었다. 그가 예견한대로 이 책이 출판된 지 10년 가까이 되지만 디자인 씽킹에 대한 평가는 아직도 엇갈리고 있다. 비스니스를 디자인하는 데 유용한 수단이라는 긍정적인 견해와 단지 언어적 수사에 지나지 않는다는 비판적인 의견이 맞서고 있는 실정이다. 존 콜코Jon Kolko는 대기업들이 (심미적이 아닌) 디자인을 경영의 핵심 요소로 간주하고, 사람들이 일하는 방식에 디자인의 원리를 응용하는 등 디자인 씽킹이 전성기를 맞았다고 주장했다.[13] 반면, 나타샤 젠Natasha Jen은 디자인 씽킹을 마치 만병통치약처럼 홍보하는 마케팅의 범람과 단순화된 프로세스로 모든 문제를 해결할 수 있는 양 호도하는 워크샵과 부츠캠프 등의 폐해를 지적했다.[14]

---

13   Jon Kolko, Design Thinking Comes of Age, *Harvard Business Review*, September 2015 Issue,

14   Natasha Jen, Why Design Thinking is Bullshit, *It's Nice That, Friday* 23 February 2018

맺으며

분명 이 책은 디자인 씽킹에 관심이 있는 독자라면 여러 차례 읽을 만한 가치가 있는 내용을 담고 있다. 물론 세계적인 기업들이 디자인 씽킹 조직으로 변화하는 과정에서 겪었던 복잡한 이슈들을 간단히 요약한 것만을 보고 제대로 이해하는 데는 한계가 있겠지만……. 협의든 광의든 디자인으로 기업 경영을 활성화하려는 경영자와 고위 임원c-suites을 꿈꾸는 디자이너라면 꼭 숙독할 것을 권하고 싶다.

끝으로 이 책의 서평을 의뢰받았을 때, 필자는 조금 당황스러웠다. 마틴의 저술 중에서 '바이블'이라는 용어가 들어간 제목을 본 기억이 없었기 때문이다. 하지만 한국어판에 원저의 제목인 "The Business of Design"이 부제로 병기된 것을 보니 이내 상황이 파악되었다. 번역자 현호형은 한국어판에 '바이블'을 넣은 이유를 "디자인 씽킹의 이론과 사례는 한 번 읽는 것만으로 쉽게 응용할 수 없기 때문에 바이블처럼 여러 번 읽으라는 의미"라고 설명했다.

:: 정경원

카이스트 명예교수/세종대 석좌교수. 서울대학교와 동대학원에서 공업미술을 전공. 미국 시러큐스 대학교에서 산업디자인 석사, 영국 맨체스터 메트로폴리탄 대학교에서 박사학위를 받았다. 카이스트 산업디자인학과의 설립을 주도했고, 한국디자인진흥원 원장, 서울특별시 디자인서울 총괄본부장을 지냈다. 은탑산업훈장과 미국디자인가치상을 받았다. 『디자인경영 에센스』와 『디자인경영 다이내믹스』를 펴냈으며, 《조선일보》에 「정경원의 디자인 노트」를 연재 중이다.

42

종이 한 장의 차이

이인식 지식융합연구소장

모든 것은 언제나 개선의 여지를 남긴다.

헨리 페트로스키

종이 한 장의 차이

헨리 페트로스키 지음

문은실 옮김

웅진지식하우스

1

세계적 공학 저술가인 미국의 헨리 페트로스키Henry Petroski(1942~)는 공학 기술의 실패 분석failure analysis 분야에서 기념비적인 저서를 여러 권 펴냈다.

1985년에 펴낸 첫 번째 저서인 『인간과 공학 이야기To Engineer Is Human』 에서 페트로스키는 "세상의 모든 것은 무너진다"고 전제하고, "실패에 대한 개념을 갖는 것이 공학을 이해하는 첫걸음이라고 믿는데, 그것은 공학 디자인의 첫 번째 목표가 바로 이 실패를 하지 않는 것이기 때문이다"라고 강조했다.

페트로스키는 이 책에서 설계가 완벽하지 못한 실패 사례로 1940년 미국에서 개통 4개월 만에 강풍을 이기지 못하고 무너진 현수교인 터코마내로스 다리 사건, 1979년 미국 스리마일 섬의 핵발전소에서 원자로 중심부의 냉각수가 흘러나와 방사능이 대규모로 유출된 사건, 1981년 미국 하얏트 리젠시 호텔의 고가 통로가 붕괴되어 114명이 죽은 사건 등을 소개하고, 실패가 발생하는 이유는 사람들의 무지, 부주의, 탐욕 때문이라고 분석했다.

페트로스키는 "우리는 태어나는 순간부터 큰 재앙을 가져오는 구조적 실패structural failure가 있을 수도 없을 수도 있는 삶을 사는 데 금세 익숙해진다"면서 구조적 실패는 인간 본성의 하나이므로 실패를 숨기지 말고 실패에서 배울 것을 권유한다.

페트로스키는 이 책의 저자 후기에서 다음과 같은 결론을 내린다.

실패한 사례를 분석하는 일은 새로운 설계나 이론에 있는 가설을 시험하는 기회이며, 아주 예전에 일어났던 사고와 현재나 앞으로 나올 기술을 연관지어 준다. 이런 최종 분석을 거쳐 공학의 개념과 설계 과정은 모든 시대와 문화를 초월해 남게 될 것이다.

페트로스키의 실패 연구는 2004년에 출간된 『기술의 한계를 넘어Pushing the Limits』에서 한층 체계화되었다. 일반 대중에게 '한계를 시험하고 극한을 초월함으로서 지평을 넓힌 공학의 여러 가지 모험담'을 알리기 위해 집필된 이 책에서 미국 동부 델라웨어 강에 건설될 당시 세계에서 가장 긴 현수교였던 벤저민 프랭클린 다리, 새 천년의 도래를 기념하기 위해 세워진 영국의 밀레니엄 다리, 강도 7.5의 지진에도 끄떡없었던 세계 최장의 다리인 일본 고베의 아카시 대교 등의 특성을 분석하고, 대형 교량과 댐의 붕괴를 초래하는 첫 번째 요인은 공학자의 오만과 허영심이라고 질타했다. 가령 1928년 430여 명의 목숨을 앗아간 세인트프랜시스 댐의 붕괴는 '과거의 경험이면 충분하다는 식의 교만' 때문에 발생했다는 것이다.

페트로스키는 2001년 9월 11일 110층 짜리 세계 무역센터 쌍둥이 빌딩이 비행기 자살 테러리스트들의 공격 앞에 맥없이 무너진 사건도 분석하면서 미래의 설계에 활용할 수 있는 공학적 교훈을 얻어야 한다고 주장한다.

2

우리나라는 한때 다리와 백화점이 무너지고 여객선이 침몰하여 애꿎은 시민들이 떼죽음을 당하는 사고 공화국이었다. 1994년 10월 21일 한강의 성수대교가 붕괴되어 32명이 사망하고, 1995년 6월 29일 삼풍백화점이 5층부터 지하 3층까지 폭삭 주저앉아 502명이 죽고 937명이 부상을 당하고, 2014년 4월 16일 아침에 진도 앞바다에서 세월호가 침몰해 295명이 사망하고 9명이 실종된 사건은 우리 사회가 위험 공화국임을 여실히 보여주는 비극적 사례이다.

독일의 사회학자인 울리히 베크Ulrich Beck(1944~2015)는 1986년에 펴낸 『위험사회Risikogesellschaft』에서 현대 산업사회를 각종 불확실성이 상존하는 위험사회risk society라고 규정하고, 그 대안으로 근대화에 대한 성찰적 비판을 제시했다. 베크는 1986년 4월 우크라이나 북쪽에 있는 체르노빌 원자력 발전소에서 원자로가 폭발하여 동부 유럽을 순식간에 핵 재앙의 공포로 몰아녕은 사건에 자극받아, 서구 근대화가 이룩한 현대문명과 과학기술에 내포된 위험구조를 밝혀낸 것이다.

과학기술로 인한 대형 사고는 끊임없이 발생한다. 1979년 미국 스리마일 핵발전소 사고, 1984년 인도 보팔에서 독극물 유출로 빚어진 사상 최대의 산업재해, 1986년 1월 미국 우주왕복선 챌린저 호 폭발 사고는 과학기술이 위험을 유발하는 요인의 하나임을 비극적으로 보여주었다.

1999년 9월 일본 이바라키현 도카이무라東海村의 우라늄 연료처리 회사에서 방사능 누출 사고가 일어났다. 1945년 연합군의 원자폭탄 세례를 받은 이래 발생한 최대의 피폭사고로 일본사회가 발칵 뒤집혔다. 이 사고를 계기로 일본 정부는 실패학失敗學의 필요성을 제기하고, 2000년 6월에 「실패학을 구축하자」는 보고서를 발표한다.

이 보고서의 개요는 2000년《동아일보》10월 26일자에 실린 「이인식의 과학생각」 연재칼럼에 다음과 같이 소개되었다.

이 보고서는 '일본 기업은 사고가 발생하거나 제품의 결함이 생겨 회수하게 되었을 경우 덮어버리는 풍조가 있어 실패의 교훈을 살리지 못한다'고 지적하고 실패, 사고, 시행착오의 사례를 수집한 데이터베이스를 구축해 사회 전체가 함께 나눠볼 수 있도록 해야 한다고 강조했다. 구체적 실천 방안으로 연구, 개발, 생산, 관리 등의 실패 사례를 활용하는 연구회를 만들어 '실패학'이라는 새로운 학문을 발전시킬 것을 주장했다. 과학기술에 관련된 실패와 사고를 감추지 말고 교훈을 공유하는 사회 시스템을 만들어 국민 생활의 안전을 보장하는 기술체계를 구축하자는 것이다.

일본에서는 2001년 상반기에 실패학의 창시자로 여겨지는 도쿄대학 공대 하타무라 요타로畑村洋太郎(1941~) 교수의 『실패학의 권유』(2000)가 오랫동안 베스트셀러 1위를 기록할 정도로 실패학에 대한 관심이 대단했다.

사람이 실패를 두려워하는 것은 인지상정이다. 또한 실패를 숨기고 싶어 하는 것은 인간의 보편적 심리이다. 그러나 실패를 은폐하면 똑같은 실패를 되풀이하거나 큰 실패를 하게 마련이다.

실패에는 삼풍백화점 붕괴 사고나 세월호 참사처럼 부주의하거나 오판 때문에 발생하는 나쁜 실패가 있는가 하면 에디슨이 신제품을 발명하기 위해 시행착오를 거듭한 것처럼 성공을 일구어낸 좋은 실패가 있다.

페트로스키의 실패 분석처럼, 우리 주변에서 반복되는 실패를 부정적으로 받아들이는 것이 아니라 실패의 속성을 이해하여 나쁜 실패는 재발을 예방하고 좋은 실패는 새로운 창조의 씨앗으로 삼자는 취지로 일본에서 제안된 연구가 실패학이다. 따라서 실패학의 성패는 실패를 은폐하기보다 긍정적으로 활용하려는 문화의 조성 여부에 달려 있다.

실패문화가 잘 구축된 나라는 일본이다. 2011년 3월 11일 발생한 후쿠시마 원전 사고를 조사하는 정부 위원회를 구성하고 하타무라 요타로 교수를 위원장에 임명했다. 이 위원회는 후쿠시마 참사가 발생한 원인이 집대성된 『안전신화의 붕괴』를 펴내고 이 책의 말미에 후쿠시마 사고의 일곱 가지 교훈을 제시하기도 했다.

2001년 《동아일보》 6월 28일자에 실린 '이인식의 과학생각' 칼럼에서 "실패학의 요체는 타산지석他山之石이라는 말에 함축되어 있다. 우리 사회도 일본의 실패학 연구를 타산지석으로 삼아야 되지 않을까"라고 썼던 기억이 아직도 생생할 정도이다.

2006년 페트로스키는 자신의 실패 연구를 중간 결산한 『종이 한 장의 차이Success Through Failure』를 펴냈다. 원제가 '실패를 통한 성공'인 것처럼 이 책에서 페트로스키는 "모든 것은 언제나 개선의 여지를 남긴다"고 전제하면서, '실패는 여전히 성공을 향한 동력'이라고 강조했다.

실패에는 그 나름의 법칙성이 있다. 이른바 하인리히 법칙Heinrich's Law 이다. 1931년 미국의 산업안전 전문가인 허버트 하인리히Herbert Heinrich(1886~1962)가 펴낸 『산업사고 예방Industrial Accident Prevention』에 제시된 이 법칙은 '1대 29대 300법칙'이라 불린다. 하나의 큰 재해에는 경미한 상처를 입히는 가벼운 재해가 29건 들어 있고, 29건에는 인명 피해는 없지만 깜짝 놀랄 만한 사건이 300건 존재한다는 뜻이다. 잠재적인 재해가 현실로 나타날 확률을 보여주는 경험 법칙이다.

하인리히 법칙에 따르면 큰 실패가 일어날 때에는 반드시 전조가 있다. 이러한 전조를 알아내 적절하게 대응하면 큰 실패를 충분히 예방할 수 있다.

실패의 전조를 무시해서 일어난 대형 참사의 대표적 사례로는 삼풍백화점 붕괴사고가 손꼽힌다. 백화점 직원들은 건물 붕괴(1) 전에 나타난 붕괴 조짐에 대해 수십 차례 경고(29)를 했다. 이 백화점은 부실 건축물이었다. 구조적인 건축 하도급 비리사슬 때문에 철근과 콘크리트에 들어가야 할 비용이 뇌물로 둔갑해 시공업자와 공무원의 호주머니로 들어갔을 것이다(300). 요컨대 삼풍백화점 붕괴사고는 실패가 커다란 형태로 나타날 때는 30가지 정도의 작은 실패가 이미 상존했으며 사고 직전에는 300가지의 징

후가 보인다는 하인리히 법칙을 무시해서 발생한 인재인 것이다.

페트로스키 역시 『종이 한 장의 차이』에서 '실패의 30주년 주기 법칙'을 내놓았다. 30년 주기로 대형 교량 붕괴 사고가 일어난다는 뜻이다. 1847년 영국에서 건설 중이던 대형 교량이 무너진 이후, 1879년 스코틀랜드 다리, 1907년 캐나다의 퀘벡 다리, 1940년 터코마내로스 다리, 1970년 호주 멜버른의 다리가 붕괴하는 사고가 30년 주기로 발생한 것으로 나타났다. 페트로스키는 이처럼 실패가 30년마다 반복되는 것은 인간의 오만과 성공에 대한 터무니없는 믿음 때문이라고 경고한다.

페트로스키는 책의 마지막 문장에서 "모든 디자인이 지닌 복잡성과 더불어 인간 본성의 허점을 감안할 때, 우리에게는 성공의 올가미를 경계하고 실패의 교훈에 귀 기울일 의무가 있다"고 강조한다. '성공과 실패는 종이 한 장 차이'라는 의미인 것이다.

일본의 실패학이나 페트로스키의 실패 분석이 우리 사회에 시사하는 바는 적지 않을 줄로 안다. 무엇보다 한국사회는 오랫동안 풍미한 성장 제일주의와 군사 문화의 잔재인 성공 신화에 중독되어 실패로부터 교훈을 얻으려는 노력을 찾아보기 힘들기 때문이다. 우리나라는 세월호 참사처럼 어이없는 사고가 빈발하여 무고한 시민들이 목숨을 잃는 일이 되풀이되었다. 우리 사회도 페트로스키의 실패 분석을 거울삼아 '창조적 실패'가 사회 발전의 원동력이 되도록 해야 할 것 같다.

참고문헌

- 『인간과 공학 이야기To Engineer Is Human』(헨리 페트로스키, 지호, 1997)

- 『미래를 위한 공학 실패에서 배운다』(김수삼, 생각의나무, 2003)

- 『기술의 한계를 넘어Pushing the Limits』(헨리 페트로스키, 생각의나무, 2005)

- 『나와 조직을 살리는 실패학의 법칙』(하타무라 요타로, 들녘미디어, 2008)

- 『안전신화의 붕괴』(하타무라 요타로 외 공저, 미세움, 2015)

- 『써먹는 실패학』(하타무라 요타로, 북스힐, 2016)

- *To Forgive Design; Understanding Failure*, Henry Petroski, Harvard University Press, 2012

43

2035 일의 미래로 가라

최광웅 데이터정치경제연구원 원장

2035 일의 미래로 가라

조병학 · 박문혁 공저

인사이트앤뷰

골프는 대중스포츠인가? 문화체육관광부가 2016년 실시한 국민여가활동 조사 결과에 따르면 성인남녀의 4.7% 정도가 2016년 1년 동안 1회 이상 골프장을 출입했다고 응답하였다. 인구수를 곱하면 약 243만 명가량이다. 하지만 대한골프협회가 경희대 골프산업연구소에 의뢰해 발표한 「2014 한 국골프지표조사보고서」를 살펴보면 국내 골프인구는 그보다 2년 전에 이 미 531만 명으로 두 배를 훨씬 넘어섰다. 어림잡아 열에 한 명 이상 꼴로 골 프채를 잡는다는 계산이 나온다. 이는 미국, 일본, 영국, 캐나다에 이어 세 계 5위권이다. 귀족 스포츠로 불리던 골프 대중화를 이끈 건 바로 스크린골 프장이다. 스크린골프장은 2010년 6천 500개, 2017년에는 무려 1만 개 가까이 늘었다. 스크린골프 인구도 2010년 135만 명 수준에서 2017년 350만 명까지 급증하였다. 골프에 정보기술IT을 결합한 스크린골프는 1990년대 첫선을 보인 이후 2000년대 초부터 '스크린 열풍'까지 불러왔다. 야외 골프장을 이용하려면 고가의 각종 장비를 갖춰야 함은 물론이고 매번 최소한 20만 원 이상 추가비용을 들여야 하는 데 반해 스크린에서는 10분의 1 가격으로도 얼마든지 즐길 수 있다. 따라서 주머니가 가볍고 시간이 많지 않은 20~30대 청년층 및 주부들도 부담 없이 스크린을 찾게 되었고, 이제는 하나의 문화로 자리 잡았다. 심지어 대부분의 나라에서 골프산업이 축소되고 우리나라도 경기 불확실성에 따라 자영업이 직격탄을 맞고 있지만, 스크린골프 관련 업종만큼은 꾸준한 성장세를 이어가고 있다. 그 이유는 도대체 무엇일까? 스크린골프는 대표적인 가상현실VR을 활용한 비즈니스이다. 20여 년 전 처음 등장할 당시에는 단순히 화면을 보여주는 정도였으나 빠른 속도로 기술을 발전시켜 왔다. 이제 3D 입체영상을 장착한 최신 스크린골프장은 야외 골프장과 비교해도 거의 손색이 없다.

사실 미국을 비롯한 세계 대부분 나라는 골프 인구가 감소하고 있으며 골프산업 자체도 축소되고 있다. 하지만 우리나라는 좁은 국토 특성상 야외 골프장 건설이 여의치 않았기 때문에 그 대체재로 스크린골프장이 각광을 받게 되었다. 그러나 우리나라의 스크린골프 산업이 성장한 배경 이면에는 지역 특수성 외에도 스크린골프장 업계가 사용자들을 위하여 빅데이터를 분석해 다양한 서비스를 제공하고, 새로운 콘텐츠 개발을 꾸준히 해왔기 때문이기도 하다. 이처럼 가상현실을 활용한 골프, 야구, 테니스, 낚시, 사격, 볼링 등 스크린스포츠 시장은 2017년 현재 무려 5조 원 규모로 추산된다고 한다. 이내 사라질 것 같은 노래방도 진화에 진화를 거듭하고 있다.

아직은 걸음마 단계지만 초고화질 디스플레이를 결합하는 5년 후부터는 세계적인 K-팝을 지금보다 더욱 더 지구 곳곳으로 확산시키며 새로운 일자리의 중심으로 자리 잡을지도 모른다. 현대인의 즐거움으로 불리는 컴퓨터 게임 역시도 마찬가지다.

"당신의 일은 사라질 것인가, 살아남을 것인가?" 조병학·박문혁 두 저자는 돌발적 질문을 통해 당장 5년 내지 10년 뒤부터 여러분의 일자리가 절반쯤 사라진다고 단정한다. 그러므로 여러분은 먼저 여러분의 일자리가 언제까지 안녕할 것인지 확인부터 해야 한다. 또한 일자리가 사라지는 이유가 무엇인지 정확하게 알아보고 그 대책을 준비해야 할 것이다. 저자는 5년 후면 지금 우리가 하고 있는 일 자체가 아예 사라진다는 소름 돋는 소식마저 들려준다.

정부가 매월 발표하는 취업자 통계는 한국표준직업분류KSCO를 따른다. 통계청이 2017년 10월 기준으로 공개한 제7차 한국표준직업분류를 보면 대한민국 소분류 직업은 총 156종이나 된다. 이 가운데 단연 비중이 높은 것은 '경영관련 사무원'으로 233만 명(8.6%)이다. 다음 표를 보면 유사한 사무원 직종은 경리사무원과 행정사무원을 합쳐서 무려 363만 명이다. 20위권 밖에 있지만 나머지 사무원 직종(비서 및 사무보조원, 통계관련 사무원, 여행안내 및 접수 사무원, 고객 상담 및 기타 사무원 등)을 모두 합하면 17.3%, 즉 6명 가운데 1명꼴도 넘는다. 인공지능AI이 적극 개입하는 현실이 되면 기업 경영과 회계, 그리고 행정 등 업무는 대부분 사라질 가능성이 높은 1차 직업군이다. 사물인터넷은 자연스럽게 재고관리와 정산, 그리고 관리 및 감시 업무를 수행하게 될 것이다. 지금은 이 일자리들이 인기 직종이지만, 이런 까닭으로 저자가 미래를 지금부터 서서히 준비하라고 당부하는 것이다.

[표] 직업 소분류별 상위 20위 취업자 현황 (단위: 천명, %)

직업소분류	숫자	비율	직업소분류	숫자	비율
경영관련 사무원	2,332	8.6	행정 사무원	523	1.9
매장판매 종사자	2,003	7.4	건설 및 광업 단순종사원	498	1.8
작물재배 종사자	1,155	4.3	감정기술영업 및 중개관련종사자	483	1.8
자동차 운전원	1,049	3.9	돌봄 및 보건서비스 종사자	434	1.6
조리사	956	3.5	사회복지관련 종사자	429	1.6
청소원 및 환경미화원	862	3.2	음식관련 단순 종사자	421	1.6
회계 및 경리사무원	776	2.9	제조관련 단순 종사자	420	1.6
문리기술 및 예능강사	692	2.6	학교 교사	412	1.5
영업 종사자	662	2.4	건축마감관련 기능종사자	346	1.3
식음료서비스 종사자	659	2.4	배달원	335	1.2

- 2017년 10월 기준 전체 취업자(27,026천명 대비 비율임)

　　이밖에 매장판매종사자, 자동차 운전원, 청소원 및 환경미화원, 영업 종사자, 식음료서비스 종사자, 음식관련 단순 종사자, 배달원 등 약 600만 개 이상 직업들도 대부분 사라질 일자리이다. 특히 여기에서 눈에 띄는 직업은 자동차 운전원이다. 자율주행자동차가 도로를 점령하게 되면 자연스럽게 이 직업은 사라진다. 자가 운전자들도 조금 더 여유로운 시간을 갖거나 현재는 법으로 금지된 휴대전화 통화를 할 수도 있다. 자동차는 30년 이상 국내 산업의 효자 종목으로 군림해왔다. 대통령 직선제가 부활한 1987년 수입차는 고작 10대가 팔렸다. 그 해 국산차는 79만 대를 생산해 25만 대를 내수시장에서 소비했다. 이제 수출은 300만 대를 넘어섰고 내수는 평균 130만 대를 기록한다. 수입차도 24만 대를 넘어서며 점유율을 15.5%까지

찍었다. 1인당 국민소득 3만 달러 시대에 이제는 양보다는 질로 승부해야
한다. 그러므로 친환경자동차요 자율주행자동차가 인기를 끌게 될 것이다.
인공지능이 알아서 척척 운전하는 자율주행자동차는 사고 자체가 제로(0)
에 가깝게 줄어들고 카센터는 파리를 날린다. 철강회사와 자동차부품회사
들도 매출이 줄어들고 교통사고 환자 전담병원이나 자동차보험회사도 또
다른 사업을 모색하지 않으면 문을 닫아야 한다. 이렇게 2차 피해는 상상
밖으로 크게 나타날 수 있다. 저자가 소개하는 4차 산업혁명의 어두운 이면
이다.

인공지능AI 프로그램 알파고가 이세돌 9단을 꺾은 지 해수로 3년이 지났
다. 20대 총선과 19대 대선을 거치면서 인공지능 관련 온갖 장밋빛 환상이
펼쳐졌지만 여전히 우리가 갈 길은 멀다. 하지만 2차 전지를 활용한 전력
저장기술을 개발하고 발전시킨다면 친환경·신재생에너지를 응용한 분야
에서 일자리를 충분히 늘릴 수 있다.

농부(작물재배 종사자), 광부(광업 단순종사원), 기능공(제조관련 단순 종사자)
등은 조만간 빠른 속도로 로봇에게 일자리를 모조리 빼앗길 수 있다. 저자
는 이를 2020년부터라고 전한다. 대부분의 농작물과 공산품은 스마트공장
에서 생산되기 때문에 사람 손이 별로 필요하지 않게 된다. 더구나 3D프린
팅은 제조 공정 자체를 파괴하는 주범이 된다. 물론 의료와 건축 등 분야에
서는 새로운 일자리가 생겨나기도 한다. 맞춤형 의료와 홈 헬스케어는 3D
프린팅을 융합하는 대표적 일자리이다. 모방은 창조의 어머니라는 말이 있
다. 자연모방 기술인 청색기술은 이인식 지식융합연구소장이 2012년에 펴
낸 『자연은 위대한 스승이다』에서 소개한 내용으로 나노기술에서 인공지
능까지 그 분야가 무궁무진하다.

586세대인 나는 1963년에 태어났다. 그해는 박정희 장군이 군복을 벗고 민간인 대통령으로 변신한 첫해이다. 당시엔 가장 번성한 산업이 농림어업으로 45.3%를 차지했다. 아직 공업화 정도가 미미해서 제조업은 불과 13.4%에 그쳤다. 10·26 사건으로 박정희 전 대통령이 장기집권을 마감하던 1979년엔 농림어업이 20.7%, 절반 이하로 줄었다. 제조업은 24.0%로 오히려 역전을 시켰다. 농림어업 비중 10%가 무너진 것은 1989년, 즉 30년 전이다. 2017년 농림어업 비중은 2.2%, 제조업 30.4%로 격세지감을 느낄 지경이다.

저출산·고령화 현상 때문에 곧 35만 명 안팎의 노동력이 부족하게 된다고 한다. 따라서 1990년대와 2000년대에 출생한 20·30대는 은퇴 세대의 의료비와 연금문제 해결을 위해 허리가 휘도록 일을 해야 한다. 일자리도 없고 절대 노동력도 부족한 이들의 해법은 과연 무엇일까? 대안은 산업구조를 근본적으로 개혁해 생산성을 높이고 가격을 낮춰 소비를 늘리는 길뿐이다. 4차 산업혁명이 좋은 수단이 될 수 있다. 그 과정에서 필연적으로 수반되는 경쟁은 불가피하다. 경쟁은 혁신을 낳고 혁신은 생산성을 향상시키는 최선의 방법이다.

앞으로 2035년까지는 일자리의 50%가 사라지는 고통의 시간이다. 물론 새로운 일도 조금씩 생긴다고 하지만 미리미리 준비하지 않으면 큰 낭패를 볼 수도 있다. 하지만 아무리 로봇기술이 발전하고 일의 경계가 사라진다고 해도 기계가 대신할 수 없는 한 가지가 있다. 휴머니즘이 그것이다. 인공지능과 함께 일하고 휴식하고 또 대화를 나누더라도 무언가 허전함을 느끼는 이유는 인간이 감정을 지닌 존재이기 때문이다. 감정을 다스리는 우뇌의 역할을 결코 기계가 대신할 순 없다. 그래서 1대 1 헬스케어, 전문적인 주치의 서비스 같은 것이 각광을 받을 수도 있다. 문화·예술이나 관광 분야도 로봇이 대신해줄 수 있는 것에는 한계가 있다.

여러분은 과연 2035년 새로운 어떤 일자리를 원하는가? 『2035 일의 미래로 가라』에서 열쇠를 찾아보시라.

:: **최광웅**

인사 · 조직전문가에서 데이터전문가로 변신했다. 참여정부 청와대 인사제도비서관 및 민주당 조직부총장을 역임했다. 2014년부터 데이터정치연구소를, 2017년부터 ㈜데이터정치경제연구원을 설립 · 운영하며 각종 데이터 칼럼들을 기고 중이다. 『바보선거』와 『노무현이 선택한 사람들』을 펴냈다. 신성장동력인 청색기술에도 관심을 갖고 2012년부터 이인식 소장을 돕고 있다.

44

일론 머스크, 미래의 설계자

이인식 지식융합연구소장

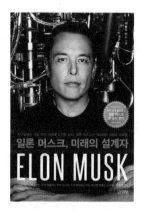

나는 인류의 미래가 밝다고 생각하면서 숨을 거두고 싶습니다.

일론 머스크

일론 머스크

애슐리 반스 지음

안기순 옮김

김영사

1

1위 테슬라 모터스Tesla Motors, 2위 샤오미, 4위 알리바바, 9위 솔라시티Sol-arCity, 12위 구글, 16위 애플, 22위 스페이스 엑스Space X, 29위 페이스북.

미국 매사추세츠 공과대학MIT의 격월간 《MIT 테크놀로지 리뷰MIT Tech-nology Review》는 해마다 '세계에서 가장 똑똑한 50대 기업'을 선정한다. 2015년 7~8월호에 발표된 50대 기업에는 중국의 기업인 샤오미와 알리바바가 높은 순위에 들었지만 2014년에 포함되었던 삼성(4위)과 LG(46위)는 탈락했다.

2013년 50대 기업에도 끼지 못했던 테슬라는 2014년에 2위로 껑충 뛰어오르고 2015년에는 세계에서 가장 똑똑한 기업 1위의 영예를 거머쥐었다. 테슬라의 창업주는 일론 머스크Elon Musk(1971~)이다. 머스크는 2002년 민간 우주로켓 개발 업체인 스페이스 엑스, 2003년 전기자동차 회사인 테슬라 모터스, 2006년 태양광 패널 업체인 솔라시티를 창업했다. 3개 회사가 모두 2015년 '세계에서 가장 똑똑한 50대 기업'의 상위권에 선정될 정도로 머스크는 혁신적 기업가이자 미래를 설계하는 비저너리visionary임에 틀림없다.

2015년에 미국의 과학기술 작가인 애슐리 반스Ashlee Vance가 펴낸 일론 머스크의 전기인 『일론 머스크, 미래의 설계자Elon Musk』는 1971년 남아프리카 공화국에서 태어나 불우한 소년 시절을 보낸 머스크가 캐나다를 거쳐 미국으로 건너와 "미래과학의 판타지를 현실로 만든 미국 역사상 최고의 천재 사업가"라는 칭송을 받을 정도로 성장하는 과정을 흥미롭게 보여준다.

머스크는 어린 시절부터 인류 전체를 구제하는 문제에 골몰할 정도로 호기심이 많았다. 그는 미국이 기회의 나라이자 자신의 꿈을 실현할 가능성이 가장 큰 무대라고 생각했다. 열일곱 살인 1988년에 남아프리카 공화국을 떠나 먼저 캐나다로 간다. 캐나다 전역을 돌며 동력 사슬톱으로 통나무를 자르거나, 제재소의 보일러 청소 작업을 하면서 1년 동안 일당을 많이 받기 위해 별의별 일을 다했다. 1989년 퀸스대학에 들어가서 경영학을 공부하고 1992년 장학금을 받고 미국 펜실베이니아 대학으로 진학한다. 경제학뿐만 아니라 물리학을 추가하여 복수 전공으로 펜실베이니아 대학을 졸업한 뒤에 미국 서부에 정착한다.

머스크의 아버지는 두 아들이 창업 초기를 헤쳐 나갈 수 있도록 2만

8,000달러를 지원한다. 1995년에 머스크 형제는 기업체가 인터넷을 사용하여 온라인에 진출할 수 있도록 도와주는 일을 하는 회사를 창업한다. 1995년 당시에는 작은 기업들이 인터넷을 활용하면 자신들의 사업에 도움이 된다는 사실을 몰랐기 때문에 머스크 형제의 회사는 크게 성장하여 1999년 2월에 거금을 받고 매각된다. 머스크는 2,200만 달러, 그의 형은 1,500만 달러를 받고 회사를 팔아넘긴 것이다. 머스크는 캐나다의 일당 노동자에서 스물일곱 살의 나이로 갑부가 되기까지 10년도 걸리지 않았다. "사람들의 생각과 기술 추세를 읽는 데 타고난 능력을 보여준" 머스크는 "당시 모든 사람들이 열망하던 닷컴 백만장자가 된 것"이다.

회사 매각대금으로 2,200만 달러를 거머쥔 머스크는 1999년 세계 최초의 온라인 은행을 설립한다. 위험을 무릅쓰는 성향이 강한 실리콘밸리의 기준으로도 "재산을 온라인 은행업처럼 미래가 불확실한 사업에 투자하는 것은 충격 자체였다." 그러나 머스크는 "마우스를 몇 번만 클릭하거나 이메일을 사용해 송금할 수 있는 신속한 은행서비스"인 페이팔로 은행 산업을 현대화하는데 성공한다.

그러나 머스크는 '실리콘밸리의 쿠데타 역사상 가장 끔찍한 사건'의 피해자가 된다. 직원들이 머스크를 불신임해서 최고경영자 자리에서 쫓겨나는 불상사가 발생한 것이다. 머스크는 쿠데타가 일어나는 바람에 뒤늦게 떠난 신혼여행조차 즐기지 못한 것으로 알려졌다. 결국 2002년 페이팔이 15억 달러에 매각되면서 머스크는 2억 5,000만 달러(세금을 내고 1억 8,000만 달러)를 손에 넣게 된다.

2

페이팔에서 쫓겨난 머스크는 어린 시절 꿈꾸던 우주여행 사업에 착수한다. 2002년 6월 머스크는 스페이스 엑스를 창업하고 우주로켓 개발에 나선다. 첫 번째 로켓은 팰컨Falcon 1호라고 명명했다. 탑재물payload 250kg의 발사 비용이 3,000만 달러에서 시작하던 시기에 머스크는 팰컨 1호로 635kg을 690만 달러에 운반하겠다고 공언했다. 머스크는 날마다 20시간 일했으며 우주탐사를 갈망하는 젊은 항공 기술자들은 스페이스 엑스에서 전력투구 했다. 마침내 2006년 3월 팰컨 1호가 하늘로 치솟았으나 곧장 지구로 추락 했으며 정확히 1년 뒤 2007년 3월 다시 발사를 시도했지만 실패했다.

2008년 6월 첫 번째 부인과 이혼 소송을 하는 등 머스크의 삶은 더욱 파란만장해졌지만 9월 29일 4차 발사한 팰컨 1호는 지구 궤도에 도달하여 민간이 만든 로켓으로는 처음으로 우주에 진입하는 위업을 달성한다. 2002년부터 6년간 500명이 매달려 세 번 실패한 끝에 "현대과학과 비즈니스에 기적을 일으킨 것"이다.

2008년 말에 미국 항공우주국은 국제우주정거장ISS에 물자를 운반하는 업체로 스페이스 엑스를 선정한다. 머스크는 화물 운송용 로봇인 팰컨 9호를 개발하여 2012년 처음으로 ISS를 향해 화물 수송에 나선다. 길이 68m에 중량 500톤으로 거대한 남성 생식기처럼 생긴 팰컨 9호는 18차례 발사에 성공했으나 2015년 6월 28일 이륙한지 139초 만에 공중에서 폭발한다. 팰컨 9호 로켓에는 ISS의 우주인들이 먹을 식료품과 각종 실험 장비가 탑재되어 있었다. 팰컨 9호가 19번째 발사에 실패한 날은 머스크의 44번째 생일이었다.

머스크는 2015년 12월 21일 팰컨 9호가 인공위성을 지구 궤도에 올려놓은 뒤 무사히 지상에 착륙하도록 하는 데 성공했다. 그동안 위성 발사 로켓은 회수가 불가능한 것으로 여겨졌다. 그러나 스페이스 엑스는 로켓이 탑재물을 우주로 쏘아보내고 다시 지구로 돌아와 바다에 떠있는 발사대나 원래 이륙했던 발사대로 정확하게 착륙할 수 있도록 하는데 성공했다. 다시 말해 우주 개발 역사상 최초로 스페이스 엑스가 로켓 회수에 성공하여 다시 발사에 사용할 수 있게 된 것이다. 재사용 로켓으로 발사 비용이 획기적으로 감축될 전망이다.

머스크는 재사용 로켓과 재사용 우주선으로 화성에 식민지를 건설하고 싶어한다. 『일론 머스크, 미래의 설계자』에는 "그러한 희망을 가슴에 품고 아침에 눈을 뜰 수 있는 회사는 현재로는 스페이스 엑스뿐이다"는 대목이 나온다.

한편 2003년 가을에 머스크는 테슬라 모터스에 650만 달러를 투자하면서 최대 주주이자 최고경영자가 된다. 테슬라는 발명가이자 전기 모터 제작의 선구자인 오스트리아 제국 출신의 미국 과학자 니콜라 테슬라Nikola Tesla(1856~1943)의 업적을 기리기 위해 붙인 회사 명칭이다. 테슬라 모터스는 우여곡절 끝에 2012년 현실에 안주하는 자동차 산업을 뒤흔든 제품인 모델 S 승용차를 출시한다. 『일론 머스크, 미래의 설계자』는 "머스크가 자동차 산업계에서 아이폰 같은 제품을 만들어 낸 것"이라고 평가한다.

머스크는 2006년에 미국 최대의 태양전지판 설치 업체인 솔라시티 경영에 나서고, 2013년 8월에 하이퍼루프Hyperloop 사업 구상도 밝힌다. 진공상태에 가까운 튜브형 운송관에서 차량이 최대 시속 1,200km로 달리는 미래형 교통수단인 하이퍼루프는 한마디로 초고속 진공열차이다. 태양에너지로 작동하는 하이퍼루프에서는 사람이 자동차를 캡슐에 싣고 공기저항이 없는 튜브에서 음속과 비슷한 속도로 이동하게 된다.

머스크는 스페이스 엑스로 항공우주산업을, 테슬라 모터스로 자동차산업을 모든 사람이 불가능하다고 생각한 방식으로 혁신했기 때문에 스티브 잡스Steve Jobs(1955~2011)를 뛰어넘는 최고경영자라는 찬사를 받기도 한다. 머스크는 기존 기술을 융합해 새로운 제품을 만든 잡스보다 한 단계 더 나아가 완전히 새로운 기술 개발에 도전하여 성과를 내고 있기 때문이다.

3

2015년 『일론 머스크, 미래의 설계자』가 출간된 이후에도 머스크는 혁신적 사업가의 면모를 유감없이 보여준다.

2015년 5월 스페이스 엑스는 미국 연방통신위원회FCC에 스타링크Starlink 승인요청서를 제출하여 2018년 3월 30일자로 사업 허가를 받았다. 스타링크는 지구 저궤도에 통신위성 1만 2000개를 쏘아 올려 우주 공간에 인터넷을 구축하는 사업이다. 2015년 12월 공동설립한 오픈 AI OpenAI는 인공일반지능artificial general intelligence을 연구하는 비영리기업인데, 머스크가 "인공지능 연구는 악마를 소환한다는 것과 다름없다"면서 초지능superintelligence에 대한 우려를 표명한 것처럼 우호적 인공지능FAI, friendly AI 개발을 추구한다.

2016년 7월 공동창업한 뉴럴링크Neuralink는 뇌-기계 인터페이스brain-machine interface 개발 전문기업이다. 2018년 3월 28일 뉴럴링크는 사람의 뇌 이식을 위해 먼저 쥐를 대상으로 시험하는 계획서를 샌프란시스코 시정부에 제출한 것으로 알려졌다.

2016년 12월 공동창업한 보링컴퍼니The Boring Company는 자율주행차용 지하터널을 굴착하는 회사이다. 머스크는 이 터널에서 시속 200km 이상으로 움직이는 자율주행 차량을 운행할 계획이다. 가령 출퇴근에 1시간 20분 소요되는 거리를 버스표보다 싼 가격으로 5분이면 갈 수 있다는 것이다. 2018년 5월 11일 보링컴퍼니는 스페이스 엑스와 로스앤젤레스 국제공항을 잇는 4.3km 길이의 초고속 지하 터널 내부 모습을 보여주는 동영상을 공개하였다. 머스크는 "터널이 거의 완공되었다. 몇 달 안에 일반인에게 무료 탑승 기회를 제공할 수 있을 것"이라며 이 동영상을 올렸다.

머스크는 『일론 머스크, 미래의 설계자』에서 "나는 스페이스 엑스가 2025년까지 추진 로켓과 우주선을 개발해 많은 사람과 화물을 화성까지 운송할 수 있으리라고 생각한다"고 말했다.

머스크가 사람을 화성에 보내기 위해 2011년부터 개발한 초대형 우주로켓은 팰컨 헤비Falcon Heavy이다. 높이 70m, 무게 1,420톤인 팰컨 헤비는 팰컨 9 로켓 3기를 묶어 총 27개 엔진을 장착하여 한 번에 보잉 747 여객기 18대를 합친 것과 맞먹는 약 2,300톤의 추진력을 낼 수 있다. 스페이스 엑스는 2018년 2월 7일 미국 케네디 우주센터에서 팰컨 헤비 로켓이 성공적으로 발사되었다고 밝혔다. 팰컨 헤비가 화성에 도달하는 데는 1년 가까이 걸릴 것으로 여겨진다. 머스크는 팰컨 헤비 발사 성공으로 그가 어릴 적부터 꿈꾸어온 유인 화성 탐사를 위한 첫발걸음을 내디딘 셈이다. 스페이스 엑스는 팰컨 헤비 로켓을 이용하여 2018년에 두 명의 우주관광객을 달 궤도로 보내는 여행도 진행할 예정인 것으로 알려졌다.

머스크는 인류를 우주에 거주할 수 있게 만드는 것이 삶의 목표라고 공공연하게 선언한다. 『일론 머스크, 미래의 설계자』에서 머스크는 "나는 인류의 미래가 밝다고 생각하면서 숨을 거두고 싶습니다"면서 "지속 가능한 에너지를 얻을 수 있고, 다른 행성에서 자급자족할 수 있는 방향으로 인류가 진화한다면 말입니다"라고 말을 이어가면서 "그러면 정말 행복할 것 같습니다"라고 말을 맺는다.

일론 머스크의 꿈이 몽땅 실현되어 한 사람의 비저너리가 인류의 미래를 얼마나 놀랍게 바꾸어 놓을 수 있는지 보여주었으면 좋겠다.

참고문헌

- 『테슬라 모터스Tesla』 (찰스 모리스, 을유문화사, 2015)
- *The Space Barons*, Christian Davenport, PublicAffairs, 2018
- *Rocket Billionaires*, Tim Fernholz, Houghton Mifflin Harcourt, 2018

45

2035 미래기술 미래사회

- 대한민국 먹여 살릴 20대 미래기술

백승구 서울스트리트저널 대표

2035 미래기술 미래사회

이인식 지음

김영사

첨단과학기술과 미래사회에 관심이 있는 독자라면 저자의 책을 한 권쯤은 읽어봤을 것이다. 물론 그가 쓴 과학칼럼을 언론을 통해 접했을 수도 있다. 저자의 저술활동은 정년을 넘긴 나이를 무색케 할 정도로 왕성하다. 『지식의 대융합』『자연은 위대한 스승이다』『미래교양사전』『이인식의 멋진 과학』 등 그동안 쓴 책만 49권이 된다. 저자 스스로 "글 쓰는 게 정말 좋다"고 말하고 있다.

이인식 지식융합연구소장은 대한민국 1호 과학칼럼니스트로 알려져 있다. 그러나 여기에만 머물지 않는다. 그는 국내 내로라하는 지식인들 사이에 '비저너리visionary(비전을 제시하는 선지자)'로 통한다. 상상력이 풍부한 것이다. 그렇다면 허황된 내용도 일부 있을 것이다? 절대 그렇지 않다. 그가 한 편의 글을 어떻게 써내는지를 알면 감히 그런 말을 못할 것이다. 그는 하루도 쉬지 않고 전 세계 유명 사이트(과학계·산업기술·미래학·인문사회학)에 접속해 첨단지식의 최신 흐름을 체화하고 있다. 이를 통해 새로운 것을 만들어낸다. 없는 것을 새로 창안한다는 것은 적지 않은 산고産苦를 수반한다. 이런 고통을 사람들은 잘 모른다. 놀라운 사실은, 전문가가 아닌 일반인도 그의 글을 쉽게 이해할 수 있다는 점이다. 글 좀 쓰는 사람이라면 이게 얼마나 어려운 일인지 안다. 어려운 용어를 섞어가며 복잡하게 설명하는 게 아니라 일반 독자 스스로 충분히 이해할 수 있게 '친절히' 글을 쓴다는 것, 여기에 이인식 소장의 인격人格과 성품性品이 들어 있다.

『2035 미래기술 미래사회』는 일종의 미래예측 보고서이다. 2035년 대한민국이 도전해야 할 핵심기술을 널리 알리기 위해 만들어진 책이다. 책은 총 3부로 구성돼 있다.

1부는 2020년 융합기술, 2025 현상 파괴적 기술, 2030년 게임 체인저 기술 전반을 다루고 있다. 2부는 저자의 언론 기고문 중 미래사회에 관한 글을 한데 묶었다. 책의 핵심 내용은 3부에 나오는데 대한민국의 20대 도전기술이 소개돼 있다. 이 부분은 2015년 창립 20주년을 맞은 한국공학한림원이 자체 설문조사를 통해 선정한 미래기술 20개에 대해 저자가 상세히 설명을 붙인 것이다. 참고로 한국공학한림원은 국내 공학기술 교수, 기업인 및 전문가 1,000여 명으로 구성된 '이공계 브레인 집단'이다. 한국공학한림원이 미래기술을 자체 선정했음에도 관련 설명을 이인식 소장에게 요청한 데는 이유가 있다. 앞서 설명한 것처럼 지식인들 사이에 '비저너리'로 통하면서 '과학칼럼니스트'로 일반 대중과 수십 년을 함께 해온 그가 최상의 필자였기 때문이다. 단언컨대 저자처럼 '성실히' 평생을 살아온 지식인도 드물 것이다.

한국공학한림원은 미래 도전기술을 선정하기 위해 2030년대 한국사회의 메가트렌드를 ▲스마트한 사회 ▲건강한 사회 ▲성장하는 사회 ▲안전한 사회 ▲지속 가능한 사회 등 다섯 개로 설정하고 이를 실현하기 위해 필요한 기술 20개를 도출했다. 그렇다면 해당 트렌드별 미래기술은 과연 어떤 것들일까.

1. 스마트한 사회: 미래자동차 · 스마트도시 · 정보통신 네트워크 · 데이터솔루션 · 입는 기술

'미래자동차 기술'은 무無운전차driverless car 시대를 가져올 것이다. 2020년대에는 사람이 손으로 직접 운전하지 않고 생각만으로 조종하는 자동차도 등장한다. 뇌-기계 인터페이스brain-machine interface 기술을 적용한 반半자율자동차인 셈이다. 2017년 구글이 내놓은 무인자동차는 화석연료가 아닌 전기로 가는 자동차이다. 가솔린 엔진 대신 배터리와 모터가 들어 있다. 전기로만 주행하는 자동차가 도로를 점령하면 새로운 경쟁자로 연료전지fuel cell 자동차가 시선을 끌 것이다. 연료전지자동차는 가솔린엔진 없이 수소연료로만 움직이기 때문에 자동차 배기관에는 공해가스 대신 물방울만 떨어질 것이다. 요컨대 연료전지자동차는 환경오염이나 지구온난화 문제를 해결하는 데 공헌할 것이다.

도시화에 따른 각종 문제를 해결하기 위해 최근 들어 '스마트도시 기술'이 대두되고 있다. 스마트도시 기술은 정보통신기술ICT을 활용해 도시를 좀 더 살기 좋은 곳으로 만들려는 접근법이다. 스마트도시 기술은 시장 규모가 만만치 않아 21세기 블록버스터 산업의 하나로 평가받고 있다. 2012년 미국 국가정보위원회NIC가 펴낸 「2030년 세계적 추세Global Trends 2030」는 스마트도시 기술을 2030년 세계시장 판도를 바꿀 13대 게임 체인저game changer의 하나로 선정했다. 이 보고서에 따르면, 2030년까지 20년 동안 전 세계적으로 35조 달러가 스마트도시 건설에 투입된다.

'입는 기술wearable technology'은 유비쿼터스 컴퓨팅ubiquitous computing과 입는 컴퓨터wearable computer가 융합된 기술이다. 유비쿼터스 컴퓨팅이란 말 그대로 컴퓨터가 '어디에나 퍼져 있다'는 뜻이다. 컴퓨터를 집 안의 벽처럼 우리 주변의 곳곳에 설치하는 기술이다. 유비쿼터스 컴퓨팅의 세계에서는 지능을 가진 물건과 사람 사이의 정보교환이 가장 중요하다. 물건과 사람이 대화를 하려면 물건에 내장된 컴퓨터는 사람의 말을 이해해야 하고, 사람은 컴퓨터가 내장된 옷을 입어야 한다. 결과적으로 '입는 컴퓨터'가 필요하다. 입는 기술 시대에는 인류가 몸 전체로 보고, 듣고, 느끼고, 생각하고, 말하면서 살아갈 것이다.

'정보통신 네트워크 기술'은 만물萬物인터넷IoE, Internet of Everythings과 마음心인터넷으로 실현된다. 2030년대에는 사물인터넷IoT, Internet of Things이 완벽하게 구축돼 세상 모든 것이 네트워크로 연결되는 초超연결사회가 펼쳐진다. 초연결사회는 거의 모든 사물이 자기를 스스로 인식하고 상호작용하는 세상, 사람의 모든 움직임이 낱낱이 추적되고 기록되는 세상, 그래서 우리를 둘러싼 거의 모든 것이 살아 있는 세상이다. 만물인터넷은 물건에 달린 센서와 사람 사이의 정보교환이 무엇보다 중요하기 때문에 입는 컴퓨터와 입는 센서의 착용이 필수적이다. 이를테면 사람은 입는 센서에 의해 일종의 초감각적 지각ESP능력을 갖는다.

2030년대에는 사람의 뇌를 서로 연결해 말을 하지 않고도 생각만으로 소통하는 마음인터넷Internet of the mind이 구축된다. 초연결사회의 인류는 생각과 감정을 텔레파시처럼 실시간으로 교환하게 될 것임에 틀림없다.

빅데이터를 수집·저장·관리·분석하는 기술을 '데이터 솔루션'이라 한다. 데이터 솔루션 기술에서는 무엇보다 빅데이터를 수집하는 작업이 중요하다. 21세기 디지털사회에서는 개인 사이의 상호작용이 사회현상에 막대한 영향을 미친다. 우리는 날마다 디지털 공간에서 남들과 상호작용하면서 '디지털 빵가루digital bread crumb'라고 하는 흔적을 남긴다. 디지털 빵가루 수십억 개를 뭉뚱그린 빅데이터를 활용하면 인간의 행동을 예측할 수 있다. 디지털 데이터뿐 아니라 현실세계의 데이터도 수집하지 않으면 안 된다. 이런 데이터는 사람이 착용 가능한 센서에 의해 획득할 수 있다. 2014년 1월 미국 MIT의 알렉스 펜틀런드Alex Pentland 교수가 펴낸 『창조적인 사람들은 어떻게 행동하는가Social Physics(사회물리학)』은 빅데이터로 "금융 파산을 예측해 피해를 최소화하고, 전염병을 탐지해서 예방하고, 창의성이 사회에 충일하도록 할 수 있다"고 주장했다.

2. 건강한 사회: 분자진단기술 · 사이버 헬스케어 · 맞춤형제약 및 치료 기술

미래에는 유전이나 병원균에 의한 질병을 분자 수준에서 정확히 진단하는

'분자진단 기술'이 의료기술의 혁명을 일으킬 것이다. 분자진단에 사용되는 대표적 장치는 바이오칩이다. 바이오칩은 생체물질을 분석하고 이와 관련된 반응을 제어하는 생화학적 칩이다. 대표적 바이오칩으로 디옥시리보핵산DNA칩, 단백질칩, 랩온어칩lab-on-a-chip이 있다. 분자진단에는 바이오칩과 함께 바이오센서의 비중이 커진다. 분자의학과 나노의학의 발달로 신속한 진단과 치료가 가능해짐에 따라, 진단과 치료를 일괄 처리하는 진단치료학theranostics이 2030년대 질병관리 기술의 핵심이 된다.

미래에는 환자가 병원에 가지 않고도 벽 스크린을 통해 의사와 상담한다. 스크린에 나타난 주치의는 사람처럼 보이지만, 환자에게 몇 가지 질문을 던지도록 프로그래밍한 영상일 뿐이다. 가상의사는 환자의 유전자정보를 완전히 파악하고 있어 질병 진단과 처방을 함께 할 수 있다. 이른바 '사이버 헬스케어(건강관리) 기술'이 실현되는 것이다.

'맞춤형제약 기술'은 환자의 유전적·병리생리적·임상적 특성을 고려해 치료효과의 극대화와 부작용 최소화가 가능한 치료제를 개발하는 기술을 말한다. 개인맞춤형 신약新藥은 세계적으로 기반연구 단계에 있다. 따라서 우리나라 같은 후발주자도 추격이 가능한 분야다. 특히 항암제 중심의 표적치료제나 희귀질환 약품orphan drug처럼 틈새를 노리는 '니치버스터niche buster' 약품이 시장에서 성공하는 사례가 나타남에 따라 신약 개발의 새로운 대안으로 떠오르고 있다. 니치버스터 약품의 하나로 천연물 신약이 주목받고 있다. 우리나라 제약업계는 2030년대에 세계 시장점유율 1위의 니치버스터 약품을 서너 개 내놓을 것으로 보인다.

2035년 무렵에는 개인용 유전자 지도 작성 비용이 혈액검사 비용과 엇비슷한 수준까지 내려갈 것이다. 이때는 누구나 자신의 유전자 지도를 갖는다. 염기서열 분석기술의 발달로 개인용 유전자 지도 작성이 용이해짐에 따라 개인이 지닌 질병 유발 유전자를 확인해 정상적인 유전자로 교체하는 유전자 치료, 즉 '맞춤형 치료' 시대가 열린다.

유전자 치료는 의료기술 이상의 의미를 함축하고 있다. 치료 외의 목적에도 유전자를 제공하는 능력을 갖는다는 의미인데, 이 기술이 현실화하면 주문형 아기가 출현할 수도 있다. 다시 말해 유전자가 보강된 수퍼인간superhumans과 그렇지 못한 자연인간으로 사회계층이 양극화할 수 있다. 수퍼인간은 자연인간과의 생존경쟁에서 승리해 그 자손을 퍼뜨려 결국 현생인류와 유전적으로 다른 새로운 종種, 이른바 포스트휴먼posthuman으로 진화할 것이다.

3. 성장하는 사회: 무인항공기 · 포스트실리콘 · 디스플레이 · 서비스로봇 · 유기소재 기술

2035년 우리나라의 '무인항공기 기술' 수준은 미국과 이스라엘에 버금가게 발전할 것이다. 우리나라는 무인항공기(드론) 기술의 핵심인 정보통신과 정밀기계 분야에서 세계적인 수준이므로 2035년 국제시장에서 유리한 위치를 선점할 것으로 보인다. 오늘날 적어도 50여 국가에서 무인항공기가 개발되고, 70여 나라에서 운용하고 있는 것으로 추정된다. 드론은 군사용뿐 아니라 민수용으로도 활용 범위가 확대일로에 있다. 2018년 2월 강원도 평창에서 열린 '평창동계올림픽' 개회식의 하이라이트를 장식한 '드론 쇼'를 기억하면 쉽게 이해할 수 있다. 1,200여 대의 드론은 평창의 겨울밤 하늘을 배경으로 오륜기 형상을 만들어냈다. 이날 드론 쇼는 최다 무인항공기 공중 동시 비행 부문에서 기네스 신기록을 달성했다.

성장하는 사회의 두 번째 미래기술은 '포스트실리콘 기술'이다. 현재 우리는 무어의 법칙에 따라 실리콘칩의 성능이 향상되고 컴퓨터 혁명이 실현되어 정보사회의 번영을 누리고 있다. 그러나 실리콘 반도체 기술의 본질적인 한계로 무어의 법칙이 머지않아 종말을 맞게 될 것이다. 무어의 법칙이 종료된다는 것은 20세기 후반부터 세계 경제성장의 견인차 역할을 해온 컴퓨터 산업이 발전을 멈추고 제자리걸음을 할 수밖에 없다는 뜻을 함축하고 있다. 무어의 법칙이 종료되면 인류사회는 어떤 상황을 맞이하게 될 것인지에 대해 구체적으로 설명하는 이는 현재까지는 없다. 다만 포스트실리콘 기술이 개발돼 지금처럼 산업기술 혁명을 지속할 것이라고 전망하고 있다.

현재 우리나라 기업이 국제경쟁력을 가진 '디스플레이 기술'도 '성장하는 사회'로 이끌 것으로 보인다. 2035년경에는 3차원의 텔레비전과 영화가 일상생활 속으로 깊숙이 파고들 전망이다. 3차원 영상 기술의 최고봉은 단연 홀로그래피이다. 파동의 간섭현상을 이용해 물체의 입체정보를 기록하는 기술이 홀로그래피이다. 홀로그래피 기술로 만들어 낸 영상이 홀로그램이다. 홀로그램은 사물이 바로 눈앞에 있는 것처럼 생생한 입체영상을 만들어 낸다. 홀로그램을 정보통신 네트워크에 적용하면, 홀로폰holophone이 곧바로 등장할 것이다. 전화를 받는 상대방이 실물 크기의 3차원 영상으로 내 눈앞에 앉아 있는 '현실'을 맞는 것이다.

'서비스로봇 기술'은 1가구 1로봇 시대를 가져온다. 일상생활을 로봇과 함께하는 것이다. 로봇 전문가들에 따르면, 2020년쯤 나타날 2세대 로봇은 생쥐 정도로 영리하다. 2030년에는 원숭이 지능을 갖춘 3세대 로봇이 나온다. 예를 들어, 2세대 로봇은 팔꿈치를 식탁에 부딪친 다음에 대책을 세우지만 3세대 로봇은 미리 충돌을 예방하는 방법을 궁리한다. 2040년에는 3세대보다 30배 더 똑똑한 4세대 로봇이 등장할 것이다. 원숭이보다 30배가량 머리가 좋은 동물은 곧 '사람'이다. 말하자면 사람처럼 생각하고 느끼고 행동하는 기계인 셈이다. 일단 4세대 로봇이 출현하면 놀라운 속도로 인간의 능력을 추월하기 시작할 것이다. 2040년대에 사람과 같은 지능, 인공일반지능artificial general intelligence을 가진 기계가 나타나면 지구의 주인 자리를 놓고 사람과 로봇이 힘겨루기를 할 수도 있다.

'유기有機소재'는 실리콘 같은 무기無機전자소재와 달리 가볍고 구부러질 수 있으며 저렴하다. 유기소재는 디스플레이나 태양전지 개발에 활용한다. 유기디스플레이 기술은 유기발광다이오드, 즉 올레드OLED를 사용하는데, 올레드는 전류를 흘려주면 스스로 빛을 내는 유기화합물 반도체이다. 올레드는 자체 발광하는 능력이 있기 때문에 종이처럼 얇은 디스플레이를 만들 수 있고, 스마트폰을 돌돌 말아서 들고 다니게 할 수도 있다. 유기전자공학에서 빼놓을 수 없는 또 다른 연구 분야는 나노기술의 핵심인 탄소기반의 나노물질이다. 탄소나노튜브carbon nanotube와 그래핀이 대표적이다. 이 중 그래핀은 탄소나노튜브 못지않은 특성을 갖고 있다. 이를 활용하면 휘어지는 텔레비전이나 지갑에 들어가는 컴퓨터까지 만들 수 있다.

4. 안전한 사회: 식량안보와 인체인증 기술

2035년 안전한 사회를 구축하기 위해서는 무엇보다 '식량안보 기술'이 중요하다. 식량안보의 핵심기술로는 정밀농업precision agriculture과 유전자변

형농산물GMO이 손꼽힌다. 식량문제의 대책으로 거론되는 신생기술은 수직농장vertical farm과 시험관 고기in vitro meat이다. 수직농장 또는 식물공장은 도시의 고층건물 안에 만들어지는 농장農場이다. 시험관 고기 또는 배양육cultured meat은 소·돼지·닭 따위의 가축에서 떼어낸 세포를 시험관에서 배양해 실제 근육조직처럼 만들어 낸 살코기이다. 식량안보 기술이 완벽하게 실현되면 2030년대에 8,000만 명의 통일한국 국민이 먹거리를 걱정하지 않아도 된다.

2035년 사회의 안전을 담보하는 기술의 하나로 '인체인증 기술'이 각광을 받을 것이다. 이는 사람의 생리적 특성과 행동적 특성을 사용해 신원을 확인한다. 생리적 특성은 얼굴, 지문, 손의 윤곽, 눈의 홍채와 망막, 뇌파, 체취體臭를 이용한다. 행동적 특성으로는 필적, 음성, 걸음걸이가 응용된다.

인체인증 기술은 감시기술로 사용할 소지가 있다. 결국 공공장소나 거리에서 감시의 눈초리를 의식해야 하는 시대가 오고 말 것이다. 정보사회의 도시가 프라이버시(사생활)가 없는 마을로 바뀌는 셈이다. 아무 데고 숨을 곳이 없는 사막처럼 말이다. 미래 신기술 개발과 함께 인간성을 잃지 않는 정신적, 제도적 장치를 함께 고민해야 한다.

5. 지속 가능한 사회: 온실가스 저감술 · 원자로(原子爐) 기술 · 신재생에너지 · 스마트그리드 기술

지속 가능한 사회를 실현하기 위해서는 '온실가스저감 기술'이 발전하지 않으면 안 된다. 지구온난화의 속도를 늦추기 위한 방안으로는 온실가스를 격리 또는 저감하는 이산화탄소 포집격리CCS 기술과 지구공학geoengineering 그리고 온실가스 배출을 극소화하는 청색기술blue technology이 손꼽힌다. 이산화탄소 포집격리 등 녹색기술은 온실가스로 환경오염이 발생할 경우 이를 사후事後 처리하는 측면이 강하다. 따라서 환경오염 물질의 발생을 원천적으로 억제하는 기술인 청색기술이 녹색기술의 한계를 보완할 전망이다. 청색기술은 2012년 저자가 펴낸『자연은 위대한 스승이다』에서 처음 등장했다. 이는 2030년대 생태시대Ecological Age를 지배하는 혁신적인 패러다임이 될 것이다.

'원자로原子爐 기술'도 지속 가능한 사회를 위한 핵심 기술이다. 현재 우리나라에서 가동 중인 23기의 핵核발전소는 2029년까지 12기가 설계수명이 끝난다. 향후 15년 안에 전체 원전의 절반이 수명壽命 완료되는 것이다. 따라서 해체기술이 축적될 수밖에 없다. 국내에서 쌓은 원전해체 기술과 경험을 토대로, 해외 원자로 폐기시장에 진출하면 원전해체 산업은 강력한 블루오션이 될 것이다. 세계에서 가동 중인 원전은 438기이며 영구永久 정지된 것은 149기이다. 현재 가동 중인 원전도 갈수록 노후화할 것이므로 원전해체 시장은 갈수록 규모가 커질 수밖에 없다.

'신재생에너지 기술'은 신新에너지와 재생에너지를 아우른다. 신에너지는 화석연료를 변환시켜 오염원을 제거한 새로운 에너지를 뜻한다. 수소에너지와 연료전지도 신에너지로 분류한다. 재생에너지로는 햇빛, 바람, 조류, 지열을 사용하는 자연에너지와 바이오매스biomass처럼 생물에너지가 있다. 현재 재생에너지 중에서 태양광과 태양열을 활용하는 기술이 놀라운 속도로 발전하고 있다. 2035년에는 거의 모든 재생에너지 기술이 성숙 단계에 접어들고 가격 경쟁력도 확보돼 널리 보급될 전망이다. 미국 경제학자인 제프리 삭스는 2015년 3월 펴낸『지속 가능한 발전의 시대The Age of

Sustainable Development』에서 기후변화의 강력한 해결수단으로 재생에너지의 중요성을 역설했다.

'스마트그리드(지능형 전력망)'는 전기회사가 각 가정에 일방적으로 전기를 공급하는 기존 전력망에 정보통신기술ICT을 융합해 전기회사와 소비자가 양방향으로 실시간 정보를 주고받으며 전기의 생산·소비를 최적화하는 전력관리 시스템이다. 스마트그리드는 재생에너지 부문에서 큰 영향을 미칠 것이다. 미국의 사회사상가인 제러미 리프킨은 2011년 쓴 『3차 산업혁명The Third Industrial Revolution』에서 스마트그리드 기술과 재생에너지 기술의 융합으로 오늘날 우리가 인터넷으로 정보를 창출하고 교환하듯이 '에너지 인터넷'으로 에너지를 주고받을 것이라고 주장했다.

기자는 몇 년 전 이인식 소장과의 인터뷰를 위해 그의 집을 들른 적이 있다. 서울 강남의 한 아파트에서 25년 넘게 살고 있는 그의 집에 들어서자 책 냄새가 진동했다. 방과 거실에는 책이 한가득했다. 책꽂이를 자세히 살펴보니 과학기술 서적은 물론이고 인문사회분야의 책이 비슷한 비중으로 자리 잡고 있었다. 또 '융합' '인지과학' '뇌과학' '나노기술' '청색기술' '포스트휴먼' '미래사회' '섹스' 등의 표지가 붙은 파일철이 100개 넘게 비치돼 있었다. 진정한 '지식 전문가' '지식 교양인'은 자기 분야뿐 아니라 다른 분야에도 관심을 가지면서 성실히 노력하는 사람이라는 생각이 들었다.

이인식 소장은 그 흔한 휴대폰을 사용하지 않는다. 글쓰기와 명상 등 자신의 일상을 방해한다는 이유에서다(물론 집으로 연락하면 언제든 연락 가능). 또 총각 때부터 껴안고 글을 써온 나무 책상 위에 200자 원고지를 놓고 글을 쓴다. 그가 쓴 모든 원고의 첫 독자인 부인이 컴퓨터 입력 작업을 맡고 있다. 그는 "아내가 재미있다고 하는 글일수록 독자들의 반응이 좋다"며

"아내는 독자의 반응을 측정하는 리트머스 시험지 역할을 한다"고 했다.

반半백년 나무책상에 앉아 200자 원고지에 글을 쓰는 '아날로거'이자, 글로벌 최첨단지식을 매일 연구하는 '디지털리스트'가 제시하는 '2035년 미래기술·미래사회'를 익히는 것은 미래를 준비하는 지름길이 될 것이다.

:: 백승구

서울대학교 지리학과와 외교학과를 졸업하고 성균관대 국가전략대학원에서 정치학 석사학위를 받았다. 조선일보, 서울문화사, 경향미디어그룹 등을 거쳐 2002년부터 2018년까지 월간조선 기자로 근무한 후 현재 서울스트리트저널 대표로 있다. 정치, 사회, 외교안보, 산업기술 등 여러 분야를 취재해 왔다. 북한개혁연구원 대외협력위원장, 안익태기념재단 자문위원, 한국지방자치학회 이사 등을 역임했다. 현재 민주평화통일자문회의 자문위원이기도 하다. 공저로 『21세기 철의 지배자는 누구인가』 『지방자치 사용설명서 200문 200답』가 있다.

이미지 출처

p.24 글램북스 / p.24 사이언스북스, 출판사 제공 이미지 / p.32 까치 / p.41 글램북스 / p.47 윌컴퍼니 / p.55, 63, 72, 80, 88, 96 김영사 / p.114 새로운현재 / p.124 청림출판 / p.136 까치 / p.142 까치, 출판사 제공 이미지 / p.150 도서출판 프리뷰, 출판사 제공 이미지 / p.168, 176, 193 김영사 / p.201 문학동네 / p.214 한문화, 출판사 제공 이미지 / p.223, 231 열린책들 / p.239 김영사 / p.247 프시케의숲 / p.255 휴머니스트 / p.266 김영사 / p.272 을유문화사, 출판사 제공 이미지 / p.281 시공아트 / p.288 알에이치코리아 / p.297 고즈윈 / p.304 김영사 / p.328 지식노마드 / p.335 한국경제신문(한경BP) / p.341 KCERN / p.348 유엑스리뷰, 출판사 제공 이미지 / p.364 인사이트앤뷰, 출판사 제공 이미지 / p.371, 379 김영사

※ 표지이미지의 사용허락을 얻는 과정에서 초상권 및 저작권사의 2차적 사용 제한으로 표지를 싣지 못한 일부 도서를 포함하여 각 출판사 분들의 많은 도움을 받았습니다. 협조에 감사드립니다. 미처 연락이 닿지 못한 출판사의 경우 다산사이언스 편집부로 연락주시면 감사하겠습니다.

이 시리즈는 해동과학문화재단의 지원을 받아 NAEK 한국공학한림원과 다산사이언스가 발간합니다.

공학이 필요한 시간
우리는 어떻게 공학의 매력에 깊이 빠져드는가

초판 1쇄 발행 2019년 1월 10일
초판 3쇄 발행 2022년 8월 5일

기획 이인식
지은이 이인식 외 19명
펴낸이 김선식

경영총괄 김은영
책임편집 이수정 **책임마케터** 최혜령
마케팅본부 이주화, 정명찬, 최혜령, 이고은, 이유진, 허윤선, 김은지, 박태준, 박지수, 배시영, 기명리
저작권팀 최하나
경영관리본부 허대우, 임해랑, 윤이경, 김민아, 권송이, 김재경, 최완규, 손영은, 김지영
외부스태프 표지디자인 책과이음 본문디자인 모아프린트

펴낸곳 다산북스 **출판등록** 2005년 12월 23일 제313-2005-00277호
주소 경기도 파주시 회동길 357, 3층
전화 02-704-1724
팩스 02-703-2219 **이메일** dasanbooks@dasanbooks.com
홈페이지 www.dasanbooks.com **블로그** blog.naver.com/dasan_books
종이 (주)한솔피앤에스 **출력 · 제본** 갑우문화사

ISBN 979-11-306-2021-3 (03500)

다산북스(DASANBOOKS)는 독자 여러분의 책에 관한 아이디어와 원고 투고를 기쁜 마음으로 기다리고 있습니다.
책 출간을 원하는 아이디어가 있으신 분은 이메일 dasanbooks@dasanbooks.com 또는 다산북스 홈페이지 '투고원고'란으로
간단한 개요와 취지, 연락처 등을 보내주세요. 머뭇거리지 말고 문을 두드리세요.